装饰工程施工工艺标准(下)

主　编　蒋金生
副主编　刘玉涛　陈松来

ZHEJIANG UNIVERSITY PRESS
浙江大学出版社

图书在版编目（CIP）数据

装饰工程施工工艺标准.下 / 蒋金生主编. —杭州：
浙江大学出版社，2021.5
ISBN 978-7-308-20106-3

Ⅰ.①装… Ⅱ.①蒋… Ⅲ.①建筑装饰—工程施工—
标准—中国 Ⅳ.①TU767-65

中国版本图书馆 CIP 数据核字（2020）第 048462 号

装饰工程施工工艺标准(下)

蒋金生 主编

责任编辑	金佩雯	
文字编辑	陈 杨	
责任校对	殷晓彤	
封面设计	周 灵	
出版发行	浙江大学出版社	
	（杭州市天目山路 148 号 邮政编码 310007）	
	（网址：http://www.zjupress.com）	
排 版	杭州青翊图文设计有限公司	
印 刷	浙江省邮电印刷股份有限公司	
开 本	787mm×1092mm 1/16	
印 张	14.75	
字 数	368 千	
版 印 次	2021 年 4 月第 1 版 2021 年 4 月第 1 次印刷	
书 号	ISBN 978-7-308-20106-3	
定 价	75.00 元	

编委会名单

主　　编　蒋金生

副主编　刘玉涛　陈松来

编　　委　马超群　陈万里　叶文启　孔涛涛　杨培娜
　　　　　　杨利剑　彭建良　赵琅珀　程湘伟　程炳勇
　　　　　　孙鸿恩　李克江　周乐宾　蒋宇航　刘映晶
　　　　　　王　刚　徐　晗　盛　丽　李小玥　陈　亮
　　　　　　龚旭峰

前　言

近年来，国家对建筑行业的法律法规、规范标准进行了广泛的新增、修订，以铝模、爬架、装配式施工为代表的"四新"技术在建筑施工现场得到了普及和应用，在"建筑科技领先型现代工程服务商"这一全新的企业定位下，2006年由同济大学出版社出版的建筑施工工艺标准中部分内容已经不能满足当前的实际需要。因此，中天建设集团组织相关人员对已有标准进行了全面修订。修订内容主要体现在以下几个方面：

1.根据新发布或修订的国家规范、标准，结合本企业工程技术与管理实践，补充了部分新工艺、新技术、新材料的施工工艺标准，删除了已经落后的、不常用的施工工艺标准。

2.施工工艺标准内容涵盖土建工程、安装工程、装饰工程3个大类，24个小类，分成6个分册出版，施工工艺标准数量从237项增补至246项。

3.施工工艺标准的编写深度力求达到满足对施工操作层进行分项技术交底的需求，用于规范和指导操作层施工人员进行施工操作。

施工工艺标准在编写过程中得到了中天建设集团各区域公司及相关子公司的大力支持，在此表示感谢！由于受实践经验和技术水平的限制，文本内容难免存在疏漏和不当之处，恳请各位领导、专家及坚守在施工现场一线的施工技术人员对本标准提出宝贵的意见和建议，我们将及时修正、增补和完善。（联系电话：0571-28055785）

编　者
2020年3月

目　　录

4 吊顶与轻质隔墙工程施工工艺标准

4.1 面层吊顶施工工艺标准

面层吊顶是指以轻质钢为原料,经冷弯或冲压而成的型钢为骨架,下面装整体面板而形成的吊顶。本工艺标准适用于建筑装饰装修工程中轻钢龙骨下面安装整体面板的吊顶施工。工程施工应以设计图纸和有关施工质量验收规范为依据。

4.1.1 材料要求

(1)轻钢龙骨和整体面板种类、规格必须符合设计要求,并且必须有出厂合格证。

1)吊顶轻钢龙骨按材料分,有镀锌钢带龙骨、铝带龙骨、铝合金龙骨和薄壁冷轧退火卷带龙骨;按承载能力分,有上人龙骨与不上人龙骨;按外形分,有U型龙骨与T型龙骨;按其用途分,有大龙骨、中龙骨、小龙骨、边龙骨与配件。

2)轻钢龙骨技术性能和参数、吊顶龙骨产品标记和规格、龙骨吊挂配件、吊挂节点符合设计要求和国家现行标准规范。

(2)吊挂件、连接件、挂插件、吊杆、射钉、自攻螺钉、压缝条必须符合设计要求,并且配套齐全。

(3)胶粘剂应按主材的性能选用,使用前做粘结试验。

(4)进场材料必须堆放整齐,不得随意乱扔、乱撞,防止踏踩,防止材料变形、损坏、污染、缺损。

4.1.2 主要机具设备

(1)机械设备。包括电锯、砂轮切割机、冲击钻、电动自攻螺丝枪、射钉枪、电焊机。

(2)主要工具。包括螺丝刀、扳子、钳子、钉锤、卷尺(3~5m)、水平尺、线坠。

(3)石膏板安装常用机具。包括搅拌机、滑梳、胶料铲、平抹刀、橡胶锤。

4.1.3 作业条件

(1)技术准备。

1)审查图纸,制定施工方案。

2)绘制主龙骨走向及分格图,制定空调排风孔、检查孔、照明(灯箱、灯槽)孔安装方案。

3)制定施工顺序及节点样图。

4)进行技术交底。

(2)基层处理。

1)吊顶基层必须有足够的强度。

2)清除顶棚及周围的障碍物,对灯饰、舞台灯钢架等承重物固定支点,应按设计要求做好。

3)检查已安装好的通风、消防、电器线路,并检查是否完成打压试验或外层保温、防腐等工作,这些工作完成后,方可进行吊顶安装工作。

(3)对人造面板、胶粘剂的甲醛含量进行复检,检查报告符合国家环保规定。

(4)搭好顶棚施工操作平台。

4.1.4 施工操作工艺

工艺流程:弹线定位→固定吊挂杆件→固定吊顶边龙骨→安装主龙骨→安装次龙骨→双层骨架的横撑龙骨安装→整体面板安装→面层涂饰。

(1)弹线定位。采用吊线坠、水平尺或用透明塑料软管注水后进行测量等方法,根据吊顶的设计标高在四周墙(柱)面弹线,其水平允许偏差为±5mm。根据设计标高线分别确定并弹出边龙骨(或通长木方及其他边部支承材料)及承载龙骨所处部位的平面基准线,按龙骨间距尺寸弹出龙骨纵横布置的框格线,并确定吊点(有预埋件或连接件者即与之相应的悬吊点)。如果有与吊顶构造相关的特殊部位,如检修马道或吊挂设备等,应注意吊顶构造必须与其脱开。对于吊顶吊点的现场确定及其紧固措施,应事先经设计部门的同意,必须充分考虑吊点所承受的荷载,同时针对建筑顶棚本身的强度,吊顶各部位的吊点间距、承载龙骨中距、吊点距承载龙骨端部的距离(不得超过300mm)等尺寸,均应严格照设计的规定,以防止承载龙骨下坠及其他不安全现象发生。

(2)固定吊挂杆件。采用膨胀螺栓固定吊挂杆件。吊杆选用应符合设计要求。当设计无要求时,如果吊杆长度小于1000mm,采用$\phi 8$的吊杆;如果大于1000mm,应采用$\phi 10$的吊杆。如果吊杆长度大于1500mm,还应在吊杆上设置反向支撑(即加设30mm×30mm×3mm角钢支撑,角钢支撑与主龙骨成45°,一端用膨胀螺栓固定于楼板底、梁侧/底或墙面,另一端与主龙骨用攻丝螺栓和主龙骨固定,相邻两根角钢支撑必须呈反"八"字形相互错开,以免主龙骨向一侧倾斜)。安装固定后的吊杆要通直,并有足够的承载能力,当预埋件的杆件需要接长时,必须搭接焊牢,焊缝要均匀饱满。吊杆与主龙骨端部的距离不得大于300mm,否则应增加吊杆。吊顶灯具、风口、窗帘盒、灯槽/灯箱、大型检修口、检修通道等应设附架吊杆。安装后的吊杆端头螺纹外露长度不小于5mm。

(3)固定吊顶边龙骨。吊顶边部的支承骨架应按设计的要求加以固定。对于无附加荷载的轻便吊顶,如L型轻钢龙骨或角铝型材等,较常用的设置方法是用水泥钉按400~600mm的钉距与墙、柱面固定。应注意建筑基体的材质情况,对于有附加荷载的吊顶,或是有一定承重要求的吊顶边部构造,需按900~1000mm的间距预埋防腐木桩,将吊顶边部支承材料与木桩固定。无论采用何种做法,吊顶边部支承材料底面均应与吊顶标高基准线平齐(整体面板钉装时应减去板材厚度)且必须牢固可靠。

　　(4)安装主龙骨。轻钢龙骨顶棚骨架施工应先高后低。主龙骨间距一般为 1000mm。离墙边第一根主龙骨距离不超过 200mm(排列最后距离超过 200mm 应增加一根),接头要错开,不可与相邻龙骨接头在一条直线上,吊杆的方向也要错开,避免主龙骨向一边倾倒。吊杆一般轻型用 $\phi6$,重型(上人)用 $\phi8$,如吊顶荷载较大,需经结构计算,选定吊杆断面。主龙骨和次龙骨要求达到平直,为了消除顶棚由于自重下沉产生挠度和目视的视差,可在每个房间和中间部位,用吊杆螺栓进行上下调节,预先给予一定的起拱量,一般视房间的大小分别起拱 5～20mm 不一,待水平度全部调好后,再逐个拧紧吊杆螺帽。如顶棚需要开孔,先在开孔的部位划出开孔的位置,将龙骨加固好,再用钢锯切断龙骨和石膏板,保持稳固牢靠。顶棚板的分隔应在房间中部,做到对称,轻钢龙骨和板的排列可从房间中部向两边依次安装,使顶棚布置美观整齐。轻钢龙骨安装示意如图 4.1.4-1 所示。

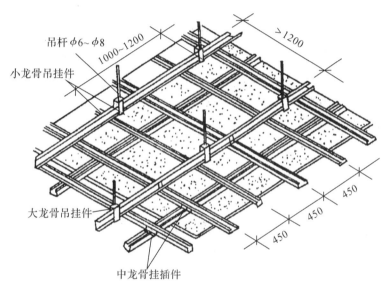

图 4.1.4-1　轻钢龙骨安装示意(单位:mm)

　　安装主龙骨时,对于轻钢龙骨系列的重型大龙骨 U、C 型,以及轻钢或铝合金 T 型龙骨吊顶中的主龙骨,其悬吊方式取决于设计。与吊杆连接的龙骨安装主要有三种方法,一是有附加荷载的吊顶承载龙骨,采用承载龙骨吊件与钢筋吊杆下端套丝部位连接,拧紧螺母卡稳卡牢;二是无附加荷载的 C 型轻钢龙骨单层构造的吊顶主龙骨,采用轻型吊件与吊杆连接,一般是利用吊件上的弹簧钢片夹固吊杆,下端勾住 C 型龙骨槽口两侧;第三种方法是对于轻便吊顶的 T 型主龙骨,可以采用其配套的 T 型龙骨吊件,上部连接吊杆,下端夹住 T 型龙骨,有的则是直接将镀锌铁丝吊杆穿过龙骨上的孔眼勾挂绑扎。主龙骨安装就位后,以一个房间为单位进行调平。调平方法可采用木方按主龙骨间距钉圆钉,将龙骨卡住先作临时固定,按房间的十字和对角拉线,根据拉线进行龙骨的调平调直。根据吊件品种,拧动螺母或是通过弹簧钢片,或是调整铁丝,调整至准确后再行固定。为使主龙骨保持稳定,使用镀锌铁丝作吊杆者宜采取临时支撑措施,可设置木方上端顶住顶棚基体底面,下端顶稳主龙骨,待安装吊顶板前再行拆除。

安装时先将次龙骨临时固定在主龙骨上,每根次龙骨用两只卡夹固定,校正主龙骨平正后再将所有的卡夹一次全部夹紧。遇到观众厅、礼堂、展厅、餐厅等大面积房间采用轻钢龙骨吊顶时,需每隔12m在大龙骨上部焊接横卧大龙骨一道,以加强大龙骨侧向稳定性及吊顶面层性。轻钢大龙骨可以焊接,但宜点焊,防止焊穿或杆件变形。若轻钢次龙骨太薄,则不能焊接。

(5)安装次龙骨。对于双层构造的吊顶骨架,次龙骨紧贴承载主龙骨安装,通长布置,利用配套的挂件与主龙骨连接,在吊顶平面上与主龙骨相垂直,它可以是中龙骨,有时则根据罩面板的需要再增加小龙骨,它们都是覆面龙骨。次龙骨(中龙骨及小龙骨)的中距由设计确定,并因吊顶装饰板采用封闭式安装或是离缝及密缝安装等不同的尺寸关系而异。对于主、次龙骨的安装程序,由于其主龙骨在上,次龙骨在下,所以一般的做法是先用吊件安装主龙骨,然后再以挂件(或称吊挂件)在主龙骨下吊挂次龙骨。挂件上端勾住主龙骨,下端挂住次龙骨,即将二者连接。

对于单层吊顶骨架,其次龙骨即是横撑龙骨。主龙骨与次龙骨处于同一水平面,主龙骨通长设置,横撑(次)龙骨按主龙骨间距分段截取,与主龙骨丁字连接。主、次龙骨的连接方式取决于龙骨类型。对于以C型轻钢龙骨组装的单层构造吊顶骨架,其主、次龙骨均为C型,在吊顶平面上的主次龙骨垂直交接点,即采用其配套的挂插件(支托),挂插件一方面插入次龙骨内托住C型龙骨段,另一方面勾挂住主龙骨即将二者连接。

对于T型轻金属龙骨组装的单层构造吊顶骨架,其主、次龙骨的连接通常有多种情况:一是T莆龙骨侧面开有圆孔和方孔,圆孔用于悬吊,方孔则用于次龙骨的凸头直接插入;二是对于不带孔眼的T型龙骨,可在次龙骨段的端头剪出连接耳(或称连接脚),折弯90°与主龙骨用拉铆钉、抽芯铆钉或自攻螺钉进行丁字连接,或是在主龙骨上打出长方孔,将次龙骨的连接耳插入方孔;三是采用角形铝合金块(或称角码),将主、次龙骨分别用抽芯铆钉或自攻螺钉固定连接;四是对于小面积轻型吊顶,其纵、横T型龙骨均用镀锌铁丝分股悬挂,调平调直,只需将次龙骨搭置于主龙骨的翼缘上即可,待搁置安装吊顶板后,其骨架自然稳定;其他尚有剔槽、钻孔用铁丝绑扎等方法,可根据工程实际需要确定。

(6)双层骨架构造的横撑龙骨安装。对于U、C型轻钢龙骨的双层吊顶骨架构造,其覆面层是否设置横撑龙骨,由设计确定。横撑龙骨的位置,即是大块矩形罩面板的短边接缝位置。以纸面石膏板为例(见图4.1.4-2),根据施工及验收规范的规定,纸面石膏板的长边(包封边)应沿纵向次龙骨铺设,为此纸面石膏板的短边(切割边)拼接处即形成接缝。因为这种板材罩面铺钉后要进行嵌缝处理并且尚有下一步的终饰(涂料涂饰或裱糊壁纸等),所以在保证吊顶安装质量的前提下可以不设横撑龙骨。但在相对湿度较大的地区,必须设置横撑龙骨。

对于以轻钢U型(或C型)龙骨为承载龙骨,以T型金属龙骨作覆面龙骨的双层吊顶骨架,一般需设置横撑龙骨。特别是吊顶饰面板作明式安装时,则必须设置横撑龙骨。

C型轻钢吊顶龙骨的横撑龙骨由C型次龙骨截取,与纵向的次龙骨的丁字交接处,采用其配套的龙骨支托(挂插件)将二者连接固定。双层骨架的T型龙骨覆面层的T型横撑龙骨安装,根据其龙骨材料的品种类型确定,与上述单层构造的横撑龙骨安装做法相同。

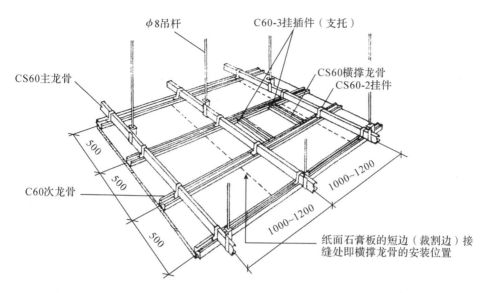

图 4.1.4-2　纸面石膏板罩面 CS60 轻钢龙骨上人吊顶安装示意（单位：mm）

（7）整体罩面板安装。

1）按设计要求的型号、规格和固定方式安装整体面板。吊顶整体面板的种类较多，与轻钢龙骨的固定方式一般有以下三种。

①自攻螺钉钉固法。在已装好并经验收的轻钢骨架下面，根据整体面板的规格、拉缝间缝，进行分块弹线。从吊顶中间顺中龙骨方向开始先安装一行整体面板作为基准，然后向两侧延伸分行安装，固定整体面板的自攻螺钉间距为 150～170mm，螺丝离板边缘为 10～15mm。

②整体面板胶结粘固法。按设计要求和整体面板的品种、材质选用胶结材料，一般可用 401 胶粘结，整体面板应经选配修整，使厚度、尺寸、边楞一致、整齐。每块整体面板粘结时应预装，然后在预装部位龙骨框底面刷胶，同时在整体面板四周边宽 10～15mm 的范围刷胶，经 5min 后，将整体面板压粘在预装部位；每间吊顶先由中间行开始粘结，然后向两侧分行粘结。

③托卡固定法。当轻钢龙骨为 T 型时，多采用此法。T 型轻钢骨架中龙骨安装完毕，经检查标高、间距、平直度和吊挂荷载符合设计要求后，垂直中龙骨弹分块及小龙骨线。罩面板安装由吊顶中间行中龙骨的一端开始，先装一根边卡档小龙骨，再将整体面板搁置在三面龙骨翼缘上，然后安装另一侧小龙骨，按上述程序分行安装，最后拉线调整 T 型明龙骨。

2）如果设计有压条，当一间整体面板安装完毕后，经过调整位置，使拉缝均匀，对缝平正，进行压条位置弹线后，依线安装压条，然后用自攻螺钉固定，螺钉间距为 300mm。

（8）纸面石膏板安装。

1）材料要求。以建筑石膏为主要原料，掺入纤维和外加剂构成芯材，表面牢固地覆以装饰护面纸制成的纸面石膏板，分为普通纸面石膏板、耐火纸面石膏板和耐水纸面石膏板等品种。板材的长度有 1800mm、2100mm、2400mm、2700mm、3000mm、3300mm 和 3600mm；宽度有 900mm 和 1200mm；厚度有 9mm、12mm、15mm 和 18mm 等几种常用规格。板材的棱边形式有直角形（代号 PJ）、45°倒角形（代号 PD）、楔形（代号 PC）、半圆形（代号 PB）和圆形

(代号 PY)。

2)对轻钢龙骨吊顶骨架的质量检验。依据设计和轻钢龙骨吊顶施工的要求,将吊顶骨架安装就位,在铺钉罩面板前要进行全面检查。测量各吊点、吊杆、吊件、挂件、承载龙骨、覆面层的各种纵横龙骨架的品种、规格、布置间距及连接构造等,是否符合设计要求及施工规范的有关规定,是否准确和牢靠。在吊点紧固及吊筋接长等部位有焊接时,是否采用了搭接焊,搭接长度及焊缝是否符合要求。龙骨的中间部分是否已按要求起拱,龙骨使用连接件接长的部位是否按规定错位安装。检查吊顶内非吊顶结构负荷的机械设备等,是否有单独支承而与吊顶构造脱开。检查吊顶构造中是否预留了设计要求的各种孔洞及有关设施的安装位置,是否按图纸采用了加固措施,其强度是否符合要求。经过对吊顶骨架的全面检验和认真校对,在确认轻钢龙骨骨架保证质量的前提下,才可进入纸面石膏板的安装铺钉工序。

3)纸面石膏板钉装。纸面石膏板的安装要求板材应在自由状态下就位固定,以防止出现弯棱、凸鼓等现象。纸面石膏板的长边(包封边),应沿纵向次龙骨铺设。板材与龙骨固定时,应从一块板的中间向板的四边循序固定,不得采用在多点上同时作业的做法。用自攻螺钉铺钉纸面石膏板时,钉距以 150~170mm 为宜,螺钉应与板面垂直。自攻螺钉与纸面石膏板板边的距离:距包封边(长边)以 10~15mm 为宜;距切割边(短边)以 15~20mm 为宜。钉头略埋入板面,但不能致使板材纸面破损。在装钉操作中如有弯曲变形的自攻螺钉,应予剔除,在相隔 50mm 的部位另安装自攻螺钉。纸面石膏板的拼接缝,必须是安装在宽度不小于 40mm 的 C 型龙骨上;其短边必须采用错缝安装,错开距离应不小于 300mm。安装双层石膏板时,面层板与基层板的接缝也应错开,上下层板各自的接缝不得同时落在同一根龙骨上。

4)嵌缝处理。

①纸面石膏板拼接缝的嵌缝材料主要有嵌缝石膏粉和穿孔纸带两种。

②嵌缝石膏粉的主要成分是石膏粉、缓凝剂等。嵌缝及填嵌钉孔等所用的石膏腻子,由嵌缝石膏粉加入适量清水(嵌缝石膏粉与水的比例为 1:0.6),静置 5~6min 后经人工或机械调制而成,调制后应放置 30min 再使用。注意石膏腻子不可过稠,调制时的水温不可低于 5℃,若在低温下调制应使用温水;调制后不可再加石膏粉,避免腻子中出现结块和渣球。

③穿孔纸带即是打有小孔的牛皮纸带,纸带上的小孔在嵌缝时可保证石膏腻子多余部分的挤出,纸带宽度为 50mm。使用时应先将其置于清水中浸湿,这样做有利于纸带与石膏腻子的粘合。

④另有与穿孔纸带起着相同作用的玻璃纤维网格胶带,其成品已浸过胶液,具有一定的挺度,并在一面涂有不干胶。它有着较牛皮纸带更优异的拉结作用,在石膏板板缝处有更理想的嵌缝效果,故在一些重要部位可采用它以取代穿孔牛皮纸带,以降低板缝开裂的可能性。

⑤整个吊顶面的纸面石膏板铺钉完成后,应进行检查,并将所有的自攻螺钉的钉头涂刷防锈涂料,然后用石膏腻子嵌平。此后即行板缝的嵌填处理。

a.清扫板缝。用小刮刀将嵌缝石膏腻子均匀饱满地嵌入板缝,并在板缝处刮涂约 60mm 宽、1mm 厚的腻子。随即贴上穿孔纸带(或玻璃纤维网格胶带),使用宽约 60mm 的腻子刮刀顺穿孔纸带（或玻纤网格胶带）方向压刮，将多余的腻子挤出，并刮平、刮实，不可留有气泡。

b.用宽约150mm的刮刀将石膏腻子填满宽约150mm的板缝处带状部分。

c.用宽约300mm的刮刀再补一遍石膏腻子，其厚度不得超出2mm。

d.待腻子完全干燥后（约12h），用2号砂布或砂纸将嵌缝石膏腻子打磨平滑，其中间部分可略微凸起但要向两边平滑过渡。

5）纸面石膏板的现场加工。

①纸面石膏板的切割。其大面积切割可使用板锯；对于小面积板料切割，为操作方便，可采用一般的多用刀进行灵活裁割。根据要求，在板面上划线，再用多用刀沿直尺在其切断处将纸面石膏板正面的覆面纸切断；将被切断覆面纸的较小的那部分面层移至工作台外悬空放置，然后以手用力下压，使板芯断裂；最后再以多用刀切断纸面石膏板的背纸，即完成对板材的切割。

②纸面石膏板的开孔。使用圆孔锯可以在纸面石膏板上开出各种圆形孔洞。利用针锯可以开出直条孔洞；使用针锉，可以在板材上开出各种异形孔洞。也可采用普通麻花钻，在纸面石膏板上打出较小直径的孔眼。在面层上开方形洞时，也可先按开孔尺寸画出外轮廓线，再画出对角线，然后用铁锤或钻头于对角线交叉处打一个洞，用锯从洞中心沿对角线向对角锯割，用多用刀沿轮廓线切割板材的护面纸，用力掰断板芯，再用刀割断板材的背纸，即能开出方形孔洞。

③纸面石膏板的边部倒角、切割板条及特殊形状的锯裁。如需将板边制成倒角，可使用边角刨，倒角的大小可以通过调整刀片的角度进行控制；使用滚锯，以两个圆锯片同时切断板材两面的纸层，可以切割宽度小于120mm的纸面石膏板条；使用曲线锯，可以裁割不同造型的异形面层，以适应某些局部构造和装饰的需要。

④纸面石膏板切断面的刨光。经锯裁或切割的纸面石膏板断面，如需进行刨光加工，可采用细木工刨，也可使用平锉。平锉具有刨刀式密集型透孔薄壁平齿，专用于纸面石膏板断面的刨光，也可用于批刮过石膏腻子处的刨平。

（9）胶合板安装。胶合板顶棚是我国传统的木装修工艺，以五夹板或三夹板装于顶棚龙骨木筋上，并涂刷油漆，使之明亮光滑、木纹清晰、色泽一致、线条顺直。其装饰效果清丽雅致、轻巧舒适，施工操作简便，被广泛应用于中、高档民用建筑室内吊顶装饰。但需符合设计胶合板顶棚的防火要求。

1）胶合板规格与品种。

目前在装饰工程中较为流行的胶合板材料多为进口的花色胶合板，如泰国柚木板、花梨木板、枫木合板、榉木榴合板、樱桃榴合板、雀眼纹枫木板、白橡合板、红橡合板、黑桃合板、白栓木板、胡桃榴合板、枫木榴合板、柳桉木合板及花樟合板等，各种名称的中、高级胶合板，其厚度3～12mm不等。建筑常用胶合板应符合设计要求和国家标准。

2）胶合板罩面材料选择。装饰吊顶罩面木夹板（胶合板），一般都选用加厚三夹板（厚4mm）或五夹板。如果使用太薄的胶合板（3mm以下厚度），在室温和湿度的影响下容易产生吊顶面层的凹凸变形。对于确定的面板种类，需对其成品进行选择，注意以下三个方面。

①检查表面缺陷。胶合板的表面缺陷主要有严重碰伤、木质断裂、边角残损、板层脱胶

起泡等,已难以修补者不能使用。

②复核几何尺寸。应检查板材的长度、宽度和厚度,是否有翘曲变形。

③按色泽挑选归类。首先区分板材的正反面,正面一般较为光洁,无节疤疵点,反面则有节疤疵点,往往有修补痕迹。挑选时应将正面的纹理和色泽相同或相近的板材统一堆放。

3)板材处理。

①板面弹线。将挑选好的木夹板正面朝上,按照吊顶龙骨分格情况,以骨架中心线尺寸画线,在板面上画出方格后,才可保证在铺钉工序中能够将夹板准确地固定于木龙骨上。

②面层的裁割。根据设计要求,如需将板材分格分块装钉,应按画线裁割木夹板。方形面层应注意找方,保证四角为直角;当设计要求钻孔并形成图案时,应先做样板,按样板画线钻孔。夹板的裁割可用电动圆锯和线锯;如需开槽、雕刻和镂空,可用电动木工雕刻机。

③板面倒角或修边。在胶合面层的正面四周,用手工细刨或电动刨按45°角刨出倒角,宽度为2~3mm。对于不留缝隙的吊顶罩面,这种做法有利于在嵌缝补腻子工序时让板缝严密并减小以后的缝隙变形程度。对于有留缝装饰要求的吊顶罩面,应根据图纸进行修边处理(可使用木工修边机)。

④防火处理。如果对罩面板有防火要求,应在以上工序完毕后进行夹面层的防火处理。其方法是用2~4条方木把板材垫起,板材反面向上,用防火涂料涂刷或喷涂三遍,晾干后备用。

5)胶合板施工。

①工具准备。安装铺钉木夹板可用手工或机具进行,手工工具为普通钉锤,机具为电动或气动打钉枪。电动打钉枪可直接使用220V电源,气动打钉枪需与电动打气泵配套使用。电动打气泵用电动机驱动,使用时应由电工检查电源和电线的负荷可否适应电动机,如不能承受负荷则必须更换电源和电线。手工铺钉胶合板时,所采用的一般为16~20mm长的小钉(俗称6~8分钉),事先应将钉帽打扁;使用打钉枪时,一般采用长度为15~20mm的枪钉。

②板材布置。为节省材料,避免在安装施工中出现差错,尽量使罩面美观,特别是饰面将保持原木色和用油漆作透明涂饰的吊顶,在正式装钉之前必须进行预排布置。对于无缝罩面(最终不要板缝),其排布形式有两种。

a.整板居中,分割板布置于两侧。

b.整板铺大面,分割板安排在边缘部位(见图4.1.4-3)。

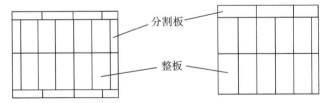

（a）整板居中,分割板块在侧边　　（b）整板铺大面,分割板块布置于边缘部位

图 4.1.4-3　吊顶罩面胶合板布置

③留出设备安装位置。根据设计图纸,在罩面板上留出空调的冷暖风口、排气口、暗装灯具口等。也可以将各种设备的洞口位置先在吊顶面板上画出,待胶合板装钉就位后再将

其开出。

④钉装面板。将胶合板正面朝下托起到预定位置,即从板的中间向四周展开铺钉,钉距依照画线确定,钉距在150mm左右均匀钉装,钉头沉入板面表层。

4.1.5 质量标准

(1)主控项目。

1)吊顶标高、尺寸、起拱和造型应符合设计要求。检验方法:观察,尺量检查。

2)罩面层材料的材质、品种、规格、图案和颜色应符合设计要求和国家标准。检验方法:观察,检查产品合格证、性能检测报告、进场验收记录和复验报告。

3)整体吊顶工程的吊杆、龙骨和面板的安装必须牢固。检验方法:观察,手扳检查,检查隐蔽工程验收记录和施工记录。

4)吊杆和龙骨的材质、规格、安装间距及连接方式应符合设计要求。金属吊杆、龙骨应经过表面防腐处理。木龙骨应进行防腐、防火处理。检验方法:观察,尺量检查,检查产品合格证书、性能检测报告、进场验收记录和隐蔽工程验收记录。

5)石膏板、水泥纤维板的接缝应按其施工工艺标准进行板缝防裂处理。安装双层板时,罩面层板与基层板的接缝应错开,并不得在同一根龙骨上接缝。检验方法:观察。

(2)一般项目。

1)面层材料表面应洁净、色泽一致,不得有翘曲、裂缝及缺损。压条应平直、宽窄一致。检验方法:观察,尺量检查。

2)面板上的灯具、烟感器、喷淋头、风口箅子等设备设施的位置应合理、美观,与面板的交接应吻合、严密。检验方法:观察。

3)金属龙骨的接缝应均匀一致,角缝应吻合,表面应平整,无翘曲、锤印。木质龙骨应顺直,无劈裂和变形。检验方法:检查隐蔽工程验收记录和施工记录。

4)吊顶内填充吸声材料的品种和铺设厚度应符合设计要求,应有防散落措施。检验方法:检查隐蔽工程验收记录和施工记录。

(3)整体面层吊顶工程的允许偏差和检验方法见表4.1.5-1。

表 4.1.5-1 整体面层吊顶工程的允许偏差和检验方法

序号	项目	允许偏差/mm	检验方法
1	表面平整	3	用2m靠尺或楔形塞尺检查
2	缝格、接缝平直	3	拉5m线,不足5m拉通线和尺量检查

4.1.6 成品保护

(1)安装好的轻钢龙骨上不得上人踏踩,其他工种的吊挂件或重物严禁吊于轻钢龙骨上。

(2)顶棚施工过程中,应注意保护吊顶内装好的各种管线;轻钢龙骨的吊杆及龙骨严禁固定在通风管道及其他设备上。

(3)轻钢骨架、罩面板及其他吊顶材料在入场存放、使用过程中应严格管理,板上不应放置其他材料,保证板材不受潮、不变形。

(4)施工顶棚部位已安装的门窗,已施工完毕的地面、墙面、窗台等应注意保护,防止污损。

(5)为保护成品,罩面板安装必须在棚内管道、试水、保温等一切工序全部验收后进行。

4.1.7 安全与环保措施

(1)进入现场必须戴安全帽。严禁穿拖鞋、高跟鞋或光脚进入施工现场。现场禁止吸烟。

(2)安装吊顶用的操作平台搭设必须牢固。操作平台上堆物重不得超过规定荷载。踏脚板应固定牢固。不得有挑头板。

(3)顶板高度超过3m应设满堂脚手架,跳板下应设安全网。

(4)施工过程中,工具要随手放入工具袋内,上下传递材料或工具时不得抛掷。

(5)电器机具要安装触电保安器。要经常检查电器机具有无漏电现象,若有漏电现象应及时处理。

(6)切割机、冲击钻、射钉枪、自攻螺丝枪必须按操作规程操作,严防伤人。

(7)有噪声的电动工具应在规定的作业时间内施工,防止噪声污染、扰民。

(8)废弃物应按环保要求分类堆放及消纳(如废塑料板、矿棉板、硅钙板等)。

(9)安装饰面板时,施工人员应戴线手套,以防污染板面及保护皮肤。

4.1.8 施工注意事项

(1)吊挂件、预埋件、连接件、钉固附件等表面未做防腐处理的,必须刷防锈漆。

(2)罩面板安装必须在吊顶内管道保温、试水等一切工序验收合格后进行。

(3)吊顶龙骨必须牢固、平整。

1)顶棚安装必须按设计要求起拱。利用吊杆或吊筋螺栓调整拱度。

2)安装龙骨时应严格按放线的水平标准线和规方线组装周边骨架。

3)受力节点应装订严密、牢固,保证龙骨的面层刚度。

4)龙骨的尺寸应符合设计要求,纵横拱度均匀,互相适应。

5)吊顶龙骨严禁有硬弯,如有必须调直再进行固定。

(4)吊顶面层必须平整。

1)施工前应弹线,中间按平线起拱。

2)长龙骨的接长应采用对接。

3)相邻龙骨接头要错开,避免主龙骨向边倾斜。

4)龙骨安装完毕,应经检查合格后再安装饰面板。

5)吊件必须安装牢固,严禁松动变形。

6)龙骨分格的几何尺寸必须符合设计要求和饰面面层的模数。

7)饰面板的品种、规格符合设计要求,外观质量必须符合材料质量要求。

(5)饰面板上的灯具、烟感器、喷淋头、风口篦子等设备的位置应合理、美观,与饰面的交接应吻合、严密。并做好检修口的预留,使用材料与母体相同,安装时应严格控制面层性、刚度和承载力。

(6)大于3kg重型灯具、电扇及其他重型设备严禁安装在吊顶工程的龙骨上。

(7)质量通病防治。

1)吊顶不平。主龙骨安装时吊杆调平不认真,造成各吊杆点的标高不一致;施工时应认真操作,检查各吊点的紧挂程度,并拉通线检查标高与平整度是否符合设计要求和规范标准的规定。

2)轻钢骨架局部节点构造不合理。吊顶轻钢骨架在留洞、灯具口、通风口等处,应按图纸上的相应节点构造设置龙骨及连接件,使构造符合图纸上的要求,保证吊挂的刚度。

3)轻钢骨架吊固不牢。顶棚的轻钢骨架应吊在主体结构上,并应拧紧吊杆螺母,以控制固定设计标高;顶棚内的管线、设备件不得吊固在轻钢骨架上。

4)罩面板分块间隙缝不直。罩面板规格有偏差,安装不正;施工时注意面层规格,拉线找正,安装固定时保证平整对直。

5)压缝条、压边条不严密、不平直。加工条材规格不一致;使用时应经选择,操作拉线找正后固定、压粘。

4.1.9　质量记录

(1)材料的产品合格证、性能检测报告。
(2)各类材料进场验收记录和复验报告。
(3)隐蔽工程验收记录。
(4)分项工程质量验收记录。
(5)施工记录。

4.2　板块面层吊顶施工工艺标准

板块面层吊顶是指以轻质钢为原料骨架,下面装各种板块面板而形成的吊顶。本工艺标准适用于建筑装饰装修中轻钢龙骨下面安装板块吊顶的施工。工程施工应以设计图纸和有关施工质量验收规范为依据。

4.2.1　材料要求

(1)轻钢龙骨和板块面板种类、规格必须符合设计要求,并且必须有出厂合格证。

1)吊顶轻钢龙骨按材料分,有镀锌钢带龙骨、铝带龙骨、铝合金龙骨和薄壁冷轧退火卷带龙骨;按承载能力分,有上人龙骨与不上人龙骨;按外形分,有U型龙骨与T型龙骨;按其用途分,有大龙骨、中龙骨、小龙骨、边龙骨与配件。

2)轻钢龙骨技术性能及参数、吊顶龙骨产品标记及规格、龙骨吊挂配件、吊挂节点符合设计要求和国家现行标准规范。

(2)吊挂件、连接件、挂插件、吊杆、射钉、自攻螺钉、压缝条必须符合设计要求,并且配套齐全。

(3)胶粘剂应按主材的性能选用,使用前做粘结试验。

(4)进场材料必须堆放整齐,不得随意乱扔、乱撞,防止踏踩,防止材料变形、损坏、污染、缺损。

4.2.2 主要机具设备

(1)机械设备。包括电锯、砂轮切割机、冲击钻、电动自攻螺丝枪、射钉枪、电焊机。

(2)主要工具。包括螺丝刀、扳子、钳子、钉锤、卷尺(3～5m)、水平尺、线坠。

(3)石膏板安装常用机具。包括搅拌机、滑梳、胶料铲、平抹刀、橡胶锤。

4.2.3 作业条件

(1)技术准备。

1)审查图纸,制定施工方案。

2)绘制主龙骨走向及分格图,制定空调排风孔、检查孔、照明(灯箱、灯槽)孔安装方案。

3)制定施工顺序及节点样图。

4)进行技术交底。

(2)基层处理。

1)吊顶基层必须有足够的强度。

2)清除顶棚及周围的障碍物,对灯饰、舞台灯钢架等承重物固定支点,应按设计要求做好。

3)检查已安装好的通风、消防、电器线路,并检查是否完成打压试验或外层保温、防腐等工作,这些工作完成后,方可进行吊顶安装工作。

(3)对人造面板、胶粘剂的甲醛含量进行复检,检查报告符合国家环保规定。

(4)搭好顶棚施工操作平台。

4.2.4 施工操作工艺

工艺流程:弹线定位→固定吊挂杆件→固定吊顶边龙骨→安装主龙骨→安装次龙骨→双层骨架的横撑龙骨安装→板块面板安装。

(1)弹线定位。采用吊线坠、水平尺或用透明塑料软管注水后进行测量等方法,根据吊顶的设计标高在四周墙(柱)面弹线,其水平允许偏差±5mm。根据设计标高线分别确定并弹出边龙骨(或通长木方及其他边部支承材料)及承载龙骨所处部位的平面基准线,按龙骨间距尺寸弹出龙骨纵横布置的框格线,并确定吊点(有预埋件或连接件者即与之相应的悬吊点)。如果有与吊顶构造相关的特殊部位,如检修马道或吊挂设备等,应注意吊顶构造必须与其脱开。对于吊顶吊点的现场确定及其紧固措施,应事先经设计部门的同意,必须充分考虑吊点所承受的荷载,同时针对建筑顶棚本身的强度,吊顶各部位的吊点间距、承载龙骨中距、吊点距承载龙骨端部的距离(不得超过 300mm)等尺寸,均应严格照设计的规定,以防止承载龙骨下坠及其他不安全现象发生。

(2)固定吊挂杆件。采用膨胀螺栓固定吊挂杆件。吊杆选用应符合设计要求,当设计无要求时,如果吊杆长度小于 1000mm,采用 $\phi8$ 的吊杆;如果大于 1000mm,应采用 $\phi10$ 的吊杆。如果吊杆长度大于 1500mm,还应在吊杆上设置反向支撑(即加设 30mm×30mm×3mm 角钢支撑,角钢支撑与主龙骨成 45°,一端用膨胀螺栓固定于楼板底、梁侧/底或墙面,另一端与主龙骨用攻丝螺栓和主龙骨固定,相邻两根角钢支撑必须呈反"八"字形相互错开,以免主龙骨向一侧倾斜)。安装固定后的吊杆要通直,并有足够的承载能力,当预埋件的杆件需要接长时,必须搭接焊牢,焊缝要均匀饱满。吊杆与主龙骨端部的距离不得大于 300mm,否则应增加吊杆。吊顶灯具、风口、窗帘盒、灯槽/灯箱、大型检修口、检修通道等应设附架吊杆。安装后的吊杆端头螺纹外露长度不小于 5mm。

(3)固定吊顶边龙骨。吊顶边部的支承骨架应按设计的要求加以固定。对于无附加荷载的轻便吊顶,如 L 型轻钢龙骨或角铝型材等,较常用的设置方法是用水泥钉按 400~600mm 的钉距与墙、柱面固定。应注意建筑基体的材质情况,对于有附加荷载的吊顶,或是有一定承重要求的吊顶边部构造,需按 900~1000mm 的间距预埋防腐木桩,将吊顶边部支承材料与木桩固定。无论采用何种做法,吊顶边部支承材料底面均应与吊顶标高基准线平齐(罩面板钉装时应减去板材厚度)且必须牢固可靠。

(4)安装主龙骨。轻钢龙骨顶棚骨架施工应先高后低。主龙骨间距一般为 1000mm。离墙边第一根主龙骨距离不超过 200mm(排列最后距离超过 200mm 应增加一根),接头要错开,不可与相邻龙骨接头在一条直线上,吊杆的方向也要错开,避免主龙骨向一边倾倒。吊杆一般轻型用 $\phi6$,重型(上人)用 $\phi8$,如吊顶荷载较大,需经结构计算,选定吊杆断面。主龙骨和次龙骨要求达到平直,为了消除顶棚由于自重下沉产生挠度和目视的视差,可在每个房间和中间部位,用吊杆螺栓进行上下调节,预先给予一定的起拱量,一般视房间的大小分别起拱 5~20mm 不一,待水平度全部调好后,再逐个拧紧吊杆螺帽。如顶棚需要开孔,先在开孔的位置划出开孔的位置,将龙骨加固好,再用钢锯切断龙骨和石膏板,保持稳固牢靠。顶棚板的分隔应在房间中部,做到对称,轻钢龙骨和板的排列可从房间中部向两边依次安装,使顶棚布置美观整齐。

安装主龙骨时,对于轻钢龙骨系列的重型大龙骨 U、C 型,以及轻钢或铝合金 T 型龙骨吊顶中的主龙骨,其悬吊方式取决于设计。与吊杆连接的龙骨安装主要有三种方法,一是有附加荷载的吊顶承载龙骨,采用承载龙骨吊件与钢筋吊杆下端套丝部位连接,拧紧螺母卡稳卡牢;二是无附加荷载的 C 型轻钢龙骨单层构造的吊顶主龙骨,采用轻型吊件与吊杆连接,一般是利用吊件上的弹簧钢片夹固吊杆,下端勾住 C 型龙骨槽口两侧;第三种方法是对于轻便吊顶的 T 型主龙骨,可以采用其配套的 T 型龙骨吊件,上部连接吊杆,下端夹住 T 型龙骨,有的则是直接将镀锌铁丝吊杆穿过龙骨上的孔眼勾挂绑扎。主龙骨安装就位后,以一个房间为单位进行调平。调平方法可采用木方按主龙骨间距钉圆钉,将龙骨卡住先作临时固定,按房间的十字和对角拉线,根据拉线进行龙骨的调平调直。根据吊件品种,拧动螺母或是通过弹簧钢片,或是调整铁丝,调整至准确后再行固定。为使主龙骨保持稳定,使用镀锌铁丝作吊杆者宜采取临时支撑措施,可设置木方上端顶住顶棚基体底面,下端顶稳主龙骨,待安装吊顶板前再行拆除。

安装时先将次龙骨临时固定在主龙骨上，每根次龙骨用两只卡夹固定，校正主龙骨平正后再将所有的卡夹一次全部夹紧。遇到观众厅、礼堂、展厅、餐厅等大面积房间采用轻钢龙骨吊顶时，需每隔12m在大龙骨上部焊接横卧大龙骨一道，以加强大龙骨侧向稳定性及吊顶面层性。轻钢大龙骨可以焊接，但宜点焊，防止焊穿或杆件变形。若轻钢次龙骨太薄，则不能焊接。

（5）安装次龙骨。对于双层构造的吊顶骨架，次龙骨紧贴承载主龙骨安装，通长布置，利用配套的挂件与主龙骨连接，在吊顶平面上与主龙骨相垂直，它可以是中龙骨，有时则根据罩面板的需要再增加小龙骨，它们都是覆面龙骨。次龙骨（中龙骨及小龙骨）的中距由设计确定，并因吊顶装饰板采用封闭式安装或是离缝及密缝安装等不同的尺寸关系而异。对于主、次龙骨的安装程序，由于其主龙骨在上，次龙骨在下，所以一般的做法是先用吊件安装主龙骨，然后再以挂件（或称吊挂件）在主龙骨下吊挂次龙骨。挂件上端勾住主龙骨，下端挂住次龙骨即将二者连接。

对于单层吊顶骨架，其次龙骨即是横撑龙骨。主龙骨与次龙骨处于同一水平面，主龙骨通长设置，横撑（次）龙骨按主龙骨间距分段截取，与主龙骨丁字连接。主、次龙骨的连接方式取决于龙骨类型。对于以C型轻钢龙骨组装的单层构造吊顶骨架，其主、次龙骨均为C型，在吊顶平面上的主次龙骨垂直交接点，即采用其配套的挂插件（支托），挂插件一方面插入次龙骨内托住C型龙骨段，另一方面勾挂住主龙骨即将二者连接。

对于T型轻金属龙骨组装的单层构造吊顶骨架，其主、次龙骨的连接通常有多种情况：一是T型龙骨侧面开有圆孔和方孔，圆孔用于悬吊，方孔则用于次龙骨的凸头直接插入；二是对于不带孔眼的T型龙骨，可在次龙骨段的端头剪出连接耳（或称连接脚），折弯90°与主龙骨用拉铆钉、抽芯铆钉或自攻螺钉进行丁字连接；或是在主龙骨上打出长方孔，将次龙骨的连接耳插入方孔；三是采用角形铝合金块（或称角码），将主、次龙骨分别用抽芯铆钉或自攻螺钉固定连接；四是对于小面积轻型吊顶，其纵、横T型龙骨均用镀锌铁丝分股悬挂，调平调直，只需将次龙骨搁置于主龙骨的翼缘上即可，待搁置安装吊顶板后，其骨架自然稳定。其他尚有剔槽、钻孔用铁丝绑扎等方法，可根据工程实际需要确定。

（6）双层骨架构造的横撑龙骨安装。对于U、C型轻钢龙骨的双层吊顶骨架构造，其覆面层是否设置横撑龙骨，由设计确定。对于以轻钢U型（或C型）龙骨为承载龙骨，以T型金属龙骨作覆面龙骨的双层吊顶骨架，一般需设置横撑龙骨。特别是吊顶饰面板作明式安装时，则必须设置横撑龙骨。C型轻钢吊顶龙骨的横撑龙骨由C型次龙骨截取，与纵向的次龙骨的丁字交接处，采用其配套的龙骨支托（挂插件）将二者连接固定。双层骨架的T型龙骨覆面层的T型横撑龙骨安装，根据其龙骨材料的品种类型确定，与上述单层构造的横撑龙骨安装做法相同。

（7）聚氯乙烯塑料天花板安装。聚氯乙烯塑料天花板是采用在聚氯乙烯树脂中加入一定量抗老化剂、改性剂等助剂，经混炼、压延、真空吸塑等工艺而制成的浮雕形装饰材料。聚氯乙烯塑料天花板具有质轻、防潮、隔热、不易燃、不吸尘、不破裂、可涂饰、易安装、价格低廉等优点，可用于影剧院、会议室、商店、公共设施及住宅建筑的室内吊顶或墙面装饰。其产品规格、性能符合设计要求和国家现行标准。

安装方法有钉钉或粘贴两种。一般可用 2～2.5cm 的木条,制成 50cm 的正方形木格,用小铁钉将塑料天花板钉上,然后再用 2cm 宽的塑料压条(或铝压条)钉上,以固定板面,或钉上特制的塑料装饰小花来固定板面。也可用建筑胶水直接将天花板粘贴在水泥楼板面上或固定在龙骨架上。运输和安装时,不要重压、撞击,并要远离热源,防止烟熏和变形。

(8)钙塑泡沫装饰吸声板安装。

1)钙塑泡沫装饰吸声板是在聚乙烯树脂中加入无机填料轻质碳酸钙、发泡剂、交联剂、润滑剂、颜料等经混炼、模压、发泡成型而成,有一般板和加入阻燃剂的难燃泡沫装饰板两种,表面有各种凹凸图案及穿孔图案。

2)钙塑泡沫装饰板的施工(安装)可根据使用场所的要求及条件的不同,采用多种方法,通常是用钉钉或粘贴的方法。一般可用铁钉钉于木条档上,即用约 40mm×30mm 的方木钉成符合板面尺寸的木格,再将钙塑泡沫吸声板用铁钉每边以 3～5 点钉上。根据需要,可在每四块板的交角点用木螺钉或铁钉钉上特制的塑料装饰小花固定板面,根据板面图案的不同情况亦可在拼缝处加钉嵌条(压条)以固定板面和遮盖拼缝线。粘贴适用于混凝土顶面或石灰粉刷顶面,用氯丁胶浆和聚异氰酸酯胶(俗名:狄克纳)配合使用,配比是氯丁胶∶狄克纳=10∶1。使用时,按一次需要量配好。如果胶浆黏度过大,可加入纯苯稀释。用油漆刷将胶浆刷于天花板背面四边或四角和四边的中点,以及顶与装饰板粘接点的对称处。待 2～3min 胶浆稍干后将板粘上,按紧即可。每 1kg 胶约可粘 20～25m²。

3)特殊场所安装。地下室,腐蚀性强、噪声大的车间工场,可用硬质塑料做骨架,将骨架固定在顶棚或墙面上,使装饰板与屋面之间形成一定的空间。这样可以消除噪声和共鸣声,从而产生良好的消声效果,骨架也不会受酸、碱腐蚀,或因地下室回潮而腐烂。对吸声要求高的使用场所,除采用穿孔板外还可在板后加一层超细玻璃棉,以加强吸声作用。

4)钙塑泡沫装饰吸声板安装后,若要装饰,可喷涂白色或彩色无光乳胶漆(稀释快干溶剂以香蕉水为宜),亦可采用 106 涂料。

5)注意事项。

①装饰板堆放时,要竖码,切忌平码,以免压坏图案,且必须离开热源 3m 以外。

②搬运产品时,要轻拿轻放,防止机械损伤,

③施工时,安装人员必须戴白薄手套,以免弄脏板面。

④粘贴时,施工人员要站在上风向。

⑤板面如弄脏,可用清水加入少量洗涤剂,用棉纱抹净。

⑥胶浆涂刷不宜过多,以免粘贴时溢出,污染板面。

⑦装饰板使用时间长,板面沾有灰尘,可用清水加入适量洗涤剂刷洗,然后用清水冲洗即可恢复原来色彩。

(9)金属吊顶板罩面安装。

1)金属吊顶板的主要类型,按形状分,有方形板、条形板和格栅形板;按材质分,有铝合金板、冷轧钢板、不锈钢板及铜合金板等;按产品的表面处理分,有阳极电氧化板、电镀板、烤漆板和喷塑板等。这里我们主要以方形金属板罩面工程为例。

2)从金属方形(及矩形)吊顶板的产品外观来看,除平面的镜面板、哑光板及穿孔板外,还有多种图案和造型的板材,如藻井式、龟板式、内圆式、穿孔图案板、凹池式及各种彩色板

材。有的可根据用户要求加工成有名人字画、古董钱币、湖光山色等各种立体图案的板材。金属吊顶板除具有防火、防潮和耐腐蚀等优点外，其最突出的特点是装拆方便，如需调换或清洁吊顶板，可随时用磁性吸盘将板块取下，并十分简易地将其安装复位。对于有吸声要求的顶棚，可以选用穿孔板或是在吊顶构造中铺设玻璃棉毡等吸声保温材料。有的产品在生产过程中已在板块的背面覆有一层吸音棉纸，可达到一定的吸声标准；根据安装方式的不同，板材分为明式与暗式不同系列，如图 4.2.4-1 所示。

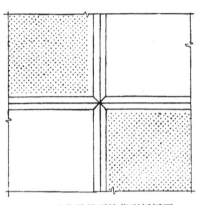

暗架天花板系列有穿孔板、图案板、平板和各种彩色板，规格有：
600mm×600mm
600mm×300mm
300mm×300mm
厚度为0.7mm

（a）暗龙骨吊顶的薄型板板面

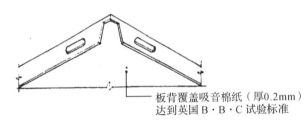

板背覆盖吸音棉纸（厚0.2mm）达到英国 B·B·C 试验标准

（b）暗龙骨吊顶方板（及矩形板）板边形式和板材特点

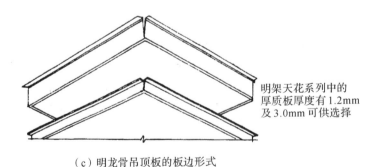

明架天花系列中的厚质板厚度有1.2mm及3.0mm可供选择

（c）明龙骨吊顶板的板边形式

图 4.2.4-1　金属方形吊顶板材举例

3)方形金属吊顶板可以适应各种型式的覆面龙骨，其安装方式的传统做法有吊钩连接式、螺钉固定式和铅丝扎结式等。目前在大多数工程中，并不采用把金属板紧固于吊顶龙骨上的安装方法，较为普遍的做法是采用搁置式和嵌入式两种安装方式。

①搁置式安装：搁置式安装即为明式安装，或称明装式。金属方形板四边带翼，将其搁

置于 T 型轻钢或铝合金(视板块材质及吊顶龙骨承载能力而定)吊顶龙骨下部的翼板上即可,搁置后的吊顶面呈格子式明龙骨离缝效果,如图 4.2.4-2 所示。

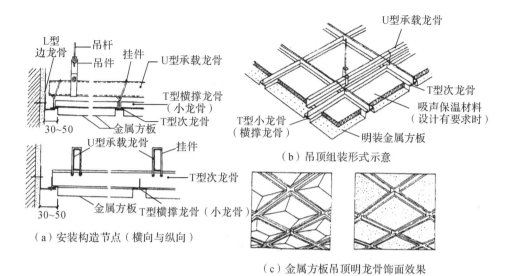

图 4.2.4-2　方形金属吊顶板搁置式安装(单位:mm)

②嵌入式安装:采用与板材相配套的带夹簧的特制金属龙骨(三角龙骨、夹嵌龙骨),可以使金属吊顶方板很方便地嵌入。金属方板的卷边向上,呈缺口式的盒子形,多数方形吊顶板在加工时其边部轧出凸起的卡口,可以较精确和稳固地嵌装于夹簧龙骨中。其吊顶骨架可不设横撑龙骨,由设计确定。此类产品各生产厂的配套材料略有不同,但其原理和安装方法大同小异,如图 4.2.4-3 所示。

(10)膨胀珍珠岩装饰吸声板安装。

1)膨胀珍珠岩装饰吸声制品是以膨胀珍珠岩为骨料,配合适量的胶粘剂,经过搅拌、成型、干燥、熔烧或养护而制成的多孔性吸声材料。以所用胶粘剂分,有水玻璃珍珠岩吸声板、水泥珍珠岩吸声板、聚合物珍珠岩吸声板等;以表面结构形式分,有不穿孔、半穿孔、穿孔吸声板,凹凸吸声板,复合吸声板等。它具有重量轻、装饰效果好、防火、防潮、防蛀、耐酸、施工装配化、可锯割等优点,一般可用于礼堂、剧院、电影院、播音室、录像室、会议室、餐厅等公共建筑的音质处理和工业厂房的噪声控制,同时也可用于民用和其他公共建筑的顶棚和内墙装饰。膨胀珍珠岩装饰吸声板的产品规格、性能符合设计要求和国家标准。

2)膨胀珍珠岩装饰吸声板施工要点。

①金属龙骨架。使用 T 型吊顶轻钢龙骨架,将已开槽的板插入即可。U 型轻钢龙骨吊顶,在龙骨上钻孔,将板用螺钉与龙骨固定。

②木龙骨。安装时应采用拧紧螺钉的方法拧进板面 1～2mm 后,用同色珍珠岩砂混合的粘结腻补平板面,封盖钉眼。

③粘贴。在混凝土、石灰砂浆和砖面墙平整的条件下采用粘合剂直接粘贴。

④塑料花角固定方法。板与木龙骨固定后,在板的四角再用塑料花角钉牢,这样既美观,又解决了部分珍珠岩装饰吸声板的掉角问题。

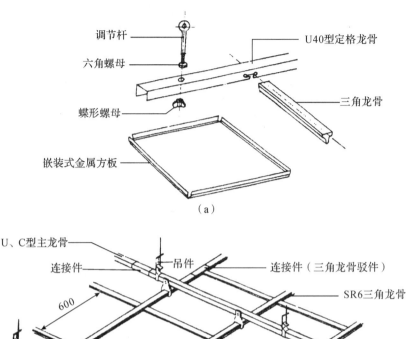

图 4.2.4-3 方形金属吊顶板的嵌入式暗龙骨安装(单位:mm)

⑤在运输和安装过程中,注意轻搬、轻放,防止撞击。

⑥施工面要求平整、美观,对缺棱掉角的板面用石膏胶粘剂进行修补。

(11)轻质硅酸钙吊顶板安装。

1)轻质硅酸钙吊顶板也称纤维增强硅酸钙板,或微孔硅酸钙保温板。它是以一定的二氧化硅粉质材料和石灰钙质材料为基材,选用有机和无机纤维作增强材料,并掺入轻骨料降低密度,采用"哈切克"法成型,经高压蒸汽养护(即水热合成工艺)而制成的一种新型纤维增强吊顶板。具有质轻、高强、不燃、声热性能优良、耐潮湿、耐老化、不会霉烂变质、不会虫蛀鼠咬、使用温度高等特点。板材正表面平整光洁,可涂刷油漆、粘结墙布和壁纸,也可加装塑料饰面(贴面)。此种板材可钻、可锯、可钉,施工方便,是目前硬质保温材料中比较理想的一种。用于礼堂、影剧院、播音室、录像室、餐厅、会议室等公共建筑以及高层建筑的室内吊顶和内隔墙,也可作为冶金、化工、电力、造船、陶瓷等部门行业的保温隔热和隔声材料。纤维增强硅酸钙板的品种规格、技术性能符合设计要求和国家标准。

2)安装方法。纤维硅酸钙板加工时,可锯、可钻,但不能用钉子直接钉或用铣子打孔。

一般采用水泥胶浆和自攻螺丝粘、钉结合的方法固定在龙骨网架上。

3)注意事项。

①钻孔时,为使钻孔底面整齐光滑,应在板下垫一块木块。

②平头螺丝楔入板体,保持面平。

③堆垛时,地面应平整,每垛板不宜过多,以防压坏。

(12)纤维增强水泥平板吊顶安装。

1)纤维增强水泥平板,即 TK 板(低碱纤维水泥板)。它是以低碱水泥、中碱玻璃纤维和短石棉为原料,在圆网抄取机上制成的薄型建筑平板。具有质量轻、抗弯抗冲击强度高、不燃、耐水、不易变形和可锯、可钉、可涂刷等性能。品种按抗弯强度分,有 C10、C15、C20 三种 TK 板。适用于高层建筑的吊顶板及框架结构建筑的复合外墙和隔墙。纤维增强水泥平板(TK)的品种规格、技术性能符合设计要求和国家标准。

2)安装方法。TK 板是采用水泥胶浆和自攻螺丝粘、钉结合的方法固定在龙骨网架上而制成的。为了板面平整的需要,最好在两张 TK 板接缝与龙骨之间放一条 50mm×3mm 的再生橡胶垫条。

3)注意事项。

①TK 板装运时,要立垛堆放,用草垫塞紧,装卸时严禁抛掷和碰撞;长距离运输,需钉箱包装,每箱不超过 60 张。

②堆放场地必须平坦坚实,码垛堆放,堆高不超过 1.2m,严禁暴晒。

③TK 板与龙骨固定时,应钻孔,钻头孔径应比螺钉孔径小 0.5~1.0mm。固定时,应注意钉帽必须压入板面内 1.0~2.0mm。

④板缝及钉帽处应用聚合物水泥胶浆或砂浆刮平,并用砂纸磨光。

(13)矿棉装饰吸声板安装。

1)矿(岩)棉装饰吸声板及玻璃棉装饰吸声板,可以统称为矿物棉装饰吸声板。矿棉板是以矿渣棉为主要原料,掺入胶粘剂和铺料经成型、烘干及表面加工而成;玻璃棉板是以玻璃物质经高温熔融后加工为半成品,经磨光、喷胶和外贴聚氯乙烯薄膜等工序制成。二者均为轻质吸声板材,但玻璃棉板的板边不能开槽做企口,安装时主要为明龙骨搭装施工。

2)矿棉装饰吸声板按其板面效果分,有滚花板、浮雕板和印刷板等;按其棱边形式分,有齐边板、楔形边板(榫边板)和企口板等。采用矿棉板作饰面,最宜用于无附加荷载的轻便式吊顶,可以适应断面较小的轻钢和铝合金 T 型龙骨(或其变形龙骨);当配以轻钢 U(或 C)形龙骨组装为双层吊顶骨架时,也可构成上人吊顶。矿棉板的安装具有一定的代表性,其施工做法广泛适用于一些新型轻质板材的吊顶饰面。

3)矿棉板的常用规格有板面长×宽为 600mm×600mm、600mm×300mm、1800mm×375mm 等方形板或矩形板,厚度 9~15mm 不等。有的产品表面带有凹槽线条,安装后的吊顶面更具装饰美感(见图 4.2.4-4)。

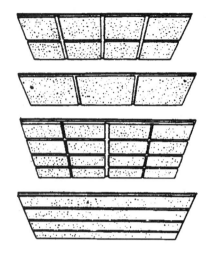

图 4.2.4-4 板面带凹线的矿棉装饰吊顶板

4)平放搭装法。平放搭装或称搁置式安装是先将吊顶骨架安装就位,其 T 型龙骨的中距依吊顶板块的规格尺寸而定(选用市售成品或根据需要与生产厂协商确定板材规格),吊牢、吊平的安装方法。龙骨按设计要求安装并检验合格后,即将矿棉板搁置于龙骨框格内,依靠 T 型龙骨的肢翼支承,并以金属定位夹(压板)压稳。施工中注意留出板材安装缝,每边缝隙在 1mm 以内。板块就位时应使板背面的箭头方向和白线方向一致,以保证吊顶装饰面的图案和花饰的整体性(表面无规律的压花板不需对花安装)。平放搭装做法示意如图 4.2.4-5 所示。

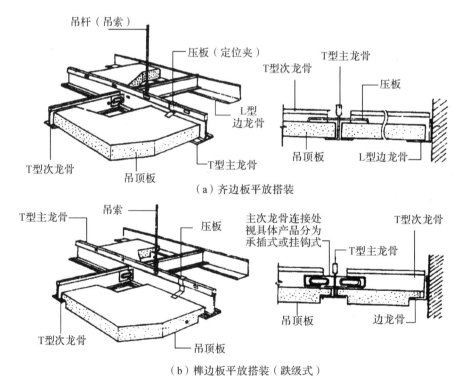

(a)齐边板平放搭装

(b)榫边板平放搭装(跌级式)

图 4.2.4-5 装饰吊顶板平放搭装示意

5)企口板嵌装法。带企口边的矿棉板同其他各种企口边装饰板材一样,可以通过嵌装方式安装于 T 型金属龙骨上,形成暗装式吊顶镶板饰面效果,即板块嵌装后顶棚表面不露龙骨框格(或明露部分框格),T 型龙骨的两翼被吊顶板的咬接槽口所掩蔽,如图 4.2.4-6 所示。

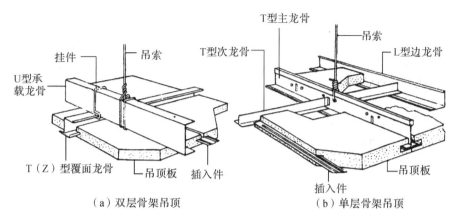

（a）双层骨架吊顶　　　　（b）单层骨架吊顶

图 4.2.4-6　装饰吊顶板的企口板嵌装

6)复合安装法。主要是指矿棉板与轻钢龙骨吊顶纸面石膏板罩面进行复合,此法可使矿棉板的应用多样化,并增强轻质板材吊顶的吸声降噪和装饰功能。分为复合平贴和复合插贴两种做法。

①复合平贴安装。当 U、C 型轻钢龙骨吊顶及纸面石膏板罩面安装完毕时,采用 LC-874 型建筑胶粘剂或 SG791 型建筑轻板胶粘剂等适用于纸面石膏板与矿棉板进行粘结的胶粘剂,将矿棉板粘贴于纸面石膏板基层。粘贴时应注意,在胶粘剂尚未固化前,板材不得有较强震动,并要保持室内通风。

②复合插贴安装采用企口棱边的矿棉板作插接,将矿棉装饰板背面用双面胶带与石膏板基层表面粘贴几点作临时就位固定,再用打钉器将 U 型钉在企口矿棉板的开榫处打钉进行固结。

7)钉固法安装。在矿棉装饰吸声板每四块的交角点和板中心,用专门的塑料花托脚以螺钉紧固在龙骨上。金属龙骨大多数采用自攻螺丝,木龙骨大多用木螺钉。

8)粘贴法安装。将矿棉装饰吸声板用胶粘剂直接粘贴在平顶木条或其他吊顶小龙骨上。

9)注意事项。

①不得在湿度大的房间内安装,以避免轻质多孔材料吸湿膨胀产生变形。

②安装时,矿棉装饰吸声板上不得放置其他材料,防止板材受压变形。

③为保证花纹、图案的整体性,应使吸声板背面的箭头方向和白线方向一致。

④采用搁置法安装时,应留有板材安装缝,以每边缝隙不大于 1mm 为宜。

⑤采用复合粘贴法安装时,胶粘剂尚未完全固化前,板材不得有强烈振动,并应保持房间的通风。

⑥采用钉固法安装时,螺钉与板边距离应不小于 15mm,钉距以 150～170mm 为宜。螺钉应与板面垂直。

⑦采用企口暗缝法安装,应注意企口的相互交接及图案的拼装。接茬处要平整光滑。

⑧复合粘贴板施工后72h内,在胶尚未完全固化前,不能有强烈震动。装修完毕,交付使用前的房间,要注意换气和通风。

⑨安装吸声板时,需戴清洁手套,以防将板面弄脏。

⑩矿棉装饰吸声板在运输、存放、使用过程中,严禁雨淋受潮;在搬运码放过程中,必须轻拿轻放,以防造成折断或边角缺损,存放地点必须干燥、通风、避雨、防潮、平坦,下面应垫木板,并与墙壁保持一定距离。

(14)玻璃棉装饰吸声板安装。

1)玻璃棉装饰吸声板,亦有称玻璃纤维粘合板。它是以玻璃纤维棉为主要原料,加入适量的胶粘剂、防潮剂、防腐剂等,经热压加工而成的一种像毡片一样的玻璃纤维板。

2)安装方法。玻璃棉装饰吸声板安装时主要采用搁置法,即将板材浮搁在龙骨组成的框内。由于单块板材质量较轻,遇风会被刮起,故应用木条压住或钢卡子夹住。

3)注意事项。

①玻璃棉装饰吸声板遇水表面装饰层会鼓包,可成波浪形状,故运输、码堆过程中,应加强保管,防止受潮。另外,吸声板的饰面层是施胶后贴上去的,受潮后容易发生脱胶现象,其特征是表面不平,饰面层与玻璃棉板脱开。因此,饰层要注意防潮。

②玻璃棉装饰吸声板的饰面一般只做一面(喷饰涂料薄膜),另一面不做任何处理,安装施工时应将未处理的一面朝下搁置,以避免丧失吸声效果。

③玻璃棉装饰吸声板比较轻,明摆浮搁在铝合金龙骨的肢上,一般情况下不会变形,但在风速比较大的部位(如空调口附近)板易被掀起,常用木条或竹条压住饰面板,也可用钢丝卡固定。

④施工现场相对湿度应在85%以下,过高不宜施工。室内要待全部土建工程施工完毕且干燥后,方可安装玻棉装饰吸声板。

⑤玻棉装饰吸声板不宜用在湿度较大的建筑内,如浴池、厨房等。

⑥施工中吸声板背面的箭头方向和白线方向必须保持一致,以保证花样、图案的整体性。

⑦对于强度要求特殊的部位(如吊挂大型灯具),在施工中应按设计要求施工。

⑧根据房间的大小及灯具的布置,以施工面积中心计算吸声板的用量,以保证两侧间距相等。从一侧开始安装,以保证施工效果。

⑨安装吸声板时,需戴清洁手套,以防将板面弄脏;同时,要注意,从一侧开始安装,以保证施工效果。

⑩玻璃棉装饰吸声板饰面层要注意保护,表面不得划伤、破损。在施工过程中要做好成品保护,对于易划、易碰部位,应采取适当保护措施。

4.2.5 质量标准

(1)主控项目。

1)吊顶标高、尺寸、起拱和造型应符合设计要求。检验方法:观察,尺量检查。

2)面层材料的材质、品种、规格、图案和颜色应符合设计要求及国家现行标准的有关规定。当面层材料为玻璃板时,应使用安全玻璃并采取可靠的安全措施。检验方法:观察,检查产品合格证、性能检测报告、进场验收记录和复验报告。

3)面板的安装应稳固严密。面板与龙骨的搭接宽度大于龙骨受力宽度的2/3。

检验方法:观察,手扳检查,尺量检查。

4)吊杆和龙骨的材质、规格、安装间距及连接方式应符合设计要求。金属吊杆和龙骨应经过表面防腐处理,木龙骨应进行防腐、防火处理。

检验方法:观察,尺量检查,检查产品合格证书、性能检测报告、进场验收记录和隐蔽工程验收记录。

5)板块面层吊顶工程的吊杆和龙骨安装应牢固。

检验方法:手扳检查,检查隐蔽工程验收记录和施工记录。

(2)一般项目。

1)面层材料表面应洁净、色泽一致,不得有翘曲、裂缝及缺损。面板和龙骨的搭接应平整、吻合,压条应平直、宽窄一致。检验方法:观察,尺量检查。

2)面板上的灯具、烟感器、喷淋头、风口篦子等设备设施的位置应合理、美观,与面板的交接应吻合、严密。检验方法:观察。

3)金属龙骨的接缝应均匀一致、吻合、颜色一致,不得有划伤和擦伤等缺陷。木质龙骨应平整、须直,无劈裂。检验方法:观察。

4)吊顶内填充的吸声材料的品种和铺设厚度应符合设计要求,应有防散落措施。检验方法:检查隐蔽工程验收记录和施工记录。

(3)板块面层吊顶工程的允许偏差和检验方法见表4.2.5-1。

表 4.2.5-1 板块面层吊顶工程的允许偏差和检验方法

序号	项目	允许偏差/mm			检验方法
		金属板	矿棉板	木板、塑料板、玻璃板、复合板	
1	表面平整	2	3	2	用2m靠尺或楔形塞尺检查
2	接缝平直	2	3	3	拉5m线,不足5m拉通线和尺量检查
3	接缝高低	1	2	1	用直尺和塞尺检查

4.2.6 成品保护

(1)安装好的轻钢龙骨上不得上人踩踏,其他工种的吊挂件或重物严禁吊于轻钢龙骨上。

(2)顶棚施工过程中,应注意保护吊顶内装好的各种管线;轻钢龙骨的吊杆及龙骨严禁固定在通风管道及其他设备上。

(3)轻钢骨架、罩面板及其他吊顶材料在入场存放、使用过程中应严格管理,板上不应放置其他材料,保证板材不受潮、不变形。

(4)施工顶棚部位已安装的门窗，已施工完毕的地面、墙面、窗台等应注意保护，防止污损。

(5)为保护成品，罩面板安装必须在棚内管道、试水、保温等一切工序全部验收后进行。

4.2.7　安全与环保措施

(1)进入现场必须戴安全帽。严禁穿拖鞋、高跟鞋或光脚进入施工现场。现场禁止吸烟。

(2)安装吊顶用的操作平台搭设必须牢固。操作平台上堆物重不得超过规定荷载。踏脚板应固定牢固。不得有挑头板。

(3)顶板高度超过3m应设满堂脚手架，跳板下应设安全网。

(4)施工过程中，工具要随手放入工具袋内，上下传递材料或工具时不得抛掷。

(5)电器机具要安装触电保安器。要经常检查电器机具有无漏电现象，若有漏电现象应及时处理。

(6)切割机、冲击钻、射钉枪、自攻螺丝枪必须按操作规程操作，严防伤人。

(7)有噪声的电动工具应在规定的作业时间内施工，防止噪声污染、扰民。

(8)废弃物应按环保要求分类堆放及消纳（如废塑料板、矿棉板、硅钙板等）。

(9)安装饰面板时，施工人员应戴线手套，以防污染板面及保护皮肤。

4.2.8　施工注意事项

(1)吊挂件、预埋件、连接件、钉固附件等表面未做防腐处理的，必须刷防锈漆。

(2)罩面板安装必须在吊顶内管道保温、试水等一切工序验收合格后进行。

(3)吊顶龙骨必须牢固、平整。

1)顶棚安装必须按设计要求起拱。利用吊杆或吊筋螺栓调整拱度。

2)安装龙骨时应严格按放线的水平标准线和规方线组装周边骨架。

3)受力节点应装订严密、牢固，保证龙骨的面层刚度。

4)龙骨的尺寸应符合设计要求，纵横拱度均匀，互相适应。

5)吊顶龙骨严禁有硬弯，如有必须调直再进行固定。

(4)吊顶面层必须平整。

1)施工前应弹线，中间按平线起拱。

2)长龙骨的接长应采用对接。

3)相邻龙骨接头要错开，避免主龙骨向边倾斜。

4)龙骨安装完毕，应经检查合格后再安装饰面板。

5)吊件必须安装牢固，严禁松动变形。

6)龙骨分格的几何尺寸必须符合设计要求和饰面面层的模数。

7)饰面板的品种、规格符合设计要求，外观质量必须符合材料质量要求。

(5)饰面板上的灯具、烟感器、喷淋头、风口篦子等设备的位置应合理、美观，与饰面的交接应吻合、严密。并做好检修口的预留，使用材料与母体相同，安装时应严格控制面层性、刚度和承载力。

（6）大于 3kg 重型灯具、电扇及其他重型设备严禁安装在吊顶工程的龙骨上。

（7）质量通病防治。

1）吊顶不平。主龙骨安装时吊杆调平不认真，造成各吊杆点的标高不一致；施工时应认真操作，检查各吊点的紧挂程度，并拉通线检查标高与平整度是否符合设计要求和规范标准的规定。

2）轻钢骨架局部节点构造不合理。吊顶轻钢骨架在留洞、灯具口、通风口等处，应按图纸上的相应节点构造设置龙骨及连接件，使构造符合图纸上的要求，保证吊挂的刚度。

3）轻钢骨架吊固不牢。顶棚的轻钢骨架应吊在主体结构上，并应拧紧吊杆螺母，以控制固定设计标高；顶棚内的管线、设备件不得吊固在轻钢骨架上。

4）罩面板分块间隙缝不直。罩面板规格有偏差，安装不正；施工时注意面层规格，拉线找正，安装固定时保证平整对直。

5）压缝条、压边条不严密、不平直。加工条材规格不一致；使用时应经选择，操作拉线找正后固定、压粘。

4.2.9　质量记录

（1）材料的产品合格证、性能检测报告。

（2）各类材料进场验收记录和复验报告。

（3）隐蔽工程验收记录。

（4）分项工程质量验收记录。

（5）施工记录。

4.3　格栅吊顶施工工艺标准

格栅吊顶是一种新型轻质装饰结构，是以铝、金属、合金、木龙骨为支承骨架组装而成的新型吊顶体系。格栅吊顶适用于室内装饰要求较高的公共建筑厅堂、走廊、会议室、卫生间等顶棚建筑装饰装修工程。本工艺标准适用于格栅吊顶施工。工程施工应以设计图纸和有关施工质量验收规范为依据。

4.3.1　材料要求

（1）龙骨。通常采用轻钢龙骨，分为 U 型和 T 型两种。主、次龙骨的规格、型号、材质及厚度应符合设计要求和现行国家标准《建筑用轻钢龙骨》（GB/T 11981）的有关规定，应有出厂合格证。

（2）格栅。通常用铝板或镀锌钢板加工制作。主要有 100mm×100mm、150mm×150mm、200mm×200mm、600mm×600mm 等规格的格栅，还有宽度为 100mm、150mm、200mm、300mm、600mm 等规格的垂片。其材质、规格、型号应符合国家现行规范和标准，组装方式应符合设计要求。

(3)辅材。龙骨专用吊挂件、连接件、插接件等附件,吊杆、膨胀螺栓、花篮螺栓、射钉、自攻螺钉、角码等,均应符合设计要求,金属件应进行防腐处理。

4.3.2 主要机具设备

(1)机具。包括铝合金切割机、无齿锯、手枪钻、冲击电锤、电焊机、角磨机等。

(2)工具。包括拉铆枪、射钉枪、手锯、手刨、钳子、扳手、螺丝刀等。

(3)计量检测用具。包括水准仪、靠尺、钢尺、钢卷尺、角尺、水平尺、游标卡尺、塞尺、线坠等。

4.3.3 作业条件

(1)施工前应按设计要求对房间的层高、门窗洞口标高和吊顶内的管道、设备及其支架的标高进行测量检查,并办理交接检查记录。

(2)各种材料配套齐全已进场,已进行检验或复试。

(3)室内墙面施工作业已基本完成,只剩最后一道涂料,地面湿作业已完成,并经检验合格。

(4)吊顶内的管道和设备安装已调试完成,经检验合格,办理完交接手续。

(5)室内环境应干燥,湿度不大于60%,通风良好。吊顶内四周墙面的各种孔洞已封堵并已处理完毕,抹灰已干燥。

(6)施工所需的脚手架已搭设好,并经检验合格。

(7)施工现场所需的临时用水、用电及各种工具和机具准备就绪。

4.3.4 施工操作工艺

(1)施工工艺。

1)有骨架格栅的吊顶工艺流程:放线→固定吊杆→边龙骨安装→主龙骨安装→格栅安装→整理、收边。

2)无骨架格栅的吊顶工艺流程:放线→固定吊杆→格栅安装→整理、收边。

(2)操作工艺。

1)有骨架格栅的吊顶施工(见图4.3.4-1)。

①放线。依据房间内标高控制水准线,按设计要求在房间四角量测出顶棚标高控制点(房间面积较大时,控制点间距宜为3~5m),然后用粉线沿四周墙(柱)弹出水平标高控制线。依据吊顶平面大样图,确定龙骨、吊杆位置线和顶棚造型、大中型设备、风口的位置、轮廓线,并弹在顶板上。主龙骨应避开大中型设备、风口的位置,一般从房间吊顶中心向两边均匀排列。吊杆的间距应依据格栅的材质重量而定,一般为900~1500mm。遇有大型设备或风道,间距大于1200mm时,宜采用型钢扁担来满足吊杆间距。

②固定吊杆。在钢筋混凝土楼板固定角码和吊杆应采用膨胀螺栓。若混凝土楼板上已有预留吊环(钩),可将$\phi4$钢丝吊杆焊接或挂接到预留吊环(钩)上。用冲击电锤在楼板上打

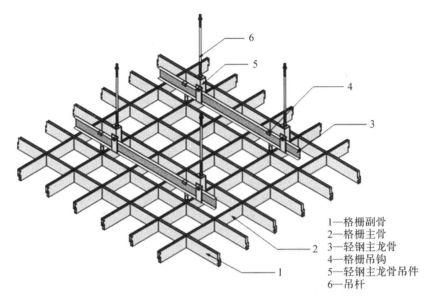

1—格栅副骨
2—格栅主骨
3—轻钢主龙骨
4—格栅吊钩
5—轻钢主龙骨吊件
6—吊杆

图 4.3.4-1　有骨架格栅吊顶安装示意

膨胀螺栓孔时,应注意不要伤及混凝土板内的管线。吊杆通常采用中冷拔钢丝,吊杆的一端与角码焊接(角码采用 130mm×30mm×3mm、长 30mm 的角钢制成)或弯钩挂接,另一端弯钩或套出螺纹。吊杆应做防锈处理,用型钢扁担加密吊杆,扁担承担 2 根以上吊杆时,扁担吊杆直径应增加 1～2 级。

　　③边龙骨安装。边龙骨应按大样图的要求和弹好的吊顶标高控制线进行安装。安装时用水泥钉或螺丝钉固定在已预埋好的木桩上(木桩需经防腐处理)。固定在混凝土墙(柱)上时,可直接用水泥钉固定。固定到陶粒混凝土墙时,埋木桩处应当用混凝土进行局部加固。固定点间距一般为 300～600mm,以防止发生变形。

　　④主龙骨(承载龙骨)安装。主龙骨(承载龙骨)通过专用挂件与吊杆固定,中心距为 900～1500mm。主龙骨一般为 CB38 轻钢龙骨,主龙骨应平行房间长方向布置,同时应起拱,起拱高度为房间跨度的 3‰～5‰。主龙骨端部悬挑应小于 300mm。主龙骨接长时应采取专用连接件,每段主龙骨的吊挂点不得少于 2 处,相邻两根主龙骨的接头要相互错开,不得放在同一吊杆档内。主龙骨安装完后,应挂通线调整至平整、顺直。当吊杆长度大于 1500mm 时,应使用硬吊杆或设置反向支撑杆。

　　⑤格栅安装。安装时一般使用专用卡挂件将格栅卡挂到承载龙骨上,并应随安装随将格栅的底标高调平。

　　⑥整理、收边。格栅安装完后,应拉通线对整个顶棚表面和分格、分块缝调平、调直,使吊顶表面平整度满足设计或相关规范要求,顶棚分格、分块缝位置应准确,均匀一致,通畅顺直,无宽窄不一、弯曲不直现象。周边部分应按设计要求收边,收边条通常采用铝合金型材条。收边条固定在墙上时,一般采用钉粘法安装,中间分格、分块缝的收边条,一般采用卡挂法安装。

2)无骨架格栅吊顶施工(见图 4.3.4-2)。

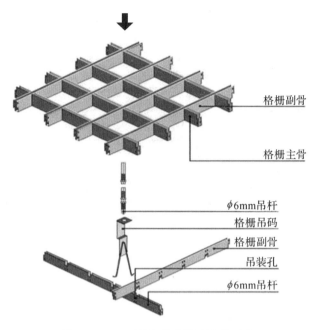

图 4.3.4-2　无骨架格栅吊顶安装示意

①放线。应按大样图准确确定出每一根吊杆的位置,并在楼板上弹线。

②固定吊杆。无骨架格栅吊顶是将格栅直接用吊杆安装在楼板上。

③格栅安装。将铝合金格栅板按设计要求在地面上拼装成整体块,其纵、横尺寸宜不大于 1500mm。拼装时应使栅板的底边在同一水平面上,不得有高低差。每块栅板应顺直,不得有歪斜、弯曲、变形之处。纵横栅板间应相互插、卡牢固,咬缝严密。然后将拼装好的格栅块水平托起,直接用挂件吊挂到吊杆上,并将吊杆和挂件上的螺钉拧紧。空腹 U 形栅板穿螺钉处,应将栅板空腹内用防腐木块垫实,以免螺钉拧紧时将栅板挤压变形。

④整理、收边。格栅安装完后,应拉通线对整个顶棚表面和分格、分块缝调平、调直,使吊顶表面平整度满足设计或相关规范要求,顶棚分格、分块缝位置应准确,均匀一致,通畅顺直,无宽窄不一、弯曲不直现象。周边部分应按设计要求收边,收边条通常采用铝合金型材条。收边条固定在墙上时,一般采用钉粘法安装,中间分格、分块缝的收边条,一般采用卡挂法安装。

4.3.5　质量标准

(1)主控项目。

1)吊顶标高、尺寸、起拱和造型应符合设计要求。检验方法:观察,尺量检查。

2)格栅板的材质、品种、式样、规格、图案、颜色和造型尺寸必须符合设计要求。检验方法:观察,检查产品合格证书、性能检测报告、进场验收记录和复验报告。

3)吊杆、龙骨和格栅板的安装必须稳固、严密、无松动。检验方法:观察,手扳检查,检查隐蔽工程验收记录和施工记录。

4)吊杆、龙骨的材质、规格、安装间距及连接方式应符合设计和规范要求。金属吊杆、龙骨应经过防锈或防腐处理,木吊杆、龙骨应进行防火、防腐处理。检验方法:观察,尺量检查,检查产品合格证书、性能检测报告、进场验收记录和隐蔽工程验收记录。

(2)一般项目。

1)格栅板表面应洁净、色泽一致,不得有扭曲、变形及划伤,镀膜完好、无脱层。格栅板接头、接缝形式应符合设计要求,无错台、错位现象,接口位置错落有序,排列顺直、方正、美观。检验方法:观察,尺量检查。

2)格栅吊顶上的灯具、烟感器、喷淋头、风口篦子等设备的位置应合理、美观,与格栅板的交接应吻合。异形板排放位置合理、美观,套割尺寸准确,边缘整齐,不露缝。检验方法:观察。

3)金属吊杆、龙骨的接缝应均匀一致,角缝应吻合,表面应平整,无翘曲、锤印,颜色一致,不得有划伤、擦伤等表面缺陷。检验方法:观察,检查隐蔽工程验收记录和施工记录。

4)收边条的材质、规格、安装方式应符合设计要求,安装应顺直。分格、分块缝应宽窄一致。检验方法:观察,尺量检查。

(3)格栅吊顶工程的允许偏差和检验方法见表 4.3.5-1。

表 4.3.5-1　格栅吊顶工程的允许偏差和检验方法

序号	项目	允许偏差/mm		检验方法
		金属格栅	复合材料格栅	
1	表面平整度	2	3	用 2m 靠尺检查
2	格栅直线度	2	3	拉 5m 线检查

4.3.6　成品保护

(1)骨架、格栅板及其他材料进场后,应存入库房内码放整齐,上面不得放置重物。露天存放应进行遮盖,保证各种材料不受潮、不生锈、不变形。

(2)骨架及格栅板安装时,应注意保护顶棚内各种管线及设备。吊杆、龙骨和格栅板不准固定在其他设备及管道上。

(3)吊顶施工时,对已施工完毕的地、墙面和门、窗、窗台等应进行保护,防止污染、损坏。

(4)格栅吊顶的骨架安装好后,不得上人踩踏,其他吊挂件或重物严禁安装在格栅吊顶骨架上。

(5)安装格栅板时,作业人员宜戴干净手套,以防污染板面或板边划伤手。

4.3.7　安全与环保措施

(1)进入现场必须戴安全帽,严禁穿拖鞋、高跟鞋或光脚进入施工现场,现场禁止吸烟。

(2)安装吊顶用的操作平台搭设必须牢固,操作平台上堆物重不得超过规定荷载,踏脚板应固定牢固,不得有挑头板。

(3)顶板高度超过 3m 应设满堂脚手架,跳板下应设安全网。

（4）施工过程中，工具要随手放入工具袋内，上下传递材料或工具时不得抛掷。

（5）电器机具要安装触电保安器，要经常检查电器机具有无漏电现象。若有漏电现象，应及时处理。

（6）切割机、冲击钻、射钉枪、自攻螺丝枪必须按操作规程操作，严防伤人。

（7）有噪声的电动工具应在规定的作业时间内施工，防止噪声污染、扰民。

（8）废弃物应按环保要求分类堆放及消纳。

4.3.8　施工注意事项

（1）吊杆安装应牢固，龙骨安装调平后各吊杆的受力应一致，不得有松弛、弯曲、歪斜现象；施工时应认真检查各吊挂点的受力情况，并拉通线检查调整吊顶的标高与平整度。避免造成吊顶标高不准、吊顶面不平的现象。

（2）吊顶骨架在各种预留孔、洞处，应按相应节点构造要求设置附加龙骨及连接件，使节点构造符合设计及相关规范要求。以保证骨架的刚度和整体稳定性。

（3）吊杆及骨架应安装在主体结构上，不得固定在顶棚内的各种管线、设备上，骨架调平后吊杆螺母卡件应全部拧紧、卡牢，避免出现骨架不稳、不牢，格栅吊顶晃动的现象。

（4）安装前应对格栅板进行挑选，避免因规格、颜色不一造成格栅缝隙不匀、不直，板块之间色差明显的质量弊病。

（5）施工时注意拉通线找平、找直，以保证吊顶面平整，接缝顺直、均匀。

4.3.9　质量记录

（1）各种材料的产品质量合格证、性能检测报告。

（2）各种材料的进场检验记录和进场报验记录。

（3）吊顶骨架的施工隐检记录。

（4）检验批质量验收记录。

（5）分项工程质量验收记录。

4.4　轻钢龙骨罩面板隔墙施工工艺标准

轻钢龙骨罩面板隔墙是指由镀锌钢带或薄壁冷轧退火卷带经冲压、冷弯而成的轻质型钢为骨架，双侧面贴罩面板而形成的隔墙。罩面板可根据设计要求分别选用纸面石膏板、胶合板、纤维复合板、塑料板、铝合金装饰条板等。本工艺标准适用于建筑装饰装修工程中轻钢龙骨罩面板隔墙施工。工程施工应以设计图纸和有关施工质量验收规范为依据。

4.4.1　材料要求

（1）各类龙骨、配件和罩面板材料以及胶粘剂的材质均应符合设计与现行国家标准和行业标准的规定。当装饰材料进场检验，发现其不符合设计要求及室内环保污染控制规范的有关规定时,严禁使用。人造板必须有游离甲醛含量或游离甲醛释放量检测报告。如人造板面积大于 $500m^2$ 时(民用建筑工程室内)应对不同产品分别进行复检。如使用水性胶粘剂必须有 TVOC 和甲醛检测报告。

1)轻钢龙骨主件:沿顶龙骨、沿地龙骨、加强龙骨、竖向龙骨、横撑龙骨应符合设计要求和有关规定的标准。

2)轻钢骨架配件:支撑卡、卡托、角托、连接件、固定件、护墙龙骨和压条等附件应符合设计要求。

3)紧固材料:拉锚钉、膨胀螺栓、镀锌自攻螺丝、木螺丝和粘贴嵌缝材,应符合设计要求。

4)罩面板应表面平整、边缘整齐,不应有污垢、裂纹、缺角、翘曲、起皮、色差、图案不完整的缺陷。胶合板、木质纤维板不应脱胶、变色和腐朽。

(2)填充隔声材料:玻璃棉、岩棉等应符合设计要求选用。

(3)通常隔墙使用的轻钢龙骨为 C 型隔墙龙骨,其中分为三个系列,经与轻质板材组合即可组成隔断墙体。C 型装配式龙骨系列的使用范围如下。

1)C50 系列可用于层高 3.5m 以下的隔墙。

2)C75 系列可用于层高 3.5～6m 的隔墙。

3)C100 系列可用于层高 6m 以上的隔墙。

(4)质量要求符合设计要求和现行国家规范规定。

4.4.2 主要机具设备

(1)电动机具。包括电锯、镙锯、手电钻、冲击电锤、直流电焊机、切割机。

(2)手动工具。包括拉铆枪、手锯、钳子、锤、螺丝刀、扳子、线坠;靠尺、钢尺、钢水平尺等。

4.4.3 作业条件

(1)轻钢骨架隔墙工程施工前,应先安排外装,安装罩面板应待屋面、顶棚和墙体抹灰完成后进行。基底含水率已达到装饰要求,一般应小于 12%。并经有关单位、部门验收合格。办理完工种交接手续。

(2)设计有地枕时,地枕应达到设计强度后方可在上面进行隔墙龙骨安装。

(3)安装各种系统的管、线盒弹线及其他准备工作已到位。

(4)人造板已经有游离甲醛含量或游离甲醛释放量检测报告。

4.4.4 施工操作工艺

工艺流程:弹线→安装天地龙骨→竖向龙骨分档→安装竖向龙骨→安装系统管、线→安装横向卡挡龙骨→安装门洞口框→安装罩面板(一侧)→安装隔音棉→安装罩面板(另一侧)。

(1)弹线。在基体上弹出水平线和竖向垂直线,以控制隔断龙骨安装的位置、龙骨的平直度和固定点。

(2)隔墙龙骨的安装。

1)沿弹线位置固定沿顶和沿地龙骨,各自交接后的龙骨,应保持平直。固定点间距应不大于1000mm,龙骨的端部必须固定牢固。边框龙骨与基体之间,应按设计要求安装密封条。

2)当选用支撑卡系列龙骨时,应先将支撑卡安装在竖向龙骨的开口上,卡距为400~600mm,距龙骨两端20~25mm。

3)选用通贯系列龙骨时,高度低于3m的隔墙安装一道,3~5m的安装两道,5m以上的安装三道。

4)门窗或特殊节点处,应使用附加龙骨,加强安装应符合设计要求。

5)隔墙的下端如用木踢脚板覆盖,隔墙的罩面板下端应离地面20~30mm;如用大理石、水磨石踢脚,罩面板下端应与踢脚板上口齐平,接缝要严密。

6)骨架安装的允许偏差和检验方法见表4.4.4-1。

表4.4.4-1 骨架安装的允许偏差和检验方法

序号	项目	允许偏差/mm	检验方法
1	立面垂直	3	用2m托线板检查
2	表面平整	2	用2m直尺和楔形塞尺检查

(3)罩面板安装。

1)石膏板安装。

①安装石膏板前,应对预埋隔墙中的管道和附于墙内的设备采取局部加强措施。

②石膏板应竖向铺设,长边接缝应落在竖向龙骨上。

③双面石膏罩面板安装,应与龙骨一侧的内外两层石膏板错缝排列,接缝不应落在同一根龙骨上,需要隔声、保温、防火的应根据设计要求在龙骨一侧安装好石膏罩面板后,进行隔声、保温、防火等材料的填充(一般采用玻璃丝棉或30~100mm岩棉板进行隔声、防火处理,采用50~100mm苯板进行保温处理),再封闭另一侧板。

④石膏板应采用自攻螺钉固定。周边螺钉的间距不应大于200mm,中间部分螺钉的间距不应大于300mm,螺钉与板边缘的距离宜为10~16mm。

⑤安装石膏板时,应从板的中部开始向板的四边固定。钉头略埋入板内,但不得损坏纸面;钉眼应用石膏腻子抹平。

⑥石膏板应按框格尺寸裁割准确,就位时应与框格靠紧,但不得强压。

⑦隔墙端部的石膏板与周围的墙或柱应留有3mm的槽口。施铺罩面板时,应先在槽口处加注嵌缝膏,然后铺板并挤压嵌缝膏使面板与邻近表层接触紧密。

⑧在丁字形或十字形相接处,如为阴角应用腻子嵌满,贴上接缝带,如为阳角应做护角。

⑨石膏板的接缝,一般为3~6mm,必须坡口与坡口相接。

2)胶合板和纤维复合板安装。

①安装胶合板的基体表面,应用油毡、釉质。进行防潮施工时,应铺设平整,搭接严密,不得有皱折、裂缝和透孔等。

②胶合板如用钉子固定,钉距为 80～150mm,宜采用直钉或门型钉固定。需要隔声、保温、防火的隔墙,应根据设计要求,在龙骨一侧安装好胶合板罩面板后,进行隔声、保温、防火等材料的填充(一般采用玻璃丝棉或 30～100mm 岩棉板进行隔声、防火处理,采用 50～100mm 苯板进行保温处理),再封闭另一侧的罩面板。

③胶合板涂刷清油等涂料时,相邻板面的木纹和颜色应近似。

④墙面用胶合板、纤维板装饰时,阳角处宜做护角。

⑤胶合板、纤维板用木压条固定时,钉距不应大于 200mm,钉帽应打扁,并钉入木压条 0.5～1mm,钉眼用油性腻子抹平。

⑥用胶合板、纤维板作罩面时,应符合防火的有关规定;在湿度较大的房间,不得使用未经防水处理的胶合板和纤维板。

3)塑料板罩面安装。塑料板罩面安装方法,一般有粘结和钉接两种。

①粘结:聚氯乙烯塑料装饰板用胶粘剂粘结。

a.胶粘剂:聚氯乙烯胶粘剂(601 胶)或聚醋酸乙烯胶。

b.操作方法:用刮板或毛刷同时在墙面和塑料板背面涂刷,不得漏刷。涂胶后见胶液流动性显著消失,用手接触胶层感到黏性较大时,即可粘结。粘结后应采用临时固定措施,同时将挤压在板缝中多余的胶液刮除,将板面擦净。

②钉接:安装塑料贴面板复合板应预先钻孔,再用木螺丝加垫圈紧固。也可用金属压条固定。木螺丝的钉距一般为 400～500mm,排列应一致整齐。加金属压条时,应将横竖通线拉直,并应先用钉子将塑料贴面复合板临时固定,然后加盖金属压条,用垫圈找平固定。需要隔声、保温、防火的应根据设计要求在龙骨一侧安装好塑料贴面复合板,进行隔声、保温、防火等材料的填充(一般采用玻璃丝棉或 30～100mm 岩棉板进行隔声、防火处理,采用 50～100mm 苯板进行保温处理),再封闭另一侧的罩面板。

4)铝合金装饰条板安装。用铝合金条板装饰墙面时,可用螺钉直接固定在结构层上,也可用锚固件悬挂或嵌卡的方法,将板固定在轻钢龙骨上,或将板固定在墙筋上。

(4)细部处理。墙面安装胶合板时,阳角处应做护角,以防板边角损坏,阳角的处理应采用刨光起线的木质压条,以增加装饰。

4.4.5 质量标准

(1)主控项目。

1)骨架隔墙所用龙骨、配件、墙面板、填充材料及嵌缝材料的品种、规格、性能和木材的含水率应符合设计要求。有隔声、隔热、阻燃、防潮等特殊要求的工程,材料应有相应性能等级的检测报告。检验方法:观察,检查产品合格证书、进场验收记录、性能检测报告和复验报告。

2)骨架隔墙工程边框龙骨必须与基体结构连接牢固,并应平整、垂直、位置正确。检验方法:手扳检查,尺量检查,检查隐蔽工程验收记录。

3)骨架隔墙中龙骨间距和构造连接方法应符合设计要求。骨架内设备管线的安装、门窗洞口等部位加强龙骨应安装牢固、位置正确,填充材料的设置应符合设计要求。检验方法:检查隐蔽工程验收记录。

(4)骨架隔墙的墙面板应安装牢固,无脱层、翘曲、折裂及缺损。检验方法:观察,手扳检查。

(5)墙面板所用接缝材料的接缝方法应符合设计要求。检验方法:观察。

(2)一般项目。

1)骨架隔墙表面应平整光滑、色泽一致、洁净、无裂缝,接缝应均匀、顺直。检验方法:观察,手摸检查。

2)骨架隔墙上的孔洞、槽、盒应位置正确、套割吻合、边缘整齐。

3)骨架隔墙内的填充材料应干燥,填充应密实、均匀、无下坠。

4)骨架隔墙面板安装的允许偏差和检验方法见表4.4.5-1。

表 4.4.5-1 骨架隔墙面板安装的允许偏差和检验方法

序号	项目	允许偏差/mm					检验方法
		纸面石膏板	纤维水泥板	多层板	硅钙板	人造木板	
1	立面垂直度	3	3	2	3	2	用2m托线板检查
2	表面平整度	3	3	2	3	2	用2m靠尺和塞尺检查
3	阴阳角方正	2	2	2	2	2	用直角检测尺、塞尺检查
4	接缝直线度	—	—	—	—	2	拉5m线,不足5m拉通线用钢直尺检查
5	压条直线度	—	—	—	—	2	拉5m线,不足5m拉通线用钢直尺检查
6	接缝高低差	0.5	0.5	0.5	0.5	0.5	用钢直尺和塞尺检查

4.4.6 成品保护

(1)隔墙轻钢骨架及罩面板安装时,应注意保护隔墙内装好的各种管线。

(2)施工部位已安装的门窗,已施工完的地面、墙面、窗台等应注意保护、防止损坏。

(3)轻钢骨架材料,特别是罩面板材料,在进场、存放、使用过程中应妥善管理,使其不变形、不受潮、不损坏、不污染。

4.4.7 安全与环保措施

(1)隔墙工程的脚手架搭设应符合建筑施工安全标准。

(2)脚手架上搭设跳板应用钢丝绑扎固定,不得有探头板。

(3)工人操作应戴安全帽,严禁穿拖鞋、高跟鞋、带钉易滑鞋或光脚进入现场。

(4)施工现场必须工完场清。设专人洒水、打扫,不能扬尘污染环境。注意防火。

（5）有噪声的电动工具应在规定的作业时间内施工，防止噪声污染、扰民。

（6）机电器具必须安装触电保护装置。发现问题立即修理。

（7）遵守操作规程，非操作人员决不准乱动机具，以防伤人。

（8）现场保持良好通风。

4.4.8　施工注意事项

（1）板缝开裂是轻钢龙骨石膏罩面板隔墙的质量通病。克服板缝开裂，不能单独着眼于板缝处理，必须综合考虑。

①轻钢龙骨构造要合理，应具备一定刚度。

②罩面板不能受潮变形，与轻钢龙骨的钉固要牢固。

③接缝腻子要符合要求，保证墙体伸缩变形时接缝不被拉开。

④接缝处理要认真仔细，严格按操作工艺施工。

（2）超过 12m 长的墙体应按设计要求做控制变形缝，以防止受温度和湿度的影响产生墙体变形和裂缝。

（3）进入冬季采暖期又尚未住人的房间，应控制供热温度，并注意开窗通风，以防干热造成墙体变形和产生裂缝。

（4）轻钢骨架连接不牢固，其原因是局部节点不符合构造要求，安装时局部节点应严格按图上的规定处理，龙骨间距、位置、连接方法应符合设计要求。

（5）墙体罩面板不平，多数由两个原因造成：龙骨安装横向错位或石膏板厚度不一致。必须予以控制。

（6）施工时应注意板块分档尺寸，保证板间拉缝一致。

4.4.9　质量记录

（1）轻钢龙骨、面板、胶等材料合格证，性能检测报告，以及国家有关环保规范要求的检测报告。

（2）应做好隐蔽工程记录，技术交底记录。

（3）工程验收质量验评资料。

（4）施工记录。

4.5　木龙骨板材隔墙施工工艺标准

木质板隔断一般采用木龙骨，用木拼板、木板条、胶合板、纤维板等作为罩面板。它具有自重轻、保温、隔热，并可降低劳动强度、加快施工进度等特点，但耐火、耐水和隔音性能差。本工艺标准适用于建筑装饰装修工程木龙骨板材隔墙施工。工程施工应以设计图纸和有关施工质量验收规范为依据。

4.5.1 材料要求

(1)龙骨和罩面板材料的材质与规格均应符合设计和现行国家标准和行业标准的规定。

(2)罩面板应表面平整、边缘整齐,不应有污垢、裂纹、缺角、翘曲、起皮、色差、图案不完整的缺陷。胶合板、木质纤维板不应脱胶、变色和腐朽。

(3)罩面板的安装宜使用镀锌的螺丝、钉子。接触砖石、混凝土的木龙骨和预埋的木砖应做防腐处理。所有木作都应做好防火处理。

4.5.2 主要机具设备

主要机具设备包括空气压缩机、电圆锯、手电钻、手提式电刨、电动气泵、冲击钻、木刨、扫槽刨、线刨、锯、斧、锤、螺丝刀、摇钻、射钉枪、曲线锯、铝合金靠尺、水平尺、粉线包、墨斗、小白线、卷尺、方尺、线锤、托线板。

4.5.3 作业条件

(1)木龙骨板材隔墙工程所用的材料品种、规格、颜色以及隔断的构造、固定方法,均应符合设计要求。

(2)隔墙的龙骨和罩面板必须完好,不得有损坏、变形弯折、翘曲、边角缺损等现象;并要防止材料碰撞和受潮。

(3)电气配件的安装,应嵌装牢固,表面应与罩面板的底面齐平。

(4)门窗框与隔墙相接处应符合设计要求。

(5)隔墙的下端如用木踢脚板覆盖,隔墙的罩面板下端应离地面 20～30mm;如用大理石、水磨石踢脚,罩面板下端应与踢脚板上口齐平,接缝要严密。

(6)做好隐蔽工程和施工记录。

(7)人造板、粘结剂必须有环保要求检测报告。

4.5.4 施工操作工艺

工艺流程:弹隔墙定位线→画龙骨分档线→安装大龙骨→安装小龙骨→防腐处理→安装罩面板→安装压条。

(1)弹线。在基体上弹出水平线和竖向垂直线,以控制隔墙龙骨安装的位置、格栅的平直度和固定点。

(2)墙龙骨的安装。

1)沿弹线位置固定沿顶和沿地龙骨,各自交接后的龙骨,应保持平直。固定点间距应不大于1米,龙骨的端部必须固定,固定应牢固。边框龙骨与基体之间,应按设计要求安装密封条。

2)门窗或特殊节点处,应使用附加龙骨,其安装应符合设计要求。

3)骨架安装的允许偏差和检验方法见表 4.5.4-1。

表 4.5.4-1　骨架安装的允许偏差和检验方法

序号	项目	允许偏差/mm	检验方法
1	立面垂直	2	用 2m 托线板检查
2	表面平整	2	用 2m 直尺和楔形塞尺检查

(3)罩面板安装。

1)石膏板安装。安装石膏板前,应对预埋隔墙中的管道和附于墙内的设备采取局部加强措施。

石膏板宜竖向铺设,长边接缝宜落在竖向龙骨上。双面石膏罩面板安装,应与龙骨一侧的内外两层石膏板错缝排列,接缝不应落在同一根龙骨上。需要隔声、保温、防火的应根据设计要求在龙骨一侧安装好石膏罩面板后,进行隔声、保温、防火等材料的填充(一般采用玻璃丝棉或 30～100mm 岩棉板进行隔声、防火处理,采用 50～100mm 苯板进行保温处理),再封闭另一侧的板。

石膏板应采用自攻螺钉固定。周边螺钉的间距不应大于 200mm,中间部分螺钉的间距不应大于 300mm,螺钉与板边缘的距离应为 10～16mm。安装石膏板时,应从板的中部开始向板的四边固定。钉头略埋入板内,但不得损坏纸面;钉眼应用石膏腻子抹平;钉头应做防锈处理。

石膏板应按框格尺寸裁割准确;就位时应与框格靠紧,但不得强压;隔墙端部的石膏板与周围的墙或柱应留有 3mm 的槽口。施铺罩面板时,应先在槽口处加注嵌缝膏,再铺板并挤压嵌缝膏使面板与邻近表层接触紧密;在丁字形或十字形相接处,如为阴角应用腻子嵌满,贴上接缝带,如为阳角应做护角;石膏板的接缝,可参照钢骨架板材隔墙处理。

2)胶合板和纤维(埃特板)板、人造木板安装。安装胶合板、人造木板的基体表面,需用油毡、釉质进行防潮施工时应铺设平整,搭接严密,不得有皱折、裂缝和透孔等。胶合板、人造木板采用直钉固定,如用钉子固定,钉距为 80～150mm,钉帽应打扁并钉入板面 0.5～1mm;钉眼用油性腻子抹平。胶合板、人造木板涂刷清油等涂料时,相邻板面的木纹和颜色应近似。需要隔声、保温、防火的应根据设计要求在龙骨安装好后,进行隔声、保温、防火等材料的填充(一般采用玻璃丝棉或 30～100mm 岩棉板进行隔声、防火处理,采用 50～100mm 苯板进行保温处理),再封闭罩面板。墙面用胶合板、纤维板装饰时,阳角处宜做护角;硬质纤维板应用水浸透,自然阴干后安装。胶合板、纤维板用木压条固定时,钉距不应大于 200mm,钉帽应打扁,并钉入木压条 0.5～1mm,钉眼用油性腻子抹平。用胶合板、人造木板、纤维板作罩面时,应符合防火的有关规定,在湿度较大的房间,不得使用未经防水处理的胶合板和纤维板。墙面安装胶合板时,阳角处应做护角,以防板边角损坏,并可增加装饰。

3)塑料板安装方法,一般有粘结和钉接两种。

①粘结:聚氯乙烯塑料装饰板用胶粘剂粘结。

②胶粘剂:聚氯乙烯胶粘剂(601 胶)或聚醋酸乙烯胶。

③操作方法:用刮板或毛刷同时在墙面和塑料板背面涂刷,不得漏刷。涂胶后见胶液流动性显著消失,用手接触胶层感到黏性较大时,即可粘结。粘结后应采用临时固定措施,同时将挤压在板缝中多余的胶液刮除、将板面擦净。

④钉接:安装塑料贴面板复合板应预先钻孔,再用木螺丝加垫圈紧固。也可用金属压条固定。木螺丝的钉距一般为400～500m,排列应一致整齐。加金属压条时,应拉横竖通线拉直,并应先用钉子将塑料贴面复合板临时固定,然后加盖金属压条,用垫圈找平固定。

4)用铝合金条板装饰墙面时,可用螺钉直接固定在结构层上,也可用锚固件悬挂或嵌卡的方法,将板固定在墙筋上。

4.5.5 质量标准

(1)主控项目。

1)骨架隔墙所用龙骨、配件、墙面板、填充材料及嵌缝材料的品种、规格、性能和木材的含水率应符合设计要求。有隔声、隔热、阻燃、防潮等特殊要求的工程,材料应有相应性能等级的检测报告。检验方法:观察,检查产品合格证书、进场验收记录、性能检测报告和复验报告。

2)骨架隔墙地梁所用材料、尺寸及位置等应符合设计要求,骨架隔墙的沿地、沿顶及边框龙骨必须与基体结构连接牢固。检验方法:手扳检查,尺量检查,检查隐蔽工程验收记录。

3)骨架隔墙中龙骨间距和构造连接方法应符合设计要求。骨架内设备管线的安装、门窗洞口等部位加强龙骨应安装牢固、位置正确,填充材料的设置应符合设计要求。检验方法:检查隐蔽工程验收记录。

4)木龙骨及木墙面板的防火和防腐处理必须符合设计要求。检验方法:检查隐蔽工程验收记录。

5)骨架隔墙的墙面板应安装牢固,无脱层、翘曲、折裂及缺损。检验方法:观察,手扳检查。

6)墙面板所用接缝材料的接缝方法应符合设计要求。检验方法:观察。

7)隔墙板材的品种、规格、性能、颜色应符合设计要求。有隔声、隔热、阻燃、防潮等特殊要求的工程,板材应有相应性能等级的检测报告。检验方法:观察,检查产品合格证书、进场验收记录和性能检测报告。

8)安装隔墙板材所需预埋件、连接件的位置、数量及连接方法应符合设计要求。检验方法:观察,尺量检查,检查隐蔽工程验收记录。

9)隔墙板材安装必须牢固。现制钢丝网水泥隔墙与周边墙体的连接方法应符合设计要求,并应连接牢固。检验方法:观察,手扳检查。

10)隔墙板材所用接缝材料的品种及接缝方法应符合设计要求。检验方法:观察,检查产品合格证书和施工记录。

(2)一般项目。

1)骨架隔墙表面应平整光滑、色泽一致、洁净、无裂缝,接缝应均匀、顺直。检验方法:观察,手摸检查。

2)骨架隔墙上的孔洞、槽、盒应位置正确、套割吻合、边缘整齐。检验方法:观察,手摸检查。

3)骨架隔墙内的填充材料应干燥,填充应密实、均匀、无下坠。检验方法:观察,手摸检查。

4)骨架隔墙安装的允许偏差和检验方法见表 4.5.5-1。

表 4.5.5-1 骨架隔墙安装的允许偏差和检验方法

序号	项目	允许偏差/mm		检验方法
		纸面石膏板	人造木板、水泥纤维板	
1	立面垂直度	3	4	用 2m 垂直检测尺检查
2	表面平整度	2	3	用 2m 靠尺和塞尺检查
3	阴阳角方正	3	3	用直角检测尺检查
4	接缝直线度	—	3	拉 5m 线,不足 5m 拉通线,用钢直尺检查
5	压条直线度	—	3	拉 5m 线,不足 5m 拉通线,用钢直尺检查
6	接缝高低差	1	1	用钢直尺和塞尺检查

(3)检验数量。

1)同一品种的隔墙工程每 50 间划为一个检验批,不足 50 间也应划为一个检验批,大面积房间和走廊可按轻质隔墙面积每 30m² 计为一间。

2)骨架隔墙每个检验批应至少抽查 10%,并不得少于 3 间,若不足 3 间,应全数检查。

3)轻质隔墙工程的隔音性能应符合现行国家标准《民用建筑隔音设计规范》(GB 50118—2010)的规定。

4.5.6 成品保护

(1)隔墙木骨架及罩面板安装时,应注意保护顶棚内装好的各种管线、木骨架的吊杆。

(2)施工部位已安装的门窗,已施工完的地面、墙面、窗台等应注意保护、防止损坏。

(3)条木骨架材料,特别是罩面板材料,在进场、存放、使用过程中应妥善管理,使其不变形、不受潮、不损坏、不污染。

4.5.7 安全与环保措施

(1)隔断工程的脚手架搭设应符合建筑施工安全标准。

(2)脚手架上搭设跳板应用铁丝绑扎固定,不得有探头板。

(3)工人操作应戴安全帽,注意防火。

(4)施工现场必须工完场清。设专人洒水、打扫,不能扬尘污染环境。

(5)有噪声的电动工具应在规定的作业时间内施工,防止噪声污染、扰民。

(6)机电器具必须安装触电保安器,发现问题立即修理。

(7)遵守操作规程,非操作人员决不准乱动机具,以防伤人。

(8)现场保持良好通风。

4.5.8 施工注意事项

(1)沿顶和沿地龙骨与主体结构连接牢固,保证隔断的整体性。

1)上下槛要与主体结构连接牢固。两端为砖墙,上下槛插入砖墙内应不少于 12cm,伸入部分应做防腐处理;两端若为混凝土墙柱,应预留木砖,并应加强上下槛和顶板、底板的连接,可采取预留铅丝、螺栓或后打胀管螺栓等方法,使隔墙与结构紧密连接,形成整体。

2)选材要严格,凡有腐朽、劈裂、扭曲、多节疤等疵病的木材不得使用。用料尺寸应不小于 40mm×70mm。

3)龙骨固定顺序应为先下槛,后上槛,再立筋,最后钉水平横撑。立筋间距一般为 40~60cm,要求垂直,两端顶紧上下槛,用钉斜向钉牢。靠墙立筋与预留木砖的空隙应用木垫垫实并钉牢,以加强隔墙的整体性。

4)遇有门口时,因下槛在门口处被断开,其两侧应用通天立筋,下脚卧入楼板内嵌实,并应加大其断面尺寸至 80mm×70mm(或 2 根并用)。门窗框上部宜加人字撑。

(2)为保证墙面平整光洁、接缝严密,应注意下列事项。

1)选料要严格。龙骨一般应用红白松,含水率不大于 15%,并应做好防腐处理。板材应根据使用部位选择相应的面板,纤维板需做等湿处理,表面过粗时,应用细刨子刨一遍。

2)所有龙骨钉板的一面均应刨光,龙骨应严格按线组装,尺寸一致,找方找直,交接处要平整。

3)工序要合理,先钉龙骨后进行室内抹灰,最后钉板材。钉板材前,应认真检查,如龙骨变形或被撞动,应修理后再钉面板。

4)面板薄厚不均时,应以厚板为准,薄的背面垫起,但必须垫实、垫平、垫牢,面板正面应刮直(朝外为正面,靠龙骨面为反面)。

5)面板应从下面角上逐块钉设,并以竖向装钉为好,板与板的接头宜做成坡棱,如为留缝做法,面板应从中间向两边由下而上铺钉,接头缝隙以 5~8mm 为宜,板材分块大小参照设计要求,拼缝应位于立筋或横撑上。

6)铁冲子应磨成扁头,与钉帽一般大小,钉帽要预先砸扁(钉纤维板时钉帽不必砸扁),顺木纹钉入面板内 1mm 左右,钉子长度应为面板厚度的 3 倍。钉子间距:纤维板为 100mm,其他板材为 150mm,钉木丝板时钉帽下应加镀锌垫圈。

(3)注意细部构造做法,避免隔墙与主体墙、顶交接处不直不顺、门框与面板不交圈、接头不严不直、踢脚板进墙不一致、接缝翘起。

1)熟悉图纸,多与设计人员商量,妥善处理每一个细部构造。

2)为防止潮气由边部浸入墙内引起边沿翘起,应在板材四周接缝处加钉盖口条,将缝盖严,根据板材不同,也可采用四周留缝的做法,缝宽一般以 10mm 左右为宜。

3)门口处构造应根据墙厚而定,墙厚等于门框厚度时,可加贴脸;小于门框厚度时,应加压条。

4)分格时,注意接头位置,应避开视线敏感范围。

5)胶接时,用胶不能太稠太多,涂刷要均匀,接缝时用力挤出余胶,否则易产生黑纹。

6)踢脚板如为水泥砂浆,下边应砌二层砖,砖上固定下槛;上口抹平,面板直接压到踢脚板上口;如为木踢脚板,应在钉面板后再安装踢脚板。

4.5.9 质量记录

(1)轻钢龙骨、面板、胶等材料合格证,国家有关环保规范要求的检测报告。
(2)应做好隐蔽工程记录、技术交底记录。
(3)工程验收质量验评资料。
(4)施工记录。

4.6 玻璃隔墙施工工艺标准

玻璃常用于门窗、内外墙饰面、隔墙等部位。由于其良好的透光性能和不透气性能,常作为围护结构使用,如窗、屏风、隔墙及玻璃幕墙。本工艺标准适用于建筑装饰装修工程玻璃隔墙施工。工程施工应以设计图纸和有关施工质量验收规范为依据。

4.6.1 材料要求

(1)符合设计要求的各种玻璃、玻璃胶、橡胶垫和各种压条。
(2)膨胀螺栓、射钉、自攻螺丝、木螺丝和粘贴嵌缝料,应符合设计要求。
(3)玻璃厚度有 8mm、10mm、12mm、15mm、18mm、22mm 等,长宽根据工程设计要求确定。
(4)玻璃质量要求符合设计和国家现行规范规定。

4.6.2 主要机具设备

主要机具设备包括空气压缩机、冲击钻、手电钻、手提式电刨、射钉枪、曲线锯、手工锯床、扫槽刨、线刨、锯、斧、刨、锤、螺丝刀、直钉枪、摇钻、玻璃吸盘、胶枪、铝合金靠尺、水平尺、粉线包、墨斗、小白线、开刀、卷尺、方尺、线锤、托线板等。

4.6.3 作业条件

(1)主体结构完成及交接验收,并清理现场。
(2)砌墙时应根据顶棚标高在四周墙上预埋防腐木砖。
(3)木龙骨必须进行防火处理,并应符合有关防火规范的规定。直接接触结构的木龙骨应预先刷防腐漆。
(4)做隔断房间需在地面的湿作业工程前将直接接触结构的木龙骨安装完毕,并做好防腐处理。

4.6.4 施工操作工艺

工艺流程:定位弹线→安装天、地龙骨→安装墙边龙骨→划立筋分档线→安装主龙骨→安装小龙骨→玻璃安装→打胶、压条→电路预埋。

(1)定位弹线。按施工图定位放线,先在楼、地面上弹出隔墙中心线及边线。然后用线坠上引至板底或梁底以及侧面墙或柱上,弹出隔墙位置线,作为四周边框龙骨安装依据。

(2)安装天、地龙骨。根据设计要求固定天、地龙骨,如无设计要求,可以用 $\phi 8\sim 12$ 后膨胀螺栓或 $3\sim 5$ 寸钉子固定,膨胀螺栓固定点间距为 $600\sim 800mm$。安装前做好防腐处理。

(3)安装墙边龙骨。根据设计要求固定边龙骨,边龙骨应启抹灰收口槽,如无设计要求,可以用 $\phi 8\sim 12$ 的膨胀螺栓或 $3\sim 5$ 寸钉子与预埋木砖固定,固定点间距为 $800\sim 1000mm$。安装前做好防腐处理。

(4)安装主龙骨。根据设计要求按分档线位置固定主龙骨,用 4 寸的铁钉固定,龙骨每端固定应不少于三颗钉子。必须安装牢固。

(5)安装小龙骨。根据设计要求按分档线位置固定小龙骨,用扣榫或钉子固定。必须安装牢。安装小龙骨前,也可以根据安装玻璃的规格在小龙骨上安装玻璃槽。

(6)安装玻璃。根据设计要求按玻璃的规格将玻璃安装在小龙骨上;如用压条安装,先固定玻璃一侧的压条,并用橡胶垫垫在玻璃下方,再用压条将玻璃固定;如用玻璃胶直接固定玻璃,应将玻璃先安装在小龙骨的预留槽内,然后用玻璃胶封闭固定。

(7)打玻璃胶。首先在玻璃上沿四周粘上纸胶带,根据设计要求将各种玻璃胶均匀地打在玻璃与小龙骨之间。待玻璃胶完全干后撕掉纸胶带。

(8)安装压条。根据设计要求将各种规格材质的压条用直钉或玻璃胶固定于小龙骨上。如设计无要求,可以根据需要选用 $10mm\times 10mm$ 的铝压条或 $10mm\times 20mm$ 不锈钢压条。

4.6.5 质量标准

(1)主控项目。

1)玻璃隔墙工程所用材料的品种、规格、性能、图案和颜色应符合设计要求。玻璃板隔墙应使用安全玻璃。检验方法:观察,检查产品合格证书、进场验收记录和性能检测报告。

2)玻璃砖隔墙的砌筑或玻璃板隔墙的安装方法应符合设计要求。检验方法:观察。

3)玻璃砖隔墙砌筑中埋设的拉结筋必须与基体结构连接牢固,并应位置正确。检验方法:手扳检查,尺量检查,检查隐蔽工程验收记录。玻璃砖砌筑隔墙中应埋设拉结筋,拉结筋要与建筑主体结构或受力杆件有可靠的连接;玻璃板隔墙的受力边也要与建筑主体结构或受力杆件有可靠的连接,以充分保证其整体稳定性,保证墙体的安全。

4)玻璃板隔墙的安装必须牢固。隔墙胶垫的安装应正确。检验方法:观察,手推检查,检查施工记录。

(2)一般项目。

1)玻璃隔墙表面应色泽一致、平整洁净、清晰美观。检验方法:观察。

2)玻璃隔墙接缝应横平竖直,玻璃应无裂痕、缺损和划痕。检验方法:观察。

3)玻璃板隔墙嵌缝及玻璃砖隔墙勾缝应密实平整、均匀顺直、深浅一致。检验方法：观察。

4)玻璃隔墙安装的允许偏差和检验方法见表4.6.5-1。

表 4.6.5-1　玻璃隔墙安装的允许偏差和检验方法

序号	项目	允许偏差/mm		检验方法
		玻璃砖	玻璃板	
1	立面垂直度	3	2	用2m垂直检测尺检查
2	表面平整度	3	—	用2m靠尺和塞尺检查
3	阴阳角方正	—	2	用直角检测尺检查
4	接缝直线度	—	2	拉5m线,不足5m拉通线,用钢直尺检查
5	接缝高低差	3	2	用钢直尺和塞尺检查
6	接缝宽度		1	用钢直尺检查

(3)检验数量。

1)同一品种的轻质隔墙工程每50间划为一个检验批,不足50间也应划为一个检验批,大面积房间和走廊可按轻质隔墙面积每30m²计为一间。

2)玻璃隔墙每个检验批应至少抽查20%,并不得少于6间,若不足6间,应全数检查。

4.6.6　成品保护

(1)木龙骨及玻璃安装时,应注意保护顶棚、墙内装好的各种管线;木龙骨的天龙骨不准固定在通风管道及其他设备上。

(2)施工部位已安装的门窗,已施工完的地面、墙面、窗台等应注意保护,防止损坏。

(3)木骨架材料,特别是玻璃材料,在进场、存放、使用过程中应妥善管理,使其不变形、不受潮、不损坏、不污染。

(4)其他专业的材料不得置于已安装好的木龙骨架和玻璃上。

(5)玻璃板隔墙的安装必须牢固,玻璃板隔墙胶垫的安装必须正确。

4.6.7　安全与环保措施

(1)因为玻璃薄而脆,容易破碎伤人,所以在搬运、裁割、安装等作业过程中,要注意安全,保证职工身体健康,防止事故发生。

1)搬运玻璃时应戴手套,特别小心,防止伤手伤身。

2)裁割玻璃时,应在指定地点,随时清理边角废料,集中堆放;玻璃裁割后,移动时,手应抓稳玻璃,防止掉下伤脚。

3)安装玻璃时,不得穿短裤和凉鞋;应将工具、钉子放在工具袋内,不得口含钉子进行操作;安装上下玻璃不得同时操作,并应与其他作业错开;玻璃未安装牢固前,不得中途停工,垂直下方禁止通行。

(2)确保高空作业的安全。

1)隔断工程的脚手架搭设应符合建筑施工安全标准。

2)脚手架上搭设跳板应用铁丝绑扎固定,不得有探头板。

3)高空作业安装玻璃时,必须戴安全帽,系安全带,必须把安全带拴在牢固的地方,穿防滑鞋。

4)使用高凳、靠梯时,下脚应绑麻布或垫胶皮,并加拉绳,以防滑溜。不得将梯子靠在门窗扇上。

(3)施工现场必须工完场清。设专人洒水、打扫,不能扬尘污染环境。

(4)有噪声的电动工具应在规定的作业时间内施工,防止噪声污染、扰民。

(5)机电器具必须安装触电保护装置。发现问题立即修理。

(6)遵守操作规程,非操作人员决不准乱动机具,以防伤人。

(7)现场保持良好通风。注意防火。

4.6.8 质量记录

(1)各项产品质量合格证和性能检测报告。

(2)进场验收记录和复验记录。

(3)隔墙分项工程质量检验评定记录。

(4)隐蔽工程记录

(5)施工记录。

4.7 活动隔墙工程施工工艺标准

活动隔墙施工工艺应用在高级宾馆的客房、餐厅雅座、中小学教室以及住宅装饰装修工程中。本工艺标准适用于建筑装饰装修活动隔墙施工。工程施工应以设计图纸和有关施工质量验收规范为依据。设计活动隔墙时,必须设隔板折叠后的存放位置和隐蔽设施。此外,地面导槽或轨道不得高出地面。活动隔墙的种类,从形式分,有拼装式和折叠滑动式;从隔墙板构造上分,有单一板材、复合夹心板材、软质帷幕、玻璃折扇等。隔墙类型如图 4.7-1 至图 4.7-3 所示。

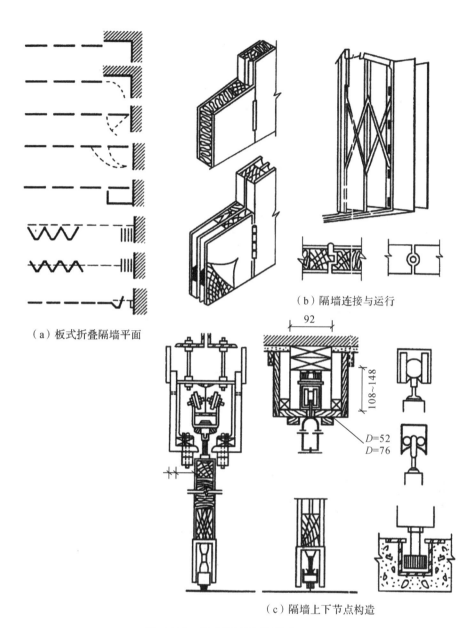

（a）板式折叠隔墙平面

（b）隔墙连接与运行

（c）隔墙上下节点构造

图 4.7-1 活动隔墙示意（单位：mm）

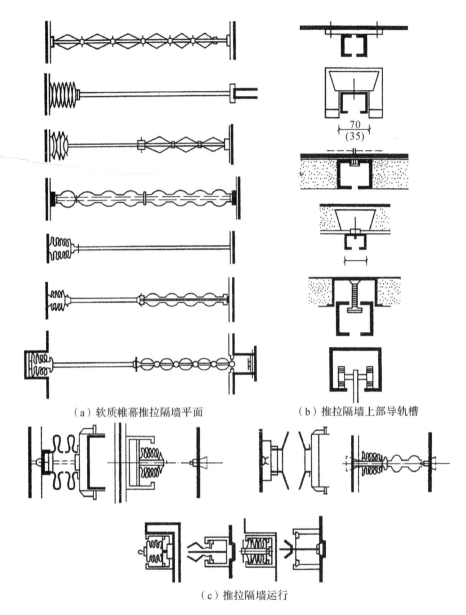

（a）软质帷幕推拉隔墙平面　　　　（b）推拉隔墙上部导轨槽

（c）推拉隔墙运行

图 4.7-2　活动隔墙示意（单位:mm）

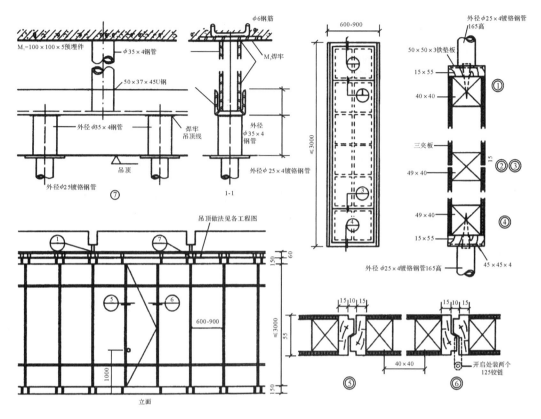

图 4.7-3　可拆式木隔墙(单位:mm)

4.7.1　活动隔墙应用材料

活动隔墙所用的材料除木质板(包括金属板木框镶花板、木拼板、硬包板、木框夹心胶合板、木框玻璃扇等)外,还可用其他材料,例如以下几种。

(1)金属板。包括镀锌铁皮、彩色镀锌钢板、铝合金板、不锈钢板等,这些金属板可制成压型板、格子板、框架平板等形式的金属板。

(2)塑料板。包括应用于外墙的各种塑料板。

(3)夹心材料。包括聚苯乙烯泡沫塑料、聚氨酯泡沫塑料、膨胀珍珠岩、矿棉、岩棉等。

4.7.2　拼装式活动隔墙

工艺流程:点位放线→隔墙板两侧壁龛施工→轨道安装→隔墙扇制作→隔墙扇安放、连接→密封条安装。

(1)隔墙板两侧做成企口缝等盖缝、平缝。两端嵌入上下槛导轨槽内,利用活动卡子连接固定,用时拼装成隔墙,不用时可拆除重叠放入壁龛内,以免占用使用面积。拼装式隔墙的立面和节点如图 4.7.2-1 所示。

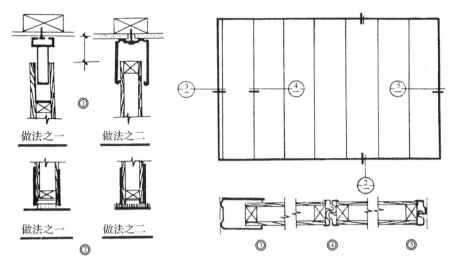

图 4.7.2-1　拼装式隔墙的立面与节点

（2）此类型隔墙的隔扇本身多用木框架,两侧贴有木质纤维板或胶合板,有的还贴上一层塑料贴面或覆以人造革。隔音要求较高的隔墙,可在两层面板之间设置隔音层,并将隔扇的两个垂直边做成企口缝,以便使相邻隔扇能紧密地咬合在一起,达到隔音的目的。隔扇的下部照常做踢脚。当楼地面上铺有地毯时,隔扇可以直接坐落在地毯上;否则,应在隔扇的底下另加隔音密封条,靠隔扇的自重将密封条紧紧压在楼地面上。

（3）为装卸方便,隔墙的上部有一个通长的上槛,用螺钉或铅丝固定在平顶上。上槛的形式有两种:一种是槽形,一种是 T 形。采用槽形时,隔扇的上部可以做成平齐的;采用 T 形时,隔扇的上部应设较深的凹槽,以使隔扇能够卡到 T 形上槛的腹板上。不论采用哪一种上槛,都要使隔扇的顶面与平顶之间保持 50mm 左右的空隙,以便于安装和拆卸。

（4）从平面上说,隔墙的一端要设一个槽形的补充构件。它与槽形上槛的大小和形状完全相同,其作用是便于安装和拆卸隔扇,并在安装后掩盖住端部隔扇与墙面之间的缝隙。

4.7.3　直滑式活动隔墙

工艺流程:点位放线→隔墙板两侧壁龛施工→轨道安装→隔墙扇制作→隔墙扇安放、连接→密封条安装。

（1）直滑式活动隔墙是由若干隔扇组合而成的。这些隔扇可以是独立的,也可以利用铰链连接到一起。独立的隔扇可以沿着各自的轨道滑动,但在滑动中始终不改变自身的角度,沿着直线开启或关闭。

（2）直滑式隔墙完全打开时,隔扇可以隐蔽于洞口的一侧或两侧。当洞口很大,隔扇较多时,往往采用一段拐弯的轨道或将分岔的轨道重叠在一起(见图 4.7.3-1)。

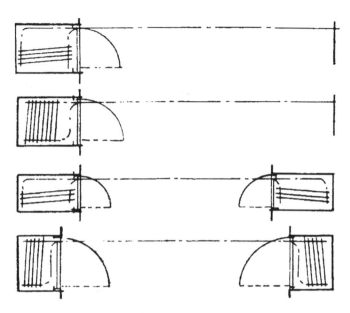

图 4.7.3-1　直滑式隔墙的收拢方法

(3)直滑式隔墙隔扇的构造如图 4.7.3-2 所示。由图可知,它的主体是一个木框架,两侧各贴一层木质纤维板,两层板的中间夹着隔音层,板的外面覆盖着聚乙烯饰面。隔扇的两个垂直边,用螺钉固定着铝镶边。镶边的凹槽内,嵌有隔音用的泡沫聚乙烯密封条。

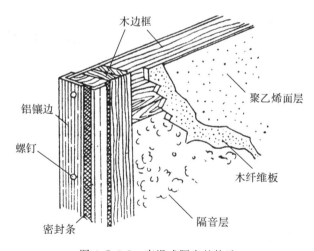

图 4.7.3-2　直滑式隔扇的构造

(4)从图 4.7.3-3 中可以看出,后边的半扇隔扇与边缘构件用铰链连接着,中间各扇隔扇则是单独的。当隔扇关闭时,最前面的隔扇自然地嵌入槽形补充构件内。补充构件的两侧各有一个密封条,与隔扇的两侧紧紧地相接触。隔扇与楼地面之间的缝隙采用不同的方法来遮掩:一种方法是在隔扇的下面设置两行橡胶做的密封刷;另一种方法是将隔扇的下部做成凹槽形,在凹槽所形成的空间内,分段设置密封槛。密封槛的上面也有两行密封刷,分别与隔扇凹槽的两个侧面相接触。密封槛的下面另设密封垫,靠密封槛的自重与楼地面紧紧地相接触。

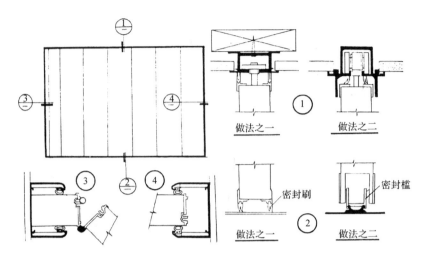

图 4.7.3-3　直滑式隔墙的立面与节点

（5）轨道的断面多数为槽形。滑轮多为四轮小车组。小车组可以用螺栓固定在隔扇上，也可以用连接板固定在隔扇上。隔扇与轨道之间也用橡胶密封刷密封，但做法往往不同，有的将密封刷固定在隔扇上，有的将密封刷固定在轨道上。

（6）直滑式隔墙的隔扇尺寸比较大。宽度约为 1000mm，厚度为 50～80mm，高度为 3500～5000mm。

4.7.4　折叠式活动隔墙

（1）折叠式隔墙可以像手风琴的风箱一样展开和收拢。按其使用的材料的不同，可分硬质和软质两类。硬质折叠式隔墙是由木隔扇或金属隔扇构成的；软质折叠式隔墙是用棉、麻织品或橡胶、塑料等制品制作的。硬质折叠式隔墙的隔扇利用铰链连接在一起。隔墙展开和收拢时，隔扇自身的角度也在变，收拢状态的隔扇与轨道近似垂直或垂直（见图 4.7.4-1）。

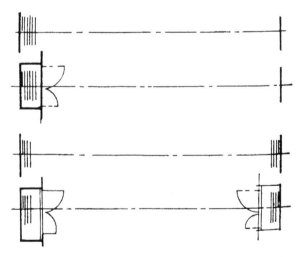

图 4.7.4-1　折叠式隔墙的收拢方法

(2)单面硬质折叠式隔墙。

1)这种隔墙的隔扇与直滑式隔扇的构造基本相同,只是宽度比较小,约500~1000mm。

2)隔扇的上部滑轮可以设在顶面的一端,即隔扇的边梃上;也可以设在顶面的中央。当设在一端时,由于隔扇的重心与作为支承点的滑轮不在同一条直线上,必须在平顶与楼地面上同时设轨道,以免隔扇受水平推力的作用而倾斜。如果把滑轮设在隔扇顶面正中央,由于支撑点与隔扇的重心位于同一条直线上,楼地面上就不一定再设轨道了。

3)当隔扇较窄时,可以按照前一种方式设置滑轮和轨道,此时,隔扇的数目不限,但要成偶数,以便使首尾两个隔扇都能依靠滑轮与上下轨道连起来;当按照后一种方式设置滑轮时,可以每隔一扇设一个滑轮,此时,隔扇的数目必须为奇数(不含末尾处的半扇)。采用手动开关的,可取五扇或七扇,扇数过多的,需用机械开关。隔扇之间用铰链连接,少数隔墙也可两扇一组地连接起来(见图4.7.4-2)。当需要透光时,可以全部或部分采用玻璃扇。

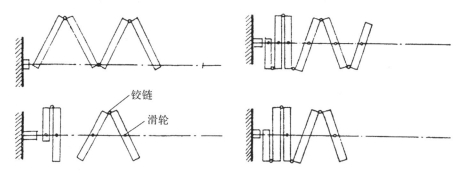

图4.7.4-2　滑轮和铰链的位置示意

4)上部滑轮的形式较多。隔扇较重时,可采用带有滚珠轴承的滑轮,轮缘是钢的或是尼龙的;隔扇较轻时,可采用带有金属轴套的尼龙滑轮或滑钮(见图4.7.4-3)。

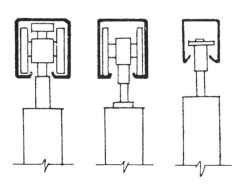

图4.7.4-3　滑轮的不同类型

5)作为上部支承点的滑轮小车组,与固定隔扇垂直轴要保持自由转动的关系,以便隔扇能够随时改变自身的角度。垂直轴内可酌情设置减震器,以保证隔扇能在不大平整的轨道上平稳地移动。与滑轮的种类相适应,上部轨道的断面可呈箱形或T形,它们都是用钢、铝制成的。

6)隔墙的下部装置与隔墙本身的构造及上部装置有关。当上部滑轮设在隔扇顶面的一端时,楼地面上要相应地设轨道,隔扇底面要相应地设滑轮,构成下部支承点。这种轨道的断面多数都是 T 形的[见图 4.7.4-4(a)]。当上部滑轮设在隔扇顶面的中央时,楼地面上一般不同设轨道。如果隔扇较高,可在楼地面上设置导向槽,在隔扇的底面相应地设置中间带凸缘的滑轮或导向杆。此时,下部装置的主要作用是维持隔扇的垂直位置,防止在启闭的过程中向两侧摇摆[见图 4.7.4-4(b)、(c)]。在更多的情况下,楼地面上不设置轨道和导向槽,这样可使施工简便、使用方便。

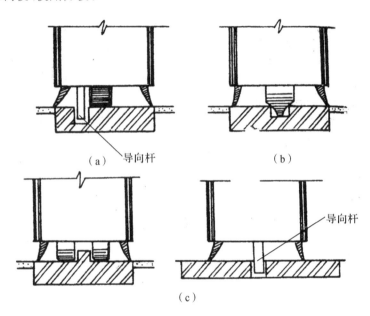

图 4.7.4-4 隔墙的下部装置

7)为保证隔断具有足够的隔音能力,除提高隔扇本身的隔音性能外,需要妥善处理隔扇与隔扇之间的缝隙、隔扇与平顶之间的缝隙、隔扇与楼地面之间的缝隙以及隔扇与洞口两侧之间的缝隙。为此,隔扇的两个垂直边常常做成凸凹相咬的企口缝,并在槽内镶嵌橡胶或毡制的密封条(见图 4.7.4-5)。最前面一个隔扇与洞口侧面接触处,可设密封管或缓冲板(见图 4.7.4-6)。隔扇的底面与楼地面之间的缝隙(约 25mm)常用橡胶或毡制密封条遮盖。当楼地面上不设轨道时,也可以在隔扇的底面设一个富有弹性的密封垫,并相应地采取一个专门装置,使隔墙处于封闭状态时能够稍稍下落,从而将密封垫紧紧地压在楼地面上。

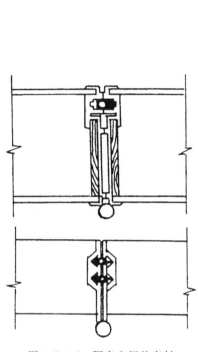 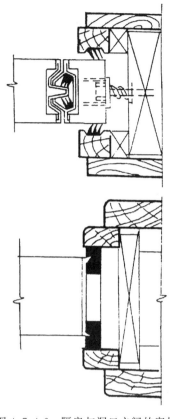

图 4.7.4-5　隔扇之间的密封　　　图 4.7.4-6　隔扇与洞口之间的密封

8)单面折叠式隔断收拢后,隔扇可折叠于洞口的一侧或两侧。室内装修要求较高时,可在隔扇折叠起来的地方做一段空心墙,将隔扇隐蔽在空心墙内。空心墙外面设一双扇小门,不论隔断展开或收拢,都能关起来,使洞口保持整齐美观(见图 4.7.4-7)。

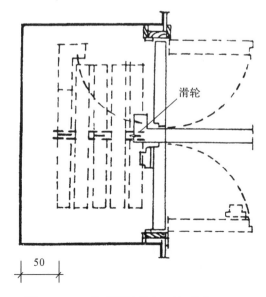

滑轮

50

图 4.7.4-7　隐藏隔墙的空心墙(单位:mm)

(3)双面硬质折叠式隔墙。

1)这种隔墙可以有框架或无框架。所谓有框架就是在双面隔墙的中间设置若干个立柱,在立柱之间设置数排金属伸缩架(见图4.7.4-8)。伸缩架的数量依隔墙的高度而定,少则一排,多则两排到三排。

2)框架两侧的隔板大多由木板或胶合板制成。当采用木质纤维板时,表面宜粘贴塑料饰面层。隔板的宽度一般不超过300mm。相邻隔板多靠密实的织物(帆布带、橡胶带等)沿整个高度方向连接在一起,同时,还要将织物或橡胶带等固定在框架的立柱上。隔板与隔墙几种不同的连接法如图4.7.4-9所示。

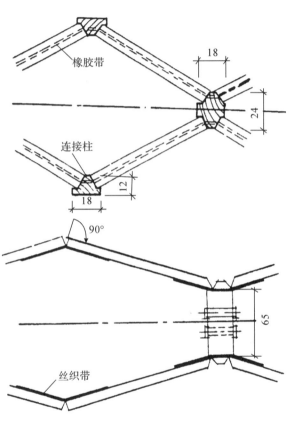

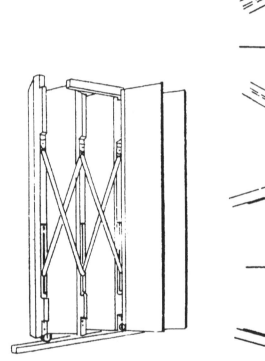

图4.7.4-8　有框架的双面硬质隔墙　　　　图4.7.4-9　隔板与隔墙的连接(单位:mm)

3)控制整个隔墙的导向装置有两种设置方法:一种是作为支承点的滑轮和轨道设在上部的楼地面上,也可以不设,或是设一个只起导向作用而不起支承作用的轨道;另一种是作为支承点的滑轮设在隔墙下部,相应的轨道设在楼地面上,平顶上另设一个只起导向作用的轨道。当采用第二种装置时,楼地面上宜用金属槽形轨道,其上表面与楼地面相平。隔墙的下部宜用成对的滑轮,并在两个滑轮的中间设一个扁平的导向杆。导向杆插在槽形轨道的开口内,能有效地防止隔墙启闭时向两侧摆动。平顶上的轨道可用一个通长的方木条,在隔墙框架立柱的上端相应地开缺口,隔墙启闭时,立柱即能始终沿轨道滑动。

4)无框架双面硬质折叠式隔墙,其隔板也是用硬木或带有贴面的木质纤维板制成的,只是尺寸小一些。最小宽度可小到100mm,常用截面尺寸为140mm×12mm。隔板的两侧有凹槽,凹槽中镶嵌通高的纯乙烯条带,纯乙烯条带分别与两侧的隔板固定在一起,既能起隔音作用,又是一个特殊的铰链。隔墙的上下各有一道金属伸缩架,与隔板用螺钉接起来。上部伸缩架上安装作为支承点的小滑轮,并相应地在平顶上安装箱形截面的轨道。隔墙的下部一般可不设滑轮和轨道。无框架双面硬质隔墙的高度不宜超过 3m,宽度不宜超过 4.5m或2×4.5m(在一个洞口内装两个 4.5m 宽的隔墙,分别向洞口的两侧开启),因此,这种隔墙常应用于较小的房间,如居室、会议室等。

(4)软质折叠式隔墙。

1)软质折叠式隔墙大多是双面的。它的面层是帆布的或人造革的,面层的里面常常加设内衬。

2)软质隔墙的内部宜设框架,采用木立柱或金属杆。木立柱或金属杆之间设置伸缩架,面层则固定到立柱或立杆上(见图 4.7.4-10)。

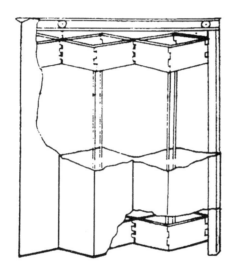

图 4.7.4-10　软质双面隔墙内的立柱(杆)与伸缩架

3)由于软质隔墙比较轻,可以在楼地面上设一个较小的轨道,在平顶上设一个只起导向作用的方木;也可以只在平顶上设轨道,楼地面不加任何设施。

4.7.5　质量标准

(1)主控项目。

1)活动隔墙所用墙板、配件等材料的品种、规格、性能和木材的含水率应符合设计要求。有阻燃、防潮等特性要求的工程,材料应有相应性能等级的检测报告。检验方法:观察,检查产品合格证书、进场验收记录、性能检测报告和复验报告。

2)活动隔墙轨道必须与基体结构连接牢固,并应位置正确。检验方法:尺量检查,手扳检查。

3)活动隔墙用于组装、推拉和制动的构配件必须安装牢固、位置正确,推拉必须安全、平稳、灵活。检验方法:尺量检查,手扳检查,推拉检查。

4)活动隔墙制作方法、组合方式应符合设计要求。检验方法:观察。

(2)一般项目。

1)活动隔墙表面应色泽一致、平整光滑、洁净,线条应顺直、清晰。检验方法:观察,手摸检查。

2)活动隔墙上的孔洞、槽、盒应位置正确、套割吻合、边缘整齐。检验方法:观察,尺量检查。

3)活动隔墙推拉应无噪声。检验方法:推拉检查。

4)活动隔墙安装的允许偏差和检验方法见表4.7.5-1。

表 4.7.5-1　活动隔墙安装的允许偏差和检验方法

序号	项目	允许偏差/mm	检验方法
1	立面垂度	3	用2m垂直检测尺检查
2	表面平整度	2	用2m靠尺和塞尺检查
3	接缝直线度	3	拉5m线,不足5m拉通线,用钢直尺检查
4	接缝高低差	2	用钢直尺和塞尺检查
5	接缝宽度	2	用钢直尺检查

4.7.6　成品保护

(1)活动隔墙安装时,应注意保护顶棚、墙内装好的滑道,以及钢龙骨的固定通风管道和其他设备。

(2)施工部位已安装的门窗,已施工完的地面、墙面、窗台等,应注意保护、防止损坏。

(3)木骨架材料,特别是玻璃材料,在进场、存放、使用过程中应妥善管理,使其不变形、不受潮、不损坏、不污染。

(4)其他专业的材料不得置于已安装好的木龙骨架和玻璃上。

(5)玻璃板隔墙的安装必须牢固,玻璃板隔墙胶垫的安装必须正确。

4.7.7　安全与环保措施

(1)因为玻璃薄而脆,容易破碎伤人,所以在搬运、裁割、安装等作业过程中要注意安全,保证职工身体健康,防止事故发生。

(2)确保高空作业的安全。

1)活动隔断工程的脚手架搭设应符合建筑施工安全标准。

2)脚手架上搭设跳板应用铁丝绑扎固定,不得有探头板。

3)高空作业安装玻璃时,必须戴安全帽,系安全带,必须把安全带拴在牢固的地方,穿防滑鞋。

4)使用高凳、靠梯时,下脚应绑麻布或垫胶皮,并加拉绳,以防滑溜。不得将梯子靠在门窗扇上。

(3)施工现场必须工完场清。设专人洒水、打扫,不能扬尘污染环境。

（4）有噪声的电动工具应在规定的作业时间内施工，防止噪声污染、扰民。

（5）机电器具必须安装触电保护装置，发现问题立即修理。

（6）遵守操作规程，非操作人员决不准乱动机具，以防伤人。

（7）现场保护良好通风，注意防火。

4.7.8　质量记录

（1）各项产品质量合格证和性能检测报告。

（2）进场验收记录和复验记录。

（3）活动隔墙分项工程质量检验评定记录。

（4）施工记录。

主要参考标准名录

[1]《建筑装饰装修工程质量验收标准》(GB 50210—2018)

[2]《建筑工程施工质量验收统一标准》(GB 50300—2013)

[3]《民用建筑工程室内环境污染控制标准》(GB 50325—2020)

[4]《民用建筑隔音设计规范》(GB 50118—2010)

[5]《建筑分项工程施工工艺标准手册》，江正荣主编，中国建筑工业出版社，2009

[6]《建筑装饰装修工程施工工艺标准》，中国建筑工程总公司编，中国建筑工业出版社，2003

5 饰面板、砖工程施工工艺标准

5.1 外墙面贴面砖施工工艺标准

本工艺标准适用于建筑装饰装修工程中宾馆、饭店、酒店、办公楼、教学楼、化验楼、图书馆、舞厅、影剧院、医院、住宅楼等低层及高层建筑工程高度不大于100m、抗震设防烈度不大于8度、采用满粘法施工的外墙面贴面砖饰面,也适用于围墙外表面和建筑小品外墙面贴面砖施工。工程施工应以设计图纸和有关施工质量验收规范为依据。

5.1.1 材料要求

(1)采用强度不低于 32.5 级的矿渣硅酸盐水泥、普通硅酸盐水泥。应有出厂合格证及复验合格试验单,出厂日期超过三个月而且水泥已结有小块的不得使用;白水泥应为强度在32.5 级以上的,并符合设计和规范质量标准的要求。

(2)粗中砂,含泥量应不大于 3%,颗粒坚硬,用前过筛,其他应符合规范的质量标准。

(3)面砖应采用优等品,其表面应光洁、方正、平整,质地坚硬,其规格尺寸、色泽、图案应均匀一致,必须符合设计和规范质量标准的要求。不得有缺棱、掉角、暗痕和裂纹等缺陷,其性能指标均应符合现行国家标准的规定,釉面砖的吸水率不得大于 10%。

(4)石灰膏用块状生石灰淋制,必须用孔径不大于 3mm×3mm 的筛网过滤,并贮存在沉淀池中熟化,常温下一般不少于 15d;若用于罩面灰,熟化时间应不少于 30d。用时,石灰膏内不得有未熟化的颗粒和其他杂质。

(5)磨细生石灰粉,其细度应通过 4900 孔/cm^2 筛子,用前应用水热化,其时间不少于 3d。

(6)界面剂和矿物颜料应按设计要求配比,其质量应符合规范标准。

5.1.2 主要机具设备

(1)机械设备。包括砂浆搅拌机、瓷砖切割机、角磨机等。

(2)主要机具。包括手电钻、冲击钻、磅秤、铁板、筛子(孔径为 5mm)、窗纱筛子、手推车、大桶、平锹、木抹子、铁抹子、钢抹子、大杠、靠尺、方尺、铝合金水平尺、灰槽、灰勺、毛刷、钢丝刷、笤帚、錾子、锤子、粉线包、小白线、破布或棉丝、钢片开刀、小灰铲、勾缝溜子、托灰板、托线板、线坠、卷尺、小钉子、铅笔或红蓝铅笔、铅丝、工具袋等。

5.1.3　作业条件

(1)主体结构施工已完成,并通过验收。

(2)预留孔洞、排水管等处理完毕,门窗框扇已安装完成,且门窗框与洞口缝隙已堵塞严实,并设置成品保护措施。

(3)搭设外脚手架子(高层多采用吊篮),应选用双脚手架子或桥架子,其横竖杆及拉杆等应离开墙面和门窗口角 150～200mm,架子步高应符合安全操作规程。架子搭好后应经过验收。

(4)阳台栏杆预留孔洞及排水管等应处理完成,门窗框已固定牢,隐蔽部位的防腐、填嵌已处理好,墙面基层清理干净,脚手眼、窗台、窗套等应按设计要求事先砌堵严实,并压实抹平。

(5)挑选面砖,分类存放备用。

(6)应先做放大样,并做出粘贴面砖样板墙,向操作者做好施工工艺及操作要点交底,待样板墙完成后,须经质量监理部门鉴定合格,经设计及建设单位共同认可后,方可进行大面积施工。

5.1.4　施工操作工艺

工艺流程:饰面砖工程深化设计→基层处理→吊垂直、套方、找规矩、抹灰饼→打底灰、抹砂浆、找平层→排砖→分格、弹线→浸砖→粘贴饰面砖→勾缝→清理表面。

(1)饰面砖工程深化设计。在饰面砖粘贴前,应首先对设计未明确的细节进行辅助深化设计。分不同基层做出样板墙或样板件,确定饰面砖排列方式、缝宽、缝深、勾缝形式、颜色、防水及排水构造、基层处理方法等施工要点,确定找平层、结合层、粘结层、勾缝材料、调色矿粉等的施工配合比,做粘结强度试验,经建设、设计、监理各方认可后以书面的形式固定下来。饰面砖的排列方式通常有对缝排列、错缝排列、菱形排列、尖头形排列等几种形式,勾缝通常有平缝、凹平缝、凹圆缝、倾斜缝、山型缝等几种形式。外墙饰面砖接缝宽度不应小于8mm;一般横缝宽 1～15mm,纵缝宽 8～15mm,如设计有要求,也可更宽;如为凹缝,缝深一般为 1mm。

在排砖要点确定后,现场实地测量基层结构尺寸,综合考虑找平层及粘结层的厚度,进行纸面计算排砖,条件具备时应采用计算机辅助计算和制图。

当排砖时应掌握以下原则:阳角、窗口、大墙面、通长全高的柱垛等主要部位都要排整砖,非整砖要本着对称和一致的原则放在窗间墙和阴角等次要部位,且非整砖不应小于 1/2 整砖;墙面阴阳角处最好采用异型角砖,如不采用异型砖,宜将阳角两侧砖边磨成 45°角后对接;横缝要与窗台齐平;墙体变形缝位置处,面砖从缝两侧分别排列,留出缝宽;外墙饰面砖粘贴应设置伸缩缝,竖向伸缩缝宜设置在洞口两侧或与墙边、柱边对应的部位,横向伸缩缝可设置在洞口上下或与楼层对应处;对于窗台、檐口、腰线等水平阳角处,顶面砖应压盖立面砖,立面最低一排砖应压盖底平面面砖并下突 3～5mm 兼做滴水线,底平面面砖向内翘起约5mm 以便于滴水。

(2)基层处理。抹灰打底前要对基层进行处理。对于砼基层,凿毛后再用钢丝刷清理干净,或采用水泥细砂浆掺化学胶体如聚合物水泥浆进行毛化处理。对于砖墙基层,要将墙面残余砂浆清理干净。对于加气砼、砼空心砌块、轻质墙板等基层,要在清理修补涂刷聚合物水泥浆后铺钉金属网一层,以增加基层与找平层及粘结层之间的附着力。不同材质墙面的交界处或后塞的洞口处均要挂金属网以防裂,搭接长度不小于200mm。

（3）吊垂直、套方、找规矩、抹灰饼。在建筑物大角、门窗口边及通天柱垛处用经纬仪打垂直线找直,并将其作为竖向控制线;横向以楼层平线为水平基准线;以墙面修补抹灰最少为原则,分层设点,做灰饼;根据灰饼冲筋,间距不宜超过2m,阴阳角处要双面找直,同时要注意找好女儿墙顶、窗台、檐口、腰线、雨篷等饰面的流水坡和滴水线。

（4）打底灰、抹砂浆、找平层。先将基层表面润湿,满刷一道结合层,然后分层分遍抹砂浆找平层,常温时可采用1:3或1:2.5水泥砂浆,并可视情况变化适当提高水泥比例。抹灰厚度每层应控制在5~7mm,用木抹子搓平,终凝后晾至六七成干后再抹第二遍,用木杠刮平,木抹子搓毛,终凝后浇水养护。找平层厚度应尽量控制在20mm左右,表面平整度最大允许偏差为3mm,立面垂直度最大允许偏差为4mm。

（5）分格、弹线。找平层养护至六七成干时,可按照排砖深化设计图及施工样板在其上分段分格弹出控制线并做好标记,如现场情况与排砖设计不符,则可酌情进行微调。外墙面每面除弹纵横线外,每条线要挂铅线,铅线高于面砖约1mm,在贴砖时,砖底线应对准弹线,上侧边对准铅线,四周全部对线后,才可压平固定。

（6）浸砖。将已挑选好的饰面砖放入净水中浸泡2h以上并清洗干净,取出后晾干表面水分后方可使用。

（7）粘贴饰面砖。外墙饰面砖整体应由上至下粘贴,但每一分段分块内应由下向上粘贴。粘贴时饰面砖粘结层厚度可参考以下数据:1:2水泥砂浆厚4~8mm;1:1水泥砂浆厚3~4mm;其他化学粘合剂厚2~3mm。饰面砖卧灰应饱满,以免形成通长渗水通道或造成勾缝灰空裂。

先固定好靠尺板贴下第一皮砖,面砖背面涂好粘合材料后以压住的感觉贴上,贴上后用灰铲柄轻轻敲打,使之附线,轻敲表面固定,力争一次成功,不宜多动;用开刀调整竖缝,用小杠通过标准点调整平整度和垂直度,用靠尺随时找平找方;在粘结层初凝前,可调整面砖的位置和接缝宽度,初凝后严禁振动或移动面砖。

缝宽如符合模数,应采用标准成品缝卡控制;若不符合模数,可用自制米厘条控制,用砂浆粘在已贴好的砖上口。

墙面突出的卡件、水管或线盒处尽量采用整砖套割后套贴,缝口要尽量小,圆孔还可采用专用开孔器来处理,不得采用非整砖拼凑镶贴;如不方便套割,则尽量把缝放在不显眼的位置,如有条件还可加盖板。

（8）勾缝。粘结层终凝后可按照样板墙确定的勾缝材料、缝深、勾缝形式及颜色进行勾缝,外墙勾缝材料一般是水泥砂浆或水泥砂浆掺黑色矿粉;勾缝材料的施工配合比及调色矿粉的比例要指定专人负责控制,水泥、砂子、矿粉等要使用准备好的专用材料,勾缝要视缝的型式使用专用工具;在勾缝时宜先勾水平缝,再勾竖缝,纵横交叉处要过渡自然,不能有明显痕迹;砖缝要在一个水平面上,连续、平直、无裂纹、无空鼓、深浅一致,表面压光;有的粘合剂对勾缝时间有要求,应按厂家说明书操作。

（9）清理表面。勾缝时随勾随用棉纱蘸水擦净砖面;勾缝 10 天后,可清洗残留的污垢,尽量采用中性洗剂;也可采用浓度为 20% 的稀盐酸,但要保护五金件,洗完后用清水冲净。

5.1.5　质量标准

（1）主控项目。

1）饰面砖的品种、规格、图案、颜色和性能应符合设计要求。检验方法:观察,检查产品合格证书、进场验收记录、性能检测报告和复验报告。

2）饰面砖粘贴工程的找平、防水、粘结和勾缝材料及施工方法应符合设计要求及现行行业标准《外墙饰面砖工程施工及验收规程》(JGJ 126—2015)的规定。检验方法:检查产品合格证书、复验报告和隐蔽工程验收记录。

3）饰面砖粘贴工程的伸缩缝设置应符合设计要求。检验方法:观察,尺量检查。

4）饰面砖粘贴必须牢固。检验方法:检查饰面砖粘结强度检测报告和施工记录。

5）用满粘法施工的饰面砖工程应无空鼓、裂缝。检验方法:观察,用小锤轻击检查。

（2）一般项目。

1）饰面砖表面应平整、洁净、色泽一致,无裂痕和缺损。检验方法:观察。

2）阴阳角处搭接方式、非整砖使用部位应符合设计要求。检验方法:观察。

3）墙面突出物周围的饰面砖应整砖套割吻合,边缘应整齐。墙裙、贴脸突出墙面的厚度应一致。检验方法:观察,尺量检查。

4）饰面砖接缝应平直、光滑,填嵌应连续、密实;宽度和深度应符合设计要求。检验方法:观察,尺量检查。

5）有排水要求的部位应做滴水线(槽)。滴水线(槽)应顺直,流水坡向应正确,坡度应符合设计要求。检验方法:观察,用水平尺检查。

6）外墙面饰面砖粘贴的允许偏差和检验方法见表 5.1.5-1。

表 5.1.5-1　外墙面饰面砖粘贴的允许偏差和检验方法

序号	项目	允许偏差/mm	检验方法
1	立面垂直度	3	用 2m 垂直检测尺检查
2	表面平整度	2	用 2m 靠尺和塞尺检查
3	阴阳角方正	2	用直角检测尺检查
4	接缝直线度	2	拉 5m 线,不足 5m 拉通线,用钢直尺检查
5	接缝高低差	1	用钢直尺和塞尺检查
6	接缝宽度	1	用钢直尺检查

5.1.6　成品保护

（1）残留在门窗框上的水泥砂浆应及时清理干净,门窗口处应设防护措施,铝合金门窗、塑料门窗框要提前用塑料膜保护好,防止污染、锈蚀,施工操作人员应加以保护,不得碰坏。

（2）应提前做好水、电、通风、设备安装作业工作，以防止损坏墙面砖。

（3）各抹灰层在凝固前，应防风、防曝晒、防水冲和振动，以保证各层粘结牢固及有足够的强度。

（4）不得将油漆喷滴在已完的饰面砖上，如果面砖上部为外涂料墙面，宜先做外涂料，然后贴面砖，以免污染墙面。若需先做面砖，完工后必须采取贴纸或塑料薄膜等措施，防止污染。

（5）拆脚手架时，应轻拿轻放，不要碰坏墙面。

（6）严防水泥浆、石灰浆、涂料、颜料、油漆等液体污染饰面砖墙面，不要在已做好的饰面砖墙面上乱写乱画或脚蹬、手摸等，以免污染墙面。

5.1.7 安全与环保措施

（1）垂直运输工具如吊篮、外用电梯等，必须在安装后经有关部门检查鉴定合格后才能启用。

（2）操作前应检查脚手架和跳板是否满足操作要求，合格后才能上架操作，凡不符合安全要求之处应及时修整。

（3）禁止穿硬底鞋、拖鞋、高跟鞋在架子上工作，架子上的人员不得集中在一起，工具要搁置稳定，防止坠落伤人。

（4）在两层脚手架上操作时，应尽量避免在同一垂直线上工作，必须同时作业时，下层操作人员必须戴安全帽，并应设置防护措施。

（5）在抹灰时应防止砂浆掉入眼内。当采用竹片或钢筋固定八字靠尺板时，应防止竹片或钢筋回弹伤人。

（6）夜间临时用的移动照明灯，必须用安全电压。机械操作人员必须持证上岗。现场一切机械设备，非机械操作人员一律禁止操作。

（7）饰面砖等使用材料必须符合环保要求。

（8）禁止搭设飞跳板，严禁从高处往下乱投东西。脚手架严禁搭设在门窗、暖气片、水暖等管道上。

（9）在雨后或春暖解冻时应及时检查外架子，防止沉陷出现险情。

（10）外架必须满搭安全网，各层设围栏。出入口应搭设人行通道。

5.1.8 施工注意事项

（1）防止脱落、空鼓和产生裂缝。施工时，基层必须清理干净，表面修补平整，墙面洒水湿透。釉面砖使用前，必须用水浸泡不少于 2h，取出晾干，方可粘贴。釉面砖粘结砂浆过厚或过薄均易产生空鼓，厚度一般应控制在 6～10mm。必要时掺入水重 20％的界面剂胶，以提高粘结砂浆的和易性和保水性；在粘贴釉面砖时应用灰勺木柄轻轻敲击砖面，使其与底层粘结密实牢固，粘结不密实时，应取下重贴。在冬期施工时，应做好防冻保温措施，以确保砂浆不受冻。

（2）打底灰层应用大木杠刮平，确保底层表面平整、垂直，经检查合格后方可粘贴面砖。

（3）防止接缝不平直、缝宽不均匀。施工前应认真挑选釉面砖,剔除有缺陷的釉面砖。同一面墙上应用同一尺寸的釉面砖,以做到接缝均匀一致。粘贴前做好规矩,用釉面砖抹灰饼,画出标准,阳角处要两面抹直。每贴好一行釉面砖,应及时用靠尺板横、竖向靠直,偏差处用灰勺木柄轻轻敲平,及时校正横、竖缝顺直。

（4）在勾缝或擦缝后,应及时用破布或棉纱擦净面砖表面砂浆;对于其他油料、涂料污染的表面,应用棉丝蘸稀盐酸加 20％水冲洗,然后用清水冲净,同时应按上述防护措施加强对成品的保护。

（5）在打底层灰时,必须按规矩进行吊垂直、套方,以保证阴阳角方正。

（6）夏期镶贴外墙面饰面砖,应搭设通风凉棚及采取其他有效的措施,防止暴晒。在冬期施工时,砂浆使用温度不得低于 5℃,砂浆硬化前应采取防冻保温措施。用冻结法砌筑的墙,应待解冻后再行抹灰。

5.1.9　质量记录

（1）饰面砖工程验收时应检查下列文件和记录。

1）饰面砖工程的施工图、设计说明及其他设计文件。

2）材料的产品合格证书、性能检测报告、进场验收记录和粘贴水泥的复验合格报告。

3）隐蔽工程验收记录。

4）施工记录。

（2）各分项工程的检验批应按下列规定划分。

1）相同材料、工艺和施工条件的室内饰面砖工程,每 50 间(大面积房间和走廊按施工面积 30m² 为一间)应划分为一个检验批,不足 50 间也应划分为一个检验批。

2）相同材料、工艺和施工条件的室外饰面砖工程,每 500～1000m² 应划分为一个检验批,不足 500m² 也应划分为一个检验批。

（3）检查数量应符合下列规定。

1）室内每个检验批应至少抽查 10％,并不得少于 3 间;不足 3 间时应全数检查。

2）室外每个检验批每 100m² 应至少抽查一处,每处不得小于 10m²。

（4）质量检验内容。

1）按质量标准中主控项目和一般项目内容逐条进行检查、检验。

2）饰面砖工程的抗震缝、伸缩缝、沉降缝等部位的处理,应保证缝的使用功能和饰面砖的完整性。

5.2　内墙面贴面砖施工工艺标准

本工艺标准适用于建筑装饰装修工程的住宅和办公楼房的室内卫生间、厨房、阳台、客厅、走廊的墙面、地面的装饰施工。工程施工应以设计图纸和有关施工质量验收规范为依据。

5.2.1 材料要求

(1)采用强度等级为 42.5 级的普通硅酸盐水泥或矿渣硅酸盐水泥及白水泥。其水泥强度、水泥安定性、凝结时间取样复验应合格，无结块现象，应采用同一厂家、同一批号的水泥。有出厂合格证、复验合格试验单。

(2)中砂，粒径为 0.35～0.5mm，含泥量不大于 3%，颗粒坚硬、干净，无有机杂质，用前过筛，其他应符合规范的质量标准。

(3)面砖表面应光洁、方正、平整，质地坚硬，其规格尺寸、色泽、图案应均匀一致，必须符合设计和规范质量标准的要求。不得有缺棱、掉角、暗痕和裂纹等缺陷，其性能指标均应符合现行国家标准的规定，釉面砖的吸水率不得大于 10%。

(4)界面剂胶和矿物颜料应符合设计及规范标准要求。

5.2.2 主要机具设备

(1)机具设备。包括砂浆搅拌机、瓷砖切割机、角磨机、手电钻、冲击电钻、手推车等。

(2)主要工具。包括木抹子、阴阳角抹子、铁皮抹子、托灰板、木刮尺、方尺、托线板、小铁锤、钢錾、木槌、垫板、开刀、墨斗、水平尺、小线坠等。

5.2.3 作业条件

(1)墙顶抹灰完毕，做好墙面防水层、保护层和地面防水层、混凝土垫层。

(2)做好内隔墙，水电管线已安装，并堵实抹平脚手眼和管洞等。

(3)安装好门、窗扇，并按设计及规范要求堵塞门窗框与洞口缝隙，要嵌塞严实。对铝合金门窗框应做好保护措施(一般用塑料薄膜缠绕)。

(4)脸盆架、镜卡、管卡、水箱、煤气等应埋设好防腐木砖，位置要设准确。

(5)统一弹出墙面上+50cm 水平线，大面积施工前应先放大样，并做出样板墙，确定施工工艺及操作要点，并向施工人员做交底工作。样板墙完成后必须经质检部门鉴定合格后，还要经过设计单位、建设单位和施工单位共同认定验收，方可组织班组按照样板墙壁要求施工。

(6)搭设双排脚手架或钉高马凳，横竖杆或马凳端头应离开门窗口角和墙面 150～200mm 的距离，架子步高和马凳高、长度应符合操作要求。

(7)基层处理。

1)光滑的基层表面应凿毛，其深度为 0.5～1.5cm，间距为 3cm 左右。基层表面残存的灰浆、尘土、油渍等应清洗干净。

2)基层表面明显凹凸处，应事先用 1:3 水泥砂浆找平或剔平。不同材料的基层表面相接处，应先铺钉金属网。

3)为使基层能与找平层粘结牢固，可在抹找平层前先洒聚合物水泥浆(108 胶:水=1:4 的胶水拌水泥)处理。

4)当基层为加气混凝土时，应在清净基层表面后先刷 108 胶水溶液一遍，然后满钉镀锌机织钢丝网(孔径 32mm×32mm，丝径 0.7mm，6 扒钉，钉距纵横不大于 600mm)，再抹 1:1:4

水泥混合砂浆粘接层及 1∶205 水泥砂浆找平层。

(8)找平层砂浆抹法与装饰抹灰的底、中层做法相同。

5.2.4　施工操作工艺

工艺流程:基层处理→吊垂直、套方、找规矩→抹灰饼→抹底层砂浆→弹线分格→排砖→浸砖→镶贴面砖→面砖勾缝及擦缝。

(1)基体为砖墙面。

1)清理基层,将残存在基层的砂浆粉渣、灰尘、油污等清理干净,并提前浇水湿透。

2)12mm 厚 1∶3 水泥砂浆打底,打底要分层涂抹,每层厚度宜为 5～7mm,随即抹平搓毛。

3)待底层灰六、七成干时,应按图纸要求、釉面砖规格及实际条件进行排砖、弹线。

4)根据大样图及墙面尺寸进行横竖向排砖,以保证面砖缝隙均匀,符合设计图纸要求,注意大墙面、柱子和垛子要排整砖,在同一墙面上的横竖排列均不得有小于 1/4 砖的非整砖。非整砖行应排在次要部位,如窗间墙或阴角处等。但也要注意一致和对称。如遇有突出的卡件,应用整砖套割吻合,不得用非整砖随意拼凑镶贴。

5)用废釉面砖贴标准点,用做灰饼的混合砂浆贴在墙面上,用以控制贴釉面砖的表面平整度。

6)垫底尺时计算好最下一皮砖下口标高,底尺上皮一般比地面低 1cm 左右,以此为依据放好底尺,要水平、安稳。

7)在面砖镶贴拼前,应挑选颜色、规格一致的砖;在浸泡砖时,应将砖面清扫干净,放入净水中浸泡 2h 以上,取出待表面晾干或擦干净后方可使用。

8)抹 8mm 厚 1∶0.1∶2.5(水泥∶石灰膏∶砂)混合砂浆粘结层,要刮平,随抹随自上而下粘贴面砖,要求砂浆饱满,亏灰时,取下重贴,并随时用靠尺检查平整度,同时保证缝隙宽度一致。

9)贴完经自检无空鼓、不平、不直后,用棉丝擦干净,然后用白水泥浆或拍干白水泥擦缝,用布将缝子的素浆擦匀,砖面擦净。

(2)基体为混凝土墙面。

1)基层处理:应剔凿胀模凸出的地方,清除砂浆粉渣、油污;对于光滑的混凝土墙要凿毛,或用掺界面剂胶的水泥细砂浆做小拉毛墙,也可刷界面处理剂,并浇水湿润基层。

2)用 10mm 厚 1∶3 水泥砂浆打底,应分层分遍抹砂浆,随抹随刮平抹实,用木抹子搓毛。其余同基体为砖墙面的做法。

5.2.5　质量标准

(1)主控项目。

1)饰面砖的品种、规格、图案、颜色和性能应符合设计要求。检验方法:观察,检查产品合格证书、进场验收记录、性能检测报告和复验报告。

2)饰面砖粘贴工程的找平、防水、粘结和勾缝材料及施工方法应符合设计要求及国家现行产品标准和工程技术标准的规定。检验方法:检查产品合格证书、复验报告和隐蔽工程验收记录。

3)饰面砖粘贴必须牢固。检验方法:检查样板件粘结强度检测报告和施工记录。

4)满粘法施工的饰面砖工程应无空鼓、裂缝。检验方法:观察,用小锤轻击检查。

(2)一般项目。

1)饰面砖表面应平整、洁净、色泽一致,无裂痕和缺损。检验方法:观察。

2)阴阳角处搭接方式、非整砖使用部位应符合设计要求。检验方法:观察。

3)墙面突出物周围的饰面砖应整砖套割吻合,边缘应整齐。墙裙、贴脸突出墙面的厚度应一致。检验方法:观察,尺量检查。

4)饰面砖接缝应平直、光滑,填嵌应连续、密实;宽度和深度应符合设计要求。检验方法:观察,尺量检查。

5)有排水要求的部位应做滴水线(槽)。滴水线(槽)应顺直,流水坡向应正确,坡度应符合设计要求。检验方法:观察,用水平尺检查。

6)内墙面饰面砖粘贴的允许偏差和检验方法见表 5.2.5-1。

表 5.2.5-1　内墙面饰面砖粘贴的允许偏差和检验方法

序号	项目	允许偏差/mm	检验方法
1	立面垂直度	2	用 2m 垂直检测尺检查
2	表面平整度	3	用 2m 靠尺和塞尺检查
3	阴阳角方正	3	用直角检测尺检查
4	接缝直线度	2	拉 5m 线,不足 5m 拉通线,用钢直尺检查
5	接缝高低差	1	用钢直尺和塞尺检查
6	接缝宽度	1	用钢直尺检查

5.2.6　成品保护

(1)残留在门窗框上的水泥砂浆应及时清理干净,门窗口处应设防护措施,铝合金门窗、塑料门窗框要提前用塑料膜保护好,防止污染、锈蚀,施工操作人员应加以保护,不得碰坏。

(2)提前做好水、电、通风、设备安装作业工作,以防止损坏墙面砖。

(3)各抹灰层在凝固前,应防风、防曝晒、防水冲和振动,以保证各层粘结牢固及有足够的强度。

(4)不得将油漆喷滴在已完的饰面砖上,如果面砖上部为外涂料墙面,宜先做外涂料,然后贴面砖,以免污染墙面。若需先做面砖,完工后必须采取贴纸或塑料薄膜等措施,防止污染。

(5)在拆脚手架时,应轻拿轻放,不要碰坏墙面。

(6)严防水泥浆、石灰浆、涂料、颜料、油漆等液体污染饰面砖墙面,不要在已做好的饰面砖墙面上乱写乱画或脚蹬、手摸等,以免污染墙面。

5.2.7　安全与环保措施

(1)垂直运输工具如外用电梯等,必须在安装后经有关部门检查鉴定合格后才能启用。

（2）操作前应检查脚手架和跳板是否满足操作要求，合格后才能上架操作，不符合安全要求之处应及时修整。

（3）禁止穿硬底鞋、拖鞋、高跟鞋在架子上工作，架子上的人员不得集中在一起，工具要搁置稳定，防止坠落伤人。

（4）夜间临时用的移动照明灯，必须用安全电压。机械操作人员必须持证上岗。现场一切机械设备，非机械操作人员一律禁止操作。

（5）饰面砖等使用材料必须符合环保要求。

5.2.8 施工注意事项

（1）防止脱落、空鼓和产生裂缝。在施工时，基层必须清理干净，表面修补平整，墙面洒水湿透。釉面砖在使用前，必须用水浸泡不少于 2h，取出晾干，方可粘贴。釉面砖粘结砂浆过厚或过薄均易产生空鼓，厚度一般控制在 6～10mm。必要时掺入水重 20% 的界面剂胶，提高粘结砂浆的和易性和保水性；粘贴釉面砖时用灰勺木柄轻轻敲击砖面，使其与底层粘结密实牢固，粘结不密实时，应取下重贴。在冬期施工时，应做好防冻保温措施，以确保砂浆不受冻。

（2）打底灰层应用大木杠刮平，确保底层表面平整、垂直，经检查合格后方可粘贴面砖。

（3）防止接缝不平直、缝宽不均匀。在施工前要认真挑选釉面砖，剔除有缺陷的釉面砖。同一面墙上应用同一尺寸的釉面砖，以做到接缝均匀一致。在粘贴前应做好规矩，用釉面砖抹灰饼，画出标准，阳角处要两面抹直。每贴好一行釉面砖，应及时用靠尺板横、竖向靠直，偏差处用灰勺木柄轻轻敲平，及时校正横、竖缝顺直。

（4）在勾缝或擦缝后，应及时用破布或棉纱擦净面砖表面砂浆；对于其他油料、涂料污染的表面，应用棉丝蘸稀盐酸加 20% 水冲洗，然后用清水冲净，同时应按上述防护措施加强对成品的保护。

（5）在打底层灰时，必须按规矩进行吊垂直、套方，以保证阴阳角方正。

（6）夏期镶贴外墙面饰面砖，应搭设通风凉棚及采取其他有效的措施防止暴晒。在冬期施工时，砂浆使用温度不得低于 5℃，砂浆硬化前应采取防冻保温措施。用冻结法砌筑的墙，应待解冻后再行抹灰。

5.2.9 质量记录

（1）饰面砖工程验收时应检查下列文件和记录。

1）饰面砖工程的施工图、设计说明及其他设计文件。

2）材料的产品合格证书、性能检测报告、进场验收记录和粘贴水泥的复验合格报告。

3）隐蔽工程验收记录。

4）施工记录。

（2）各分项工程的检验批应按下列规定划分。

1）相同材料、工艺和施工条件的室内饰面砖工程，每 50 间（大面积房间和走廊按施工面积 30m² 为一间）应划分为一个检验批，不足 50 间也应划分为一个检验批。

2)相同材料、工艺和施工条件的室外饰面砖工程，每 500～1000m² 应划分为一个检验批，不足 500m² 也应划分为一个检验批。

（3）检查数量应符合下列规定。

1)室内每个检验批应至少抽查 10%，并不得少于 3 间；不足 3 间时应全数检查。

2)室外每个检验批每 100m² 应至少抽查一处，每处不得小于 10m²。

（4）质量检验内容。

1)按质量标准中主控项目和一般项目内容逐条进行检查、检验。

2)饰面砖工程的抗震缝、伸缩缝、沉降缝等部位的处理，应保证缝的使用功能和饰面砖的完整性。

5.3　墙面贴陶瓷锦砖施工工艺标准

本工艺标准适用于室内建筑装修工程外墙面和洁净车间、门厅、走廊、餐厅、厕所、盥洗室、浴室、工作间、化验室等的内墙面贴陶瓷锦砖施工。工程施工应以设计图纸和有关施工质量验收规范为依据。

5.3.1　材料要求

（1）采用强度等级为 42.5 级的普通硅酸盐水泥和强度为 32.5 级的白色硅酸盐水泥，其水泥强度、水泥安定性、凝结时间取样复验应合格，无结块现象。

（2）粗砂或中砂，含泥量应不大于 3%，过筛；细砂（用于干缝洒灰润湿法），含泥量应小于 3%，过窗纱筛，应符合规范的质量标准。

（3）石灰膏用块状生石灰淋制，必须用孔径不大于 3mm×3mm 的筛子过滤，并贮存在沉淀池中熟化。熟化时间：常温下一般不少于 15d；用罩面灰时，不得少于 30d。使用时，灰内不得含有未熟化的颗粒和其他杂质。

（4）抹灰用的石灰膏可用磨细生石灰粉，其细度应通过 4900 孔/cm² 筛子。用于罩面时，熟化时间不少于 3d。

（5）采用白纸筋或草纸筋，使用前三周应用水浸透，捣烂，使用时宜用小钢磨磨细。

（6）陶瓷锦砖（马赛克）表面平整，颜色一致，尺寸正确，边棱整齐，一次进场，脱纸时间不得大于 40min。其外观质量、允许偏差、技术性能、物理性能等指标符合国家现行标准要求。

5.3.2　主要机具设备

（1）机械设备。包括麻刀机、纸筋灰搅合机、砂浆搅拌机、手提石材切割机、台式砂轮、手推车等。

（2）主要工具。包括磅秤、5mm 孔径筛子、铁板、窗纱筛子、大桶、小水桶、平锹、钢抹子、钢片、大杠、中杠、灰槽、灰勺、米厘条、擦布或棉丝、毛刷、笤帚、大小锤子、粉线色、小线、勾缝托灰板、托线板、线坠、钉子、勾缝溜子、红蓝铅笔、铅丝、工具袋。

5.3.3　作业条件

（1）主体结构施工已完成，并通过验收。

（2）预留孔洞、排水管等处理完毕，门窗框扇已安装完成，且门窗框与洞口缝隙已堵塞严实，并设置成品保护措施。

（3）搭设外脚手架子（高层多采用吊篮），应选用双脚手架子或桥架子，其横竖杆及拉杆等应离开墙面和门窗口角150～200mm，架子步高应符合安全操作规程。架子搭好后应经过验收。

（4）阳台栏杆预留孔洞及排水管等应处理完成，门窗框已固定牢，隐蔽部位的防腐、填嵌已处理好，墙面基层清理干净，脚手眼、窗台、窗套等应按设计要求事先砌堵严实，并压实抹平。

（5）挑选面砖，分类存放备用。

（6）应先做放大样，并做出粘贴面砖样板墙，向操作者做好施工工艺及操作要点交底，待样板墙完成后，须经质量监理部门鉴定合格，经设计及建设单位共同认可后，方可进行大面积施工。

（7）按照建筑物各部位的具体做法和工程量，应事先挑选出颜色一致、规格相同的马赛克，并分别堆放及保管好。

5.3.4　施工操作工艺

工艺流程：基层处理→吊垂直、套方、找规矩→抹灰饼→抹底子灰→弹控制线→贴陶瓷锦砖→揭纸、调缝→擦缝。

（1）基体为混凝土墙面。

1）基层处理。先将凸出墙面的混凝土凿平，采用大钢模板施工的混凝土墙面应凿毛，并用钢丝刷通刷一遍，清干净灰渣，浇水湿润。若混凝土表面很光，可采取毛化处理的方法，即将混凝土表面灰尘、污垢清理干净，用10%火碱水将墙面的油污刷掉，随后用清水将碱液冲干净，晾干。然后用笤帚将1:1水泥细砂浆（内掺水泥重量3%～5%的界面剂胶）均匀喷甩到墙面上，终凝后洒水养护，直至水泥砂浆点或疙瘩牢固地粘在混凝土表面上为止。

2）吊垂直、套方、找规矩、抹灰饼、冲筋。根据混凝土墙面的平整度找出贴陶瓷锦砖的规矩，对高层建筑物的外墙面，应在四周大角和门窗口边用经纬仪上下打垂直线找直；对多层建筑物的外墙面，可从顶层开始用特制的大线坠绷铁丝吊垂直，然后按照陶瓷锦砖的规格、尺寸分层设点，做灰饼。水平线则以楼层为水平基准线进行交圈控制，在每层打底时应以此灰饼为基准点进行冲筋，使其底层灰达到横平竖直、方正。同时要注意找好突出檐口、腰线、窗台、雨篷等处饰面的流水坡（坡度应小于3%）和滴水线，其深度、宽度不小于10mm，要求整齐一致，而且必须是整砖。

3）打底层灰。底层灰厚约10～12mm，一般分二次抹成，先刷一道掺水泥15%的界面剂胶素水泥砂浆，紧跟着抹头遍水泥砂浆，其配合比为1:2.5或1:3，并掺水泥重20%的界面剂胶，薄薄地抹一层（4～6mm），用抹子压实抹平，用木杠刮平，低凹处应事先填平补齐，最后用木抹子搓毛，待24h后，浇水养护。

4)弹控制线。在弹线之前应进行选砖、排砖(排版)。分格必须依照建筑施工图横竖装饰线,在门窗洞、窗台、挑檐、腰线等部位进行全面安排。排砖时,要特别注意墙角、墙垛、雨篷面、天沟檐、窗台等细部构造尺寸,按整联陶瓷锦砖排列出分格线。分格之横缝应与窗台、门窗磴脸相平,竖向分格线要求在阳台及窗台口边都为整联排列,这就要依据建筑施工图及主体结构实际施工尺寸和陶瓷锦砖尺寸,精确计算排砖模数,并绘制粘贴陶瓷锦砖(排版)大样作为弹线依据。弹线应在找平层完成并经过检查达到合格标准后进行,先安排砖大样,弹出墙面阳角垂线与镶贴上口水平线(两条基线),再按每联陶瓷锦砖一道弹出水平分格线;按每联或2~3联陶瓷锦砖一道弹出垂直分格线。如墙面要求有水平、垂直分格,尚应在粘结层上弹出分格缝的宽度。一般采用与大面不同颜色的陶瓷锦砖裁出窄条,在平贴嵌入大墙面的陶瓷锦砖中形成线条,增加建筑外形的立体感。

5)抹粘结层。抹前应洒水湿润墙面,跟着刷一道内掺水泥10%的界面剂胶素水泥浆,然后抹2~3mm厚的混合灰粘结层,配合比为纸筋:石灰膏:水泥=1:1:2(先把纸筋与石灰膏搅匀过3mm孔筛子,再和水泥搅匀),也可采用1:0.3水泥纸筋灰或1:1水泥砂浆内掺水泥重5%的界面剂胶,用靠尺板刮平,再用抹子抹平,待粘结层用手按压无坑印后,在其上弹线分格。

6)贴陶瓷锦砖。操作时应自上而下进行镶贴。高层楼房应在采取措施后,分段进行。在每一分段或分块内陶瓷锦砖镶贴顺序均为自下向上。在粘贴时,底层应浇水湿润,并在弹好水平线的下口支垫尺,一般三人为一组进行操作,一人在前抹粘结层,另一人将陶瓷锦砖铺在木托板上(麻面朝上),缝子里灌上1:1水泥细砂浆,用软毛刷子刷净麻面,再抹上薄薄的一层灰浆,然后一张张送给第三个人,第三个人将四边灰刮掉,两手执住陶瓷锦砖上面,在支好的垫尺上由下往上贴,缝子对齐,要注意按已弹好的横竖线粘贴,粘贴后用木槌敲击一遍使其粘实。如分格贴完一组,将米厘条子放在上口线继续贴第二组。镶贴的高度应根据当时气温条件而定。

7)揭纸、调缝。贴完陶瓷锦砖的墙面,要一手拿拍板,靠在贴好的墙面上,一手拿锤子对拍板满敲一遍,保证贴面平整。待灰浆初凝后,用软毛刷蘸水刷护纸湿透,约20~30min后便可揭纸。揭纸应仔细按顺序用力向下揭,切忌往外猛揭(见图5.3.4-1)。检查缝口,不正

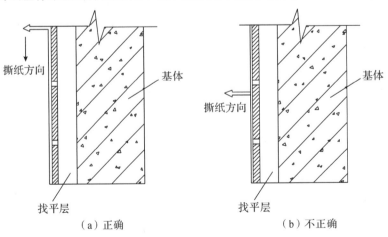

图 5.3.4-1 陶瓷锦砖揭纸示意

者应用开刀拨匀,垫木板轻轻敲平,脱落者要及时补上,随后用刷子带水将缝里砂子刷出,用水冲洗,稍干用棉丝擦净。

8)勾缝(擦缝)。粘贴后48h,起出分格条,用1∶1水泥砂浆勾缝,其他小缝用抹子把近似陶瓷锦砖颜色的水泥摊放在需擦缝的陶瓷锦砖表面上,然后用刮板将水泥往小缝里刮满、刮实、刮严,再用棉丝擦布将表面擦干净,小缝里的浮砂可用潮湿干净的软毛刷轻轻带出,如表面有严重污染,可用稀盐酸刷洗、清水冲净。

(2)基体为砖墙面。

1)清理基层。残存在基层的灰渣、油污、尘土等应清理干净;检查窗台、窗套和腰线等处,有损坏和松动的部分要处理好,然后浇水湿润墙面。

2)吊垂直、套方、找规矩、抹灰饼及冲筋同基体为混凝土墙面做法。

3)打底层灰。底子灰一般分两次操作,第一次抹薄薄的一层,用抹子压实,水泥砂浆的配比为1∶3,并掺水泥20%的界面剂胶;第二次用相同配合比的砂浆按冲筋线抹平,用短杠刮平,低凹处事先填平补齐,最后用木抹子搓成麻面。底子灰抹完后,隔天浇水养护。

其余同基体为混凝土墙面的做法。

(3)基体为加气混凝土墙面。

1)浇水充分湿润加气混凝土表面,修补缺棱掉角处。修补前先刷一道聚合物水泥浆,然后将混合砂浆(1∶3∶9=水泥∶白灰膏∶砂子)分层分遍补实抹平,24h后刷聚合物水泥浆,并抹1∶1∶6混合砂浆打底,用木抹子搓毛,待24h后浇水养护。

2)按上述做法也可以在补抹混合砂浆层上钉金属网一层并绷紧,然后在金属网上分层抹1∶1∶6混合砂浆打底(宜采用机械喷射工艺),砂浆与金属网应结合牢固,用木抹子轻轻搓平,待24h后洒水养护。

其余同基体为混凝土墙面的做法。

(4)夏季施工。

1)夏季镶贴外墙面陶瓷锦砖,应事先做好防暴晒的有效措施。

2)雨天不宜进行外墙面陶瓷锦砖施工。

(5)冬期施工。

1)一般只在冬期初期可施工,严寒阶段不镶贴室外墙面陶瓷锦砖。

2)砂浆的使用温度不得低于5℃,砂浆硬化前应采取防冻措施。

3)用冻结法砌筑的墙体,应待其解冻后方可施工。

4)在粘贴砂浆硬化初期不得受冻,气温低于5℃时,外墙粘结砂浆内可掺入防冻剂,其掺量应由试验确定。

5)为防止灰层早期受冻,严禁使用石灰膏和界面剂胶,可采用同体积粉煤灰代替,或改用水泥砂浆抹灰。

6)冬季在室内镶贴陶瓷锦砖,可采用热空气或带烟囱的火炉加速干燥。采用热空气时,应设通风设备排除湿气,并设专人进行测量控制和管理。

5.3.5 质量标准

(1)主控项目。

1)陶瓷锦砖的品种、规格、颜色和性能应符合设计要求。

2)陶瓷锦砖粘贴工程的找平、防水、粘结和勾缝材料及施工方法应符合国家现行产品标准和工程技术标准的规定。检验方法:检查产品合格证书、复验报告和隐蔽工程验收记录。

3)陶瓷锦砖粘贴必须牢固。检验方法:检查样板件粘结强度检测报告和施工记录。

4)用满粘法施工的陶瓷锦砖工程应无空鼓、裂缝。检验方法:观察,用小锤轻击检查。

(2)一般项目。

1)陶瓷锦砖表面应平整、洁净,色泽一致,无裂痕和缺损。检验方法:观察。

2)阴阳角处搭接方式、非整砖使用部位应符合设计要求。检验方法:观察。

3)墙面突出物周围的陶瓷锦砖应整砖套割吻合,边缘应整齐。墙裙、贴脸突出墙面的厚度应一致。检验方法:观察,尺量检查。

4)陶瓷锦砖接缝应平直、光滑,填嵌应连续、密实,宽度和深度应符合设计要求。检验方法:观察,尺量检查。

5)有排水要求的部位应做滴水线(槽)。滴水线(槽)应顺直,流水坡向应正确,坡度应符合设计要求。检验方法:观察,用水平尺检查。

(3)贴陶瓷锦砖的允许偏差和检验方法见表5.3.5-1。

表 5.3.5-1 贴陶瓷锦砖的允许偏差和检验方法

序号	项目		允许偏差/mm	检验方法
1	立面平直	室内	2	2m托线板和尺量检查
		室外	3	
2	表面平整		2	用2m靠尺和楔形塞尺检查
3	阴阳角方正		2	用20cm方尺和楔形塞尺检查
4	接缝平直		2	拉5m小线,不足5m拉通线和尺量检查
5	墙裙上口平直		2	拉5m小线,不足5m拉通线和尺量检查
6	接缝高低	室内	1	用钢板短尺和楔形塞尺检查
		室外	1	
7	接缝宽度		1	用尺检查

5.3.6 成品保护

(1)镶贴好的陶瓷锦砖墙面,应有切实可靠的防止污染的措施;同时要及时清擦干净残留在门窗框、扇上的砂浆。特别是铝合金塑钢等门窗框、扇,事先应粘贴好保护膜,预防污染。

(2)每层抹灰层在凝结前应防止风干、暴晒、水冲、撞击和振动。

(3)少数工种的各种施工作业应做在陶瓷锦砖镶贴之前,防止损坏面砖。

(4)拆除架子时注意不要碰撞墙面。

(5)合理安排施工程序,避免相互间的污染。

5.3.7　安全与环保措施

(1)操作前检查脚手架和跳板是否搭设牢固,高度是否满足操作要求,合格后才能上架操作,凡不符合安全之处应及时修整。

(2)禁止穿硬底鞋、拖鞋、高跟鞋在架子上工作,架子上的人不得集中在一起,工具要搁置稳定,以防止坠落伤人。

(3)在两层脚手架上操作时,应尽量避免在同一垂直线上工作,必须同时作业时,下层操作人员必须戴安全帽,并应设置防护措施。

(4)抹灰时应防止砂浆掉入眼内;采用竹片或钢筋固定八字靠尺板时,应防止竹片或钢筋回弹伤人。

(5)必须用安全电压。机械操作人员须培训持证上岗,现场一切机械设备,非机械操作人员一律禁止操作。

(6)饰面砖等所用材料必须符合环保要求。

(7)禁止搭设飞跳板。严禁从高处往下乱投东西。脚手架严禁搭设在门窗、暖气片、水暖等管道上。

(8)在雨后或春暖解冻时,应及时检查外架子,防止沉陷出现险情。

(9)外脚手架必须满搭安全网,各层设围栏。出入口应搭设人行通道。

5.3.8　施工注意事项

(1)陶瓷锦砖进场后应开箱检查,会同监理方进行质量和数量验收。

(2)陶瓷锦砖施工必须排版,并绘制施工大样图。按图选好砖。

(3)防止陶瓷锦砖饰面污染。在粘贴陶瓷锦砖勾完缝时,应及时擦净残留在表面的砂浆,如由于其他工种和工序造成饰面污染,可用棉丝蘸稀盐酸刷洗,然后用清水冲净。

(4)防止脱落、空鼓和产生裂缝。施工时,必须做好墙面基层处理,浇水充分湿润。在抹底层灰时,根据不同基体采取分层分遍抹灰方法,并严格配合比计量,掌握适宜的砂浆稠度,按比例加界面剂胶,使各灰层之间粘结牢固。注意及时洒水养护;在冬期施工时,应做好防冻保温措施,以确保砂浆不受冻,其室外温度不得低于5℃,但寒冷天气不得施工。

(5)打底灰层应用大木杠刮平,确保底层表面平整、垂直,经检查合格后方可进行粘贴面砖。

(6)为了保证分格缝均匀、顺直,施工前应认真按图纸尺寸,核对结构施工实际情况,细致分块分段弹线,细致排砖、抹灰饼(距离为1.6m)、冲筋等,并精心选砖,将规格尺寸偏差大的、颜色不均匀的面砖挑出另放,不得使用。

(7)在勾缝或擦缝后,应及时用破布或棉纱擦净面砖表面砂浆;对于其他油料、涂料污染的表面,应用棉丝蘸稀盐酸加 20％水冲洗,然后用清水冲净,同时应按前边的防护措施加强对成品的保护。

(8)在打底层灰时,必须按规矩进行吊垂直、套方、找规矩,以保证阴阳角方正。

5.3.9 质量记录

(1)材料的产品合格证和性能检测报告单。

(2)进场验收记录和复验报告。

(3)外墙面砖样板件的粘结强度检测报告。

(4)后置埋件的现场拉拔检验报告。

(5)工程验收的质量验评资料。

(6)隐蔽工程验收记录。

(7)施工记录。

5.4 墙面石材饰面板(湿贴、湿挂)施工工艺标准

本工艺标准适用于商店、酒店、宾馆、纪念性建筑物的大厅、大堂等的内墙面、柱面、窗台、楼梯踏步、地面与地面的面层建筑装饰装修饰面工程。工程施工应以设计图纸和有关施工质量验收规范为依据。

5.4.1 材料要求

(1)石材。

1)剁斧板。表面粗糙,具有规则的条状斧纹。一般用于室外地面、台阶、基座等处。

2)机刨板。表面平整,具有平行刨纹。一般用于室外地面、台阶、基座、踏步、檐口等处。

3)粗磨板。表面平滑无光。一般用于室外地面、台阶、基座、纪念碑、墓碑等处。

4)磨光板。表面平整,色泽光亮如镜,晶粒显露。多用于室内外墙面、柱面、地面以及纪念碑等处。天然石材规格应符合设计和国家标准。

5)质量要求。石材饰面板应表面平整,边缘整齐,棱角不得损坏,具有产品合格证。天然石装饰板的表面不得有隐伤、风化等缺陷,不宜采用褪色的材料包装。

(2)采用 32.5 级普通硅酸盐水泥,应有出厂合格证和复验单。若出厂超过三个月应做试验,合格后方可使用。

(3)采用 32.5 级白水泥,应符合质量标准。

(4)采用中砂或稍粗些砂子,用前过筛。

(5)安装石材饰面板所用的镀锌或不锈钢连接件以及施工时所用胶结材料的品种、掺合比例应符合设计要求,并具有产品合格证和性能检测报告。

(6)安装所用的钢丝或镀锌铅丝、铅皮,硬塑料板条,粘结胶和填塞饰面板缝隙的专用塑料软管等应符合设计要求。

5.4.2 主要机具设备

(1)机械设备。包括混凝土搅拌机、砂浆搅拌机及小型空压机、石材切割机、手提式石材切割机、角磨机、电锤、手电钻、电焊机等。

(2)主要机具。包括铁板、磅秤、塑料软管、胶皮碗、喷壶、合金钢扁錾子、合金钢钻头、操作支架(案子)、台钻、铝合金水平尺、不锈钢方尺、木靠尺、底尺、托线板、线坠、粉线包、高凳子、木楔子、小型台式砂轮机、开刀、木抹子、铁抹子、细钢丝刷、笤帚、灰板、铅笔、大小锤子、小白线、铅丝、擦布或棉丝、老虎钳子、小铲、盒尺、钉子、红蓝铅笔、毛刷、工具袋等。

5.4.3 作业条件

(1)结构经检查验收,水电、通风、设备安装等施工已完毕,做好加工饰面板所需用的电源和水源。

(2)弹好室内外墙面水平线。室内弹+500mm水平控制线;室外墙面弹+0.000mm及各层水平标高位上的水平控制线。

(3)提前搭设脚手架或操作吊篮。脚手架宜采用双排架子,多层可采用桥式架子,其横竖杆等应离开门窗口约150~200mm,架子步高应符合设计与施工操作要求;室外高层一般多采用吊篮进行操作。

(4)有门窗的墙面必须把门窗框立好,位置准确,并应垂直和牢固,并考虑在安装大理石时尺寸有足够留量。同时用1:3水泥砂浆将缝隙塞严实。铝合金门窗框所用嵌缝材料应符合设计要求,且塞堵密实,并事先做好保护膜。

(5)大理石、花岗岩进场应堆放于室内或仓库内,下垫好方木,核对数量、规格;铺贴前应预铺、配花、编号,以备正式铺贴时按号取用。

(6)大面积施工前应先放出施工大样,并做好样板,经质检和监理部门确认合格后,还要经设计、建设单位、施工单位共同认可,方可组织按样板要求施工。

(7)进场的石料应由专人进行验收,颜色不均匀时,应进行挑选,必要时应试拼选用。

5.4.4 施工操作工艺

湿贴工艺流程:基层处理→吊垂直、套方、找规矩、抹灰饼→抹底层砂浆→弹线分格→石材刷防护剂→排块材→镶贴块材→表面勾缝及擦缝。

湿挂工艺流程:施工准备(钻孔、剔槽)→穿铜丝或镀锌铅丝与块材固定→绑扎、固定钢丝网→吊垂直、找规矩、弹线→石材刷防护剂→安装石材→分层灌浆→擦缝。

(1)边长小于40cm、厚度10mm以下的薄型小规格块材可采用粘贴方法镶贴。

1)基层处理、吊垂直、套方、找规矩等同外墙面贴面砖施工工艺标准有关部分。但要注意同一墙面不得有一排以上的非整砖(块),应将其镶贴在较隐蔽的部位。

2)洒水湿润基层,然后涂界面剂胶素水泥浆一道(内掺水重10%的界面剂胶),随刷随跟着打底,底灰采用1:3水泥砂浆,厚度约为12mm,分两遍操作,第一遍约为5mm,第二遍约为7mm,压实刮平使表面平整,并将表面划毛或搓毛。

3)石材表面充分干燥(含水率应小于8%)后,用石材防护剂进行石材六面体防护处理,此工序必须在无污染的环境下进行,将石材平放于木枋上,用羊毛刷蘸上防护剂,均匀涂刷于石材表面,涂刷必须到位,第一遍涂刷完间隔24h后用同样的方法涂刷第二遍石材防护剂,如采用水泥或胶粘剂固定,间隔48h后对石材粘结面用专用胶泥进行拉毛处理,拉毛胶泥凝固硬化后方可使用。

4)待底子灰凝固后进行分块弹线,随即将已湿润的块材抹上厚度为2~3mm的素水泥浆(内掺水重20%的界面剂胶)进行镶贴,用木槌轻轻敲,用靠尺找平找直。

(2)边长大于40cm,镶贴高度超过1m采用安装方法镶贴。

1)钻孔、剔槽。安装前先将饰面板按照设计要求用台钻钻眼,钻眼前应将板材固定在事先钉做好的木架子上,使钻头直对板材上端面,在每块板的上、下两个面打眼,孔的位置打在距板宽的两端1/4处,每个面各打两个眼,孔径为5mm,深度为12mm,孔位距石板背面以8mm为宜(指孔中心)。如大理石板、磨光花岗岩板,板材宽度较大时,可以增加孔数。钻孔后用金刚石錾子把石板背面的孔壁轻轻剔一道槽,深5mm左右,连同孔眼形成牛鼻眼,以备埋卧铜丝之用,如图5.4.4-1所示。

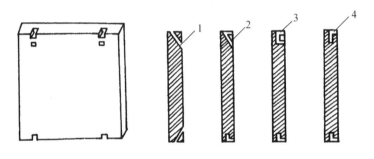

1—二面斜眼;2—斜眼;3—牛鼻眼;4—直眼
图5.4.4-1 饰面石板材钻眼

板的固定是采用防锈金属丝绑扎。大规格的板材,中间还必须增锚固点,特别是磨光花岗岩石板,如果下端不好拴绑镀锌铅丝或铜丝,可在未镶贴饰面板的一侧,用手提轻便小薄砂轮(4~5mm),按规定在板高的1/4处上、下各开一槽(槽长约3~4cm,槽深12mm,与饰面板背面打通,竖槽一般在中,也可偏外,但以不损坏外饰面和不泛碱为宜),将镀锌铅丝或铜丝卧入槽内,便可拴绑与钢筋网(直径为$\phi 6$钢筋)固定。

2)放镀锌铅丝或铜丝。将铜丝或镀锌铅丝剪成长20cm左右,一端用木楔子粘环氧树脂将镀锌铅丝或铜丝楔进孔内固定牢固,另一端镀锌铅丝或铜丝顺槽弯曲并卧入槽内,使石板下端面没有铜丝、镀锌铅丝突出,以保证相邻石板接缝严密。

3)绑扎钢筋网。具体做法是把墙面施工部位清理干净,剔出预埋在墙的钢筋头,焊接或绑扎$\phi 6$钢筋网片先焊接竖向筋,并用预埋筋弯压于墙面,后焊接横向筋(为绑扎大理石或花岗岩所用)。如果板材高度为60cm,第一道横筋在地面以上10cm处与竖筋绑扎牢固,用来绑扎第一层板材的下口固定铜丝或镀锌铅丝;第二道绑在50cm水平线上7~8cm处,在比石板上口低2~3cm处,用来绑扎第一层石板上口固定铜丝或镀锌铅丝,再往上每60cm绑扎一道横筋即可,如图5.4.4-2所示。

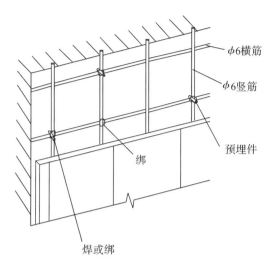

图 5.4.4-2　墙面、柱面绑扎钢筋示意

4)试拼。饰面板材应颜色一致,无明显色差,经精心预排试拼,并对进场大理石或磨光花岗岩石材颜色的深浅分别进行编号,使相邻板材颜色相近,无明显色差,纹路相对应,形成美丽图案,达到令人满意的效果。

5)弹线。将墙面、柱面和门窗套用大线坠从上至下吊垂直(高层应用经纬仪找垂直)。应考虑大理石板或磨光花岗岩石板材的厚度,灌注砂浆的空隙和钢筋网所占尺寸,一般大理石板或磨光花岗岩石板外皮距结构面的厚度以 5~7cm 为宜。找出垂直后,在地面上顺墙弹出大理石板或磨光花岗岩板的外廓尺寸线(柱面和门窗套等同)。此线即为第一层大理石板或磨光花岗岩、预制水磨石板的安装基准线。编好号的大理石板材在弹好基准线上画出就位线,每块留 1mm 缝隙。如设计要求拉开缝,则按设计规定留出缝隙。

6)安装固定。大理石板或磨光花岗岩石板安装固定是按部位取石板将其就位的,石板上口外仰,右手伸入石板背面,把石板下口钢丝或镀锌铅丝绑扎在横筋上。绑时不要太紧,只要把铜丝、镀锌铅丝和横筋拴牢就可以(灌浆后便会锚固);把石板竖起,便可绑石板上口铜丝或镀锌铅丝,并用木楔垫稳,石板与基层间的缝隙一般为 30~50mm(灌浆厚度)。用靠尺检查调整木楔,达到质量标准再拴紧铜丝或镀锌铅丝,依次向另一方进行。

柱面按顺时针方向安装,一般先从正面开始。第一层安装固定完毕再用靠尺板找垂直,水平尺找平整,方尺找阴阳角方正,在安装石板时如发现石板规格不准确或石板之间缝隙不符合要求,应用铅皮垫牢,使石板之间缝隙均匀一致,并保持第一层石板上口的平直。找完垂直、平整、方正后,调制熟石膏,并把调成粥状的石膏贴在大理石板(或磨光花岗岩石板)上下之间,使这二层石板粘结成一个整体,木楔处也可粘贴石膏,再用靠尺检查有无变形,待石膏硬化后方可灌浆(如设计有嵌缝塑料、软管,应在灌浆前塞放好)。

7)灌浆。大理石板(或磨光花岗岩石板)墙面防空鼓是关键。施工时应充分湿润基层,所灌砂浆为配合比为 1:2.5 的水泥砂浆,放入半截大桶加水调成粥状(稠度一般为8~12cm),用铁簸箕舀浆徐徐倒入,注意不要碰大理石板(或磨光花岗岩等石板),边灌边用橡皮锤轻轻敲击石板面或用短钢筋轻捣,以排气。灌浆应分层分批进行。第一层浇灌高度为 15cm,不能超过石板高度 1/3;第一层灌浆很重要,因要锚固石板的下口铜丝又要固定石板,所以要小心操作,防止碰撞和猛灌。如发现石板外移错动,应立即拆除重新安装。第一层灌浆后待 1~2h 等砂浆初凝,应检查一下是否有移动,再灌第二层(灌浆高度一般为 20~30cm),待初凝后再灌第三层,第三层灌浆至低于板上口 5~10cm 处为止。但必须注意防止临时固定石板用的石膏块掉入砂浆内,避免因石膏膨胀导致外墙面泛白、泛浆。

8)擦缝。板材安装前宜在其板背面刮一道素水泥浆(内掺水泥重 5% 的界面剂胶),这样在板材背面形成一道防水层,防止雨水渗入板内。石板安装完毕后,缝隙必须在擦缝前清理干净,尤其注意固定石板的石膏渣不得留在缝隙内,然后用与板色相同的颜色调制纯水泥浆擦缝,使缝隙密实、干净、颜色一致。也可在缝隙两边的板面上先粘贴一层胶带纸,用密封胶嵌板缝隙,扯掉胶带纸后形成一道凸出板面 1mm 的密封胶线缝,使缝隙既美观又防水。

9)柱子贴面。安装柱面大理石板(或磨光花岗岩石板),其基层处理、弹线、钻眼、绑扎钢筋和安装等施工工序流程与镶贴墙面方法相同。但要注意灌浆前用木方钉成槽形木卡子,双面卡住石板,以防止灌浆时大理石板或磨光花岗岩石板外胀。

10)清理墙面。大理石板(或磨光花岗岩石板)安装完要进行清理,由于板面存有很多肉眼看不见的小孔,如果水泥浆污染其表面,时间一长就不易清理掉,会形成灰白色的色斑,应用酸洗去后用清水充分冲洗干净,以达到美观的效果。

(3)夏季施工。夏季安装外墙面大理石板(或磨光花岗岩石板)时,应设有防暴晒的可靠措施。

(4)冬期施工。

1)灌缝砂浆应采取保温措施,砂浆的温度不宜低于 5℃。

2)灌注砂浆初凝不得受冻,气温低于 5℃,应掺入防冻剂,其掺入量应由试验确定。

3)用冻结法砌筑的墙,应待其解冻后方可施工。

4)冬期施工,镶贴饰面板一般采用供暖(暖棚),也可采用热气或生火炉加速干燥。采用热空气时,应设通风设备排除湿气,并设专人进行测温控制和管理,保温养护 7~9d。

5.4.5　质量标准

(1)主控项目。

1)饰面板的品种、规格、颜色和性能应符合设计要求。检验方法:观察,检查产品合格证书、进场验收记录和性能检测报告。

2)饰面板孔、槽的数量、位置和尺寸应符合设计要求。检验方法:检查进场验收记录和施工记录。

3)饰面板安装工程的预埋件(或后置埋件)、连接件的数量、规格、位置、连接方法和防腐处理必须符合设计要求。后置埋件的现场拉拔强度必须符合设计要求。饰面板安装必须牢固。检验方法:手扳检查,检查进场验收记录、现场拉拔检测报告、隐蔽工程验收记录和施工记录。

（2）一般项目。

1）饰面板表面应平整、洁净、色泽一致，无裂痕和缺损。石材表面应无泛碱等污染。检验方法：观察。

2）饰面板嵌缝应密实、平直，宽度和深度应符合设计要求，嵌填材料色泽应一致。检验方法：观察，尺量检查。

3）采用湿作业法施工的饰面板工程，石材应进行防碱背涂处理。饰面板与基体之间的灌注材料应饱满、密实。检验方法：用小锤轻击检查，检查施工记录。

4）饰面板上的孔洞应套割吻合，边缘应整齐。检验方法：观察。

（3）允许偏差项目。石材饰面安装的允许偏差和检验方法见表5.4.5-1。

表 5.4.5-1　石材饰面安装的允许偏差和检验方法

项次	项目	允许偏差/mm			检验方法
		光面	剁斧石	蘑菇石	
1	立面垂直度	2	3	3	用2m垂直检测尺检查
2	表面平整度	2	3	—	用2m靠尺和塞尺检查
3	阴阳角方正	2	4	4	用直角检测尺检查
4	接缝直线度	2	4	4	拉5m线，不足5m拉通线，用钢直尺检查
5	墙裙、勒脚上口直线度	2	3	3	拉5m线，不足5m拉通线，用钢直尺检查
6	接缝高低差	0.5	3	—	用钢直尺和塞尺检查
7	接缝宽度	1	2	2	用钢直尺检查

5.4.6　成品保护

（1）大理石板或磨光花岗岩石板柱面、门窗套等安装完毕，应对所有面层的阳角及时用木板保护，并要及时擦干净残留在门窗框、扇的砂浆。对于铝合金门窗框、扇，应事先粘贴好保护膜，预防污染。

（2）大理石板或磨光花岗岩石板墙面镶贴（安装）完后，在有污染或易被污染的地方，应及时贴纸或塑料薄膜保护，以保证墙面不被污染。

（3）饰面的结合层在凝结前，应采取防止风干、暴晒、水冲、撞击和振动等保护措施。

（4）拆除架子时，应轻拿轻放，前后照看，注意不要碰撞饰面。

（5）在所刷罩面剂未干燥前，严禁下渣土和翻架子、脚手板等。

5.4.7　安全与环保措施

（1）进入施工现场必须戴好安全帽，系好帽带。

(2)高空作业必须穿戴安全带,上架子作业前必须检查脚手板搭放是否安全可靠,确认无误后方可上架进行作业。

(3)施工现场临时用电线路必须按用电规范布设,严禁乱接乱拉,远距离电缆线不得随地乱拉,必须架空固定。

(4)小型电动工具,必须安装漏电保护装置,使用时应经试运转合格后方可操作。

(5)电器设备应有接地、接零保护,现场维护电工应持证上岗,非维护电工不得乱接电源。

(6)电源、电压须与电动机具的铭牌电压相符,电动机具应先断电后移动,下班或使用完毕必须拉闸断电。

(7)必须按施工现场安全技术交底施工。

(8)施工现场严禁扬尘作业,必须洒少量水湿润后再打扫,并注意对成品的保护,废料及垃圾必须及时清理干净,装袋运至指定堆放地点,堆放垃圾处必须进行围挡。

(9)切割石材的临时用水,必须有完善的污水排放措施。

(10)对施工中噪声大的机具,尽量安排在白天及夜晚10点前操作,严禁噪声扰民。

5.4.8 施工注意事项

(1)灌浆要饱满密实,以防空鼓。灌浆时如砂浆稠度大,砂浆不易流动或因钢筋网阻挡造成该处不实而空鼓;如砂浆过稀,易漏浆或因水分蒸发而形成空隙空鼓;另外在清理石膏时,剔凿用力过大,会使板材振动而空鼓;或养护不够,脱水过早,也会产生空鼓。因此施工时应注意这些不利因素,以防空鼓。

(2)基层没有处理好,板材挑选不严格,施工操作不精心细致或分层次灌浆过高等,易造成板块外移或板面错动,致使接缝不平,高低差过大。因此操作者必须严把各道程序质量,使接缝平直。

(3)裂缝:质量较差的大理石板,色纹多,当镶贴部位不当,墙面上下空隙留得较少,受到各种外力影响时,常在色纹暗缝或其他隐伤等处,会产生不规则开裂裂缝。

在镶贴(安装)墙面、柱面时,上下空隙较小,结构受压变形,会使饰面的石板受到垂直方向压力而开裂,施工时应待墙、柱等承重结构沉降稳定后进行操作。尤其在顶部和底部,安装板时,应留有一定缝隙,以防结构压缩使饰面石板直接承受压力而裂开。

(4)石板材在搬运和操作过程中,严防被砂浆污染。安装完后的饰面应加强保护,对有污染的饰面应及时擦净。还应防止酸碱类化学物品、有色液体等接触石板面而造成污染。

(5)大面积镶贴室外墙面湿作业时,应建议设计要考虑和设置变形缝(如分格法或拉开板缝法等),严防由于热胀冷缩产生裂缝和块材脱落,并做好预防泛碱等措施,以保证饰面美观。

5.4.9 质量记录

(1)材料的产品合格证和性能检测报告单。

(2)进场验收记录和复验报告。

(3)后置埋件的现场拉拔检验报告。

(4)工程验收的质量验评资料。

(5)隐蔽工程验收记录。

(6)施工记录。

5.5 墙面石材干挂法施工工艺标准

墙面石材干挂法工艺是利用镀锌螺栓和不锈钢连接件,将石材或线条等饰面板干挂在建筑结构的外表面,石板内皮与结构表面之间一般留 6～8cm 的空腔。本工艺标准适用于建筑室内、室外墙面装饰装修工程墙面石材干挂(挂件)法施工。工程施工应以设计图纸和有关施工质量验收规范为依据。

5.5.1 材料要求

(1)按设计要求的品种、颜色、花纹和尺寸规格选用石材,并严格控制和检查其抗折、抗拉、抗压强度,以及吸水率、耐冻融循环等性能。块材的表面应光洁、方正、平整,质地坚固,不得有缺楞、掉角、暗痕和裂纹等缺陷。

(2)嵌固胶。在环氧树脂液中,加入胶重量30％的低分子聚酰胺树脂651胶液。将两者混匀以后,在室温和不超过100℃的条件下使用。要求有防水和耐老化性能。

(3)膨胀螺栓、连接铁件、连接不锈钢针等配套的铁垫板、垫圈、螺帽及与骨架固定的各种设计和安装所需要的连接件的质量,必须符合国家现行有关标准的规定。若设计无明确说明,所有钢材均采用 Q235 碳素钢,钢材表面用热镀锌处理。钢材符合现行国家标准《碳素结构钢》中的规定。现场焊接部位清理后,采用富锌底漆外罩面进行防腐处理。若设计无说明,所有不锈钢螺栓均需配置弹簧垫片。

5.5.2 主要机具设备

(1)机械设备。包括石材切割机、手提式石材切割机、角磨机、电焊机、砂浆搅拌机和小型空气压缩机(1m³ 容量)。

(2)主要工具。包括无齿切割锯、台钻、冲击钻、手枪钻、力矩扳手、开口扳手、嵌缝枪、专用手推车、长卷尺(30m、50m、15m)、盒尺、锤子、各种形状钢凿子、靠尺、铝合金水平尺、方尺、多用刀、剪子、勾缝溜子、铅线或铜丝、粉线包、墨斗、小白线、笤帚、铁锹、开刀、灰槽、灰桶、水桶、喷壶、手套、工具袋、红蓝铅笔等。

5.5.3 作业条件

(1)已办理结构检查和验收,隐检和预检手续,墙上预埋件及各专业工种(水、电、通风和设备安装等)应提前施工完毕,安装质量符合要求。

(2)石板材按设计图纸要求的规格、品种、质量标准、物理力学性能及放射性能检测、数量备料,并进行表面处理工作。

（3）外门窗已安装完毕,其质量符合规范的质量标准。

（4）已备好不锈钢锚固件、嵌周胶、密封胶、胶枪、泡沫塑料条及手持电动工具等。

（5）对施工操作者进行技术交底,应强调技术措施、质量标准和成品保护。

（6）先做样板,经质检部门鉴定合格后,方可组织人员进行大面积施工。

（7）脚手架或吊篮已搭设处理并经验收合格。

5.5.4 施工操作工艺

工艺流程:石材验收→石材表面处理及开槽→搭设脚手架→测量放线→安装钢构件→底层石材安装→上层石材安装（整体安装完毕）→密封填缝→清理→验收。

（1）石材验收。材料进场时,要对每块石材进行验收,要认真检查材料的规格、型号是否正确,与料单是否相符,是否有破碎、缺楞、掉角、暗痕、裂纹、局部污染、表面洼坑、麻点、风化,进行边角垂直和平整度测量。对明显存有上述缺陷和隐伤的,要挑出单独码放,不得使用。石材堆放地要夯实,垫 10cm×10cm 通长方木,让其高出地面 8cm 以上,方木上最好钉上橡胶条,让石材按 75°立放斜靠在专用的钢架上,每块石材之间要用塑料薄膜隔开,靠紧码放。

（2）石材表面处理。用石材护理剂进行石材六面体防护处理,此工序必须在无污染的环境下进行,将石材平放于木方上,用羊毛刷蘸上防护剂,均匀涂刷于石材表面,涂刷必须到位,第一遍涂刷完间隔 24h 后用同样的方法涂刷第二遍石材防护剂,间隔 48h 后方可使用。（根据实际情况选择是否需要本项,本项的程序也可根据实际情况安排在石材干挂完成后。）

（3）搭设脚手架。采用钢管扣件搭设双排脚手架,要求立杆距墙面净距不小于 500mm,短横杆距墙面净距不小于 300mm,架体与主体结构连接锚固牢固,架子上下满铺跳板,外侧设置安全防护网。

（4）测量放线。按设计图纸要求,石材安装前要事先用经纬仪打出大角两个面的竖向控制线,最好弹在离大角 20cm 的位置上,以便随时检查垂直挂线的准确性,保证顺利安装。竖向挂线宜用 φ1.0～1.2 的钢丝,下边沉铁随高度而定,一般 40m 以下高度沉铁重量为 8～10kg,上端挂在专用的挂线角钢架上,角钢架用膨胀螺栓固定在建筑大角的顶端,一定要挂在牢固、准确、不易碰动的地方（注意保护和经常检查）,并在控制线的上、下做出标记。

（5）安装钢构件。

1）在墙体结构上打孔、下膨胀螺栓。在结构表面弹好水平线,按设计图纸及石材料钻孔位置,准确地弹在围护结构墙上并做好标记,然后按点打孔,打孔可使用冲击钻,上 φ12.5 的冲击钻头,打孔时先用尖錾子在预先弹好的点上凿一个点,然后用钻打孔,孔深在 60～80mm,若遇结构里的钢筋,可以将孔位在水平方向移动或往上抬高,要连接铁件时利用可调余量调回。成孔要求与结构表面垂直,成孔后把孔内的灰粉用小勾勺掏出,安放膨胀螺栓,宜将本层所需的膨胀螺栓全部安装就位。

2)安装龙骨。

①先将立柱从上至下,逐层挂上。

②根据水平钢丝,将每根立柱的水平标高位置调整好,稍紧螺栓。

③再调整进出、左右位置,经检查合格后,拧紧螺帽。

④调整完毕且面层检查合格后,将垫片、螺帽与铁件电焊上。

⑤最后安装横龙骨,安装时水平方向应拉线,并保证竖龙骨与横龙骨接口处平整,且不能有松动。

3)上连接挂件。用设计规定的不锈钢螺栓固定角钢和平钢板。调整平钢板的位置,使平钢板的小孔正好与石板的插入孔对正,固定平钢板,用力矩扳手拧紧。

(6)底层石材安装。把侧面的连接铁件安好,便可把底层面板靠角上的一块就位。方法是用夹具暂时固定,先将石材侧孔抹胶,调整铁件,插固定钢针,调整面板固定。依次按顺序安装底层面板,待底层面板全部就位后,检查一下各板是否在一条线上,如有高低不平的,要进行调整。低的可用木楔垫平;高的可轻轻适当退出点木楔,直至面板上口在一条水平线上为止;先调整好面板的水平与垂直度,再检查板缝,板缝宽应按设计要求,误差要匀开。用嵌固胶将锚固件填堵固定。

(7)上层石材安装(整体安装完毕)。把嵌固胶注入下一行石板的插销孔内,再把长45mm的 $\phi5$ 连接钢针通过平板上的小孔插入至石材端面插销孔,上钢针前检查其有无伤痕,长度是否满足要求,钢针安装要保证垂直。

调整固定。面板暂时固定后,调整水平度,如板面上口不平,可在板底的一端下口的连接平钢板上垫一块相应的双股铜丝垫。若铜丝粗,可用小锤砸扁;若高,可把另一端下口用以上方法垫一下。调整垂直度,并调整面板上口的不锈钢连接件的距墙空隙,直至面板垂直。

顶部面板安装。顶部最后一层面板除了一般石材安装要求外,安装调整后,在结构与石板缝隙里吊一块通长的20mm厚木条,木条上平为石板上口下去250mm,吊点可设在连接铁件上,可采用铅丝吊木条,木条吊好后,即在石板与墙面之间的空隙里塞放聚苯板,聚苯板要略宽于空隙,以便填塞严实,防止灌浆时漏浆,造成蜂窝、孔洞等,灌浆至石板口下20mm作为压顶盖板之用。

(8)密封填缝。沿面板边缘贴防污条,应选用4cm左右的纸带型不干胶带,边沿要贴齐、贴严,在大理石板间的缝隙处嵌弹性泡沫填充(棒)条,填充(棒)条嵌好后离装修面5mm,最后在填充(棒)条外用嵌缝枪把中性硅胶打入缝内,打胶时用力要匀,走枪要稳而慢。如胶面不太平顺,可用不锈钢小勺刮平,小勺要随用随擦干净,嵌底层石板缝时,要注意不要堵塞流水管。根据石板颜色可在胶中加适量矿物质颜料。

(9)清理。把大理石、花岗石表面的防污条掀掉,用棉丝将石板擦净,若有胶或其他粘结牢固的杂物,可用开刀轻轻铲除,用棉丝蘸丙酮擦至干净。

5.5.5　质量标准

(1)主控项目。

1)饰面石材板的品种、防腐性、规格、形状、平整度、几何尺寸、光洁度、颜色和图案必须符合设计要求,并有产品合格证。

2)面层与基底应安装牢固;粘贴用料、干挂配件必须符合设计要求和现行国家有关标准的规定。碳钢配件需做防锈、防腐处理,焊接点应做防腐处理。

3)饰面板安装工程的预埋件(或后置埋件)、连接件的数量、规格、位置、连接方法和防腐处理必须符合设计要求。饰面板安装必须牢固。

(2)一般项目。

1)表面平整、洁净;拼花正确、纹理清晰通顺,颜色均匀一致;非整板部位安排适宜,阴阳角处的板压向正确。

2)缝格均匀,板缝通顺,接缝填嵌密实,宽窄一致,无错台错位。

3)突出物周围的板采取整板套割方式,尺寸准确,边缘吻合整齐、平顺、墙裙、贴脸等上口平直。

4)滴水线顺直,流水坡清晰美观,方向正确。

(3)允许偏差项目。室内外墙面干挂石材的允许偏差和检验方法见表5.5.5-1。

表5.5.5-1 干挂石材饰面的允许偏差和检验方法

序号	项目		允许偏差/mm		检验方法
			光面	粗磨面	
1	立面垂直	室内	2	2	用2m托线板和尺量检查
		室外	2	4	
2	表面平整		1	2	用2m靠尺和楔形塞尺检查
3	阴阳角方正		2	3	用20cm方尺和楔形塞尺检查
4	接缝平直		2	3	拉5m小线,不足5m拉通线和尺量检查
5	墙裙上勒脚口平直		2	3	拉5m小线,不足5m拉通线和尺量检查
6	接缝高低差		1	1	用1m钢板尺和楔形塞尺检查
7	接缝宽度偏差		1	2	尺量检查

5.5.6 成品保护

(1)科学地安排施工顺序,对水、电、暖、通风、设备安装等的施工应提前做好,以防止损坏、污染外挂石材饰面板。

(2)清擦干净残留在门窗框、玻璃和金属饰面板上的密封胶、尘土、胶粘剂、油污、手印、水等杂物;宜粘贴保护膜,预防污染、锈蚀。

(3)在拆架子或上料时,严禁碰撞干挂石板饰面。

(4)饰面完活后,易破损部分的棱角处要用木板钉护角保护,其他配合工种操作时,应严防划伤漆面和碰石板。

(5)在室外刷罩面剂,未干燥前,严禁往下倒垃圾渣土和翻脚手板等。

(6)已完工的外挂石材饰面,应派专人看管,以防他人做出在饰面板面上乱写乱画等危害成品的行为。

5.5.7　安全措施

(1)进入施工现场必须戴好安全帽,系好帽带。

(2)高空作业必须穿戴安全带,上架子作业前必须检查脚手板搭放是否安全可靠,确认无误后方可上架进行作业。

(3)施工现场临时用电线路必须按用电规范布设,严禁乱接乱拉,远距离电缆线不得随地乱拉,必须架空固定。

(4)小型电动工具,必须安装漏电保护装置,使用时应经试运转合格后方可操作。

(5)电器设备应有接地、接零保护,现场维护电工应持证上岗,非维护电工不得乱接电源。

(6)电源、电压须与电动机具的铭牌电压相符,电动机具应先断电后移动,下班或使用完毕必须拉闸断电。

(7)必须按施工现场安全技术交底施工。

(8)施工现场严禁扬尘作业,必须洒少量水湿润后再打扫,并注意对成品的保护,废料及垃圾必须及时清理干净,装袋运至指定堆放地点,堆放垃圾处必须进行围挡。

(9)切割石材的临时用水,必须有完善的污水排放措施。

(10)对施工中噪声大的机具,尽量安排在白天及夜晚10点前操作,严禁噪声扰民。

5.5.8　施工注意事项

(1)为了避免出现外饰面石材板颜色不一致的情况,施工时应事先对石材板进行认真的挑选和试拼。

(2)为了防止线角不顺直,缝格不匀、不直,施工前应认真按照设计图纸尺寸,核对结构施工实际尺寸,分段分块弹线要精确细致,并经常拉线(水平)和吊线(垂直)检查校正。

(3)为了严防渗漏,增强美观效果,施工时操作人员应认真细致打胶嵌缝。尤其是在外窗套口的周边、立面凹凸变化的节点,不同材料交接处,伸缩缝,披水坡和窗台及挑檐与墙面等交接处。

(4)为了避免弄脏墙面和减少残留在墙面的胶痕,施工时应确定好操作工艺,注意先后程序和上下左右层次,加强成品保护。施工操作人员必须养成随干随清擦的良好习惯,并加强成品保护管理教育工作。

5.5.9　质量记录

(1)大理石、花岗岩、紧固件、连接件等出厂合格证及有关权威机构性能与放射性检测报告。

(2)进场验收记录和复验报告。

（3）埋件、固定件、支承件等安装记录及隐蔽工程验收记录。

（4）后置埋件的现场拉拔检验报告。

（5）工程验收的质量验评资料。

（6）施工记录。

5.6 金属饰面板安装施工工艺标准

本工艺标准适用于建筑装饰装修工程的内外墙面、屋面、顶棚等各种金属饰面板安装。金属饰面板亦可与玻璃幕墙或大玻璃窗、建筑物四周的转角部位、玻璃幕墙的伸缩缝、水平部位的压顶等配套应用。工程施工应以设计图纸和有关施工质量验收规范为依据。

5.6.1 材料要求

（1）金属装饰板性能特点应符合设计要求和国家现行标准。

（2）金属装饰板材料表面应平整、光滑，无裂缝和皱折，颜色一致，边角整齐，涂膜厚度均匀。

（3）龙骨的规格、尺寸及保温材料的品种、堆集密度、导热性，均应符合设计要求。

5.6.2 主要机具设备

（1）裁割、加工、组装金属板等所需的工作台、切割机、成型机、弯边机具、砂轮机、连接金属板的手提电钻、混凝土墙打眼电钻以及垂直运输设备等。

（2）钢板尺（1m 长）、长卷尺、盒尺、锤子、各种形状（圆、扁）的钢凿子、铅丝、弹线用的粉线包、墨斗、小白线、手提砂轮、钳子、铁制水平尺、棉丝、笤帚、铁锹、开刀、灰槽、灰桶、工具袋、手套、红铅笔等。

5.6.3 作业条件

（1）混凝土和墙面抹灰已完成，且经过干燥，含水率不高于 8%，木材制品不得大于 12%。

（2）水电及设备、墙上预留预埋件已完成。垂直运输的机具均事先准备好。

（3）事先要检查安装饰面板工程的基层，并做好隐预检记录，合格后方可进行安装工序。

（4）外架子（高层多用吊篮或吊架子）应提前支搭和安装好，多层房屋宜选用双排架子或桥架，其横竖杆及拉杆等应离开墙面和门窗口角 150～200mm。架子的步高和支搭要符合施工组织设计要求和安全操作规程。

（5）对施工人员进行技术交底时，应强调技术措施、质量要求和成品保护。大面积施工前应先做样板间，经质检部门鉴定合格后，方可组织班组施工。

5.6.4 施工操作工艺

（1）金属方板、条形扣板墙（柱）饰面。

1）安装方式。安装金属板的施工方法可分为两种：将板条或方板用螺钉拧到型钢或木骨架上；用特制的龙骨，将扣板条卡在特制的龙骨上。有时可将两种方法混合使用。

2）工艺流程：放线→安装连接件→安装骨架→金属饰面安装→收口构造处理。

①放线。在主体结构上按设计图要求准确地弹出骨架安装位置，并详细标注固定件位置。如果设计无要求则按垂直于条板、扣板的方向布置龙骨（构件），间距为500mm左右。如果装修的墙面面积较大或是将安装金属方板，龙骨（构件）应横竖焊接成网架，放线时应依据网架的尺寸弹线放线。放线的同时应对主体结构尺寸进行校核，如发现较大误差应进行修理。放线宜一次放完。

②安装连接件。一般采用膨胀螺栓固定连接件，这种方法较灵活，尺寸误差小，容易保证准确性，采用较多。连接件也可以采用与结构上的预埋件焊接的方法。对于木龙骨架则可采用钻孔、打入木楔的办法。

③安装骨架。骨架可采用型钢骨架、轻钢和铝合金型材骨架、木骨架。骨架与连接件固定可采用螺栓或焊接方法，安装中应随时检查标高、中心线位置。对于面积较大、层高较高的骨架竖杆，必须用线坠和仪器测量校正，保证垂直度和平整度。变形缝、沉降缝、变截面处等应妥善处理。所有骨架表面应做防锈、防腐处理，连接焊缝必须涂防锈漆。固定连接件应做隐蔽检查记录（包括连接焊缝长度、厚度、位置，膨胀螺栓的埋置标高、数量与嵌入深度），必要时还应做抗拉、抗拔测试。

④金属饰面安装。金属饰面板固定一般用抽芯铝铆钉，中间必须垫橡胶垫圈，抽芯铝铆钉间距为100～150mm，用锤钉固定在龙骨上。采用螺钉固定时，先用电钻在拧螺钉的位置钻一个孔，再将金属饰面板用自攻螺钉拧牢。若采用木骨架，可用木螺钉将金属饰面板钉固在木骨架上。板条的一边用螺钉固定，另一边则插入前一根板槽口一部分，正好盖住螺钉，安装完成的墙、柱面螺钉不外露。板材应搭接，不得对接。搭接长度符合设计要求，不得有透缝现象。饰面板与骨架连接可以采用配套的连接板或钢板连接件。饰面板没有做槽口承插，固定时要留缝，板与板之间留缝一般为10～20mm。为了遮挡螺钉及配件，缝隙中用橡胶条或其他封闭胶等弹线材料做嵌缝处理。阴阳角宜采用预制装饰角板安装，角板与大面搭接应与主导风向一致。为了保护成品，金属饰面板材上原有的不干胶保护膜，在施工中应保留完好，不得损坏或揭掉。对于没有保护膜的材料，在安装完成以后应用塑料胶纸覆盖，加以保护，易被划、碰处应加栏杆防护，直至工程交验。

⑤收口构造处理。其构造如图5.6.4-1所示。

a.水平部位的压顶、端部的收口、伸缩缝的处理、两种不同材料的交接处理等，不仅关系到装饰效果，而且对使用功能也有较大的影响。因此，一般多用特制的两种材质性能相似的成型金属板进行妥善处理。

b.构造比较简单的转角处理方法，大多是用一条较厚的（1.5mm）的直角形金属板，与外墙板用螺栓连接固定牢，其转角部位处理如图5.6.4-2、图5.6.4-3所示。

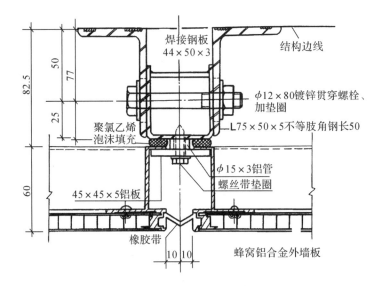

图 5.6.4-1　安装节点大样(单位:mm)

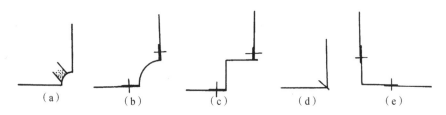

图 5.6.4-2　转角部位处理

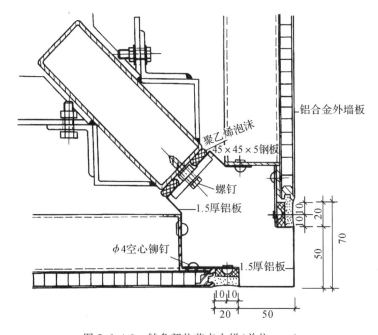

图 5.6.4-3　转角部位节点大样(单位:mm)

　　c.窗台、女儿墙的上部,均属于水平部位的压顶处理(见图 5.6.4-4),即用铝合金板盖住,使之能阻挡风雨浸透。水平板的固定,一般先在基层焊上钢骨架,然后用螺栓将盖板固定在骨架上。盖板之间的连接宜采取搭接的方法(高处压低处,搭接宽度符合设计要求,并用胶密封)。

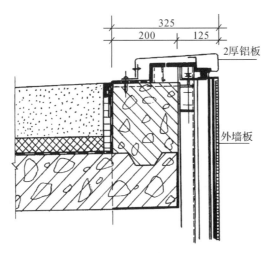

图 5.6.4-4　水平部位的盖板构造大样(单位:mm)

　　d.墙面边缘部位的收口(见图 5.6.4-5)采用颜色相似的铝合金成形板将墙板端部及龙骨部位封住。

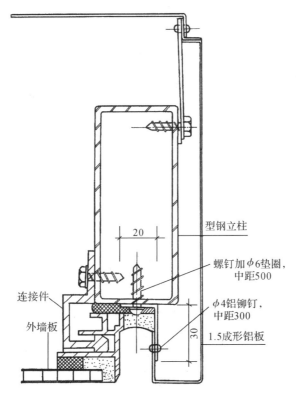

图 5.6.4-5　边缘部位的收口处理(单位:mm)

e.墙面下端的收口处是用一条特制的披水板,将板的下端封住,同时将板与墙之间的缝隙盖住,防止雨水渗入室内(见图 5.6.4-6)。

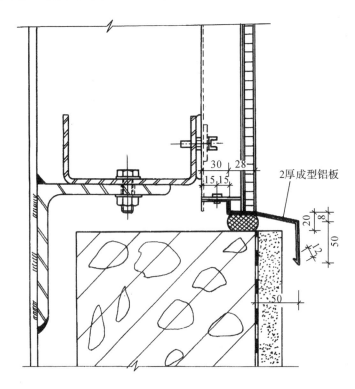

图 5.6.4-6　铝合金板墙下端收口处理(单位:mm)

f.伸缩缝、沉降缝的处理(见图 5.6.4-7),首先要适应建筑物伸缩、沉降的需要,同时也应考虑装饰效果。另外,此部位也是防水的薄弱环节,其构造节点应周密考虑。一般可用氯丁橡胶带起连接、密封作用。

g.墙板的外、内包角及钢窗周围的泛水板等须在现场加工的异形件,应参考图纸,对安装好的墙面进行实测套足尺,确定其形状尺寸,使其加工准确、便于安装。

(2)不锈钢柱面施工。

1)工艺流程:检查修整柱体基层→放线→安装骨架框架→安装衬板→安装不锈钢板→表面抛光处理。

2)施工要点。

①检查修整柱体基层。安装前要对柱体的垂直度、不圆度、平整度进行检查、修整,清除柱体表面的杂物、油渍等。

②安装骨架框架。不锈钢柱面的骨架有木骨架、铁骨架和钢木混合结构骨架三种。骨架结构的安装工序为竖向龙骨定位安装,横向龙骨与竖向龙骨连接组框,骨架形体校正。

a.竖向龙骨定位安装。在画好装饰柱底面与顶面边线(圆柱则为圆弧线)后,从顶面线向底面线吊垂线,以垂线为基准,竖起竖向龙骨,校正位置,用膨胀螺栓将已加工好的铁脚件固定在顶面和底面的建筑结构体上;然后通过焊接或螺栓连接将竖向龙骨与顶面和底面固定牢靠。

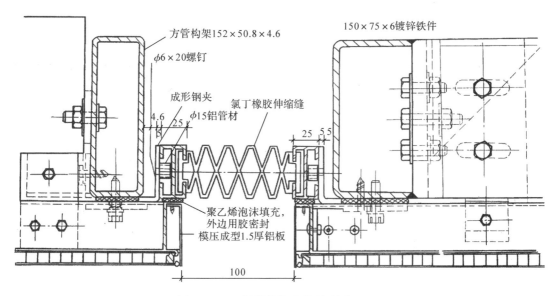

图 5.6.4-7 沉降缝构造处理(单位:mm)

b.横向龙骨与竖向龙骨连接。木质横向龙骨与竖向龙骨的连接是在横向、竖向龙骨上分别开出半槽,两龙骨在槽口处对接,用铁钉斜向钉入将其与竖向龙骨固定。横向龙骨之间的间隔距离通常为 300mm 或 400mm。钢龙骨架的竖向龙骨与横向龙骨的连接采用焊接,但其焊点与焊缝不得在柱体框架的外表面,否则将影响柱体表面安装的平整性。

③安装衬板。衬板有木胶合板衬板和钢板衬板。

a.安装木胶合板衬板。混合结构的柱体常用厚木胶合板做衬板。其安装方法有两种,一种是直接钉接在混合骨架的木方上,另一种是用螺栓安装在角钢骨架上。

b.安装钢板衬板。体量较大的不锈钢圆柱的衬板,应用钢板做衬板。钢衬板一般用厚为 2mm 的钢板在车间轧制。轧制前应根据圆柱的直径和高度经计算后,将衬板分为若干段和 1/2 或 1/3 或 1/4 的圆弧,再进行加工,柱状弧形钢板轧制好以后,体积量大的还应安装连接销,然后运到现场组装,并焊接在钢骨架上。

④安装不锈钢饰面板。

a.方柱面上安装不锈钢板,一般用胶合板做基层。在平面上用万能胶把不锈钢板面粘贴在胶合板基层上,在转角处用不锈钢型材封边,并用硅酮胶封口。

b.圆柱面上安装不锈钢板,一般将不锈钢板按设计要求加工成曲面。一个圆柱面通常由两片或三片不锈钢曲面组装而成。不锈钢板安装的关键在于片与片间对口处的处理。安装对口的方式主要有直接卡口式和嵌槽压口式两种(见图 5.6.4-8)。如结构柱体为方柱,则需要根据装饰圆柱断面的尺寸确定圆形木结构柱胎的外圆直径和柱高,用木龙骨和胶合板在混凝土方柱上支设圆形柱(见图 5.6.4-9),然后进行不锈钢饰面施工。

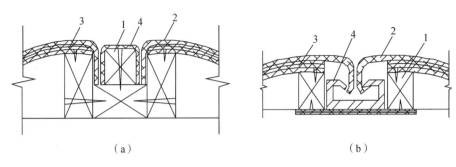

（a）　　　　　　　　　　　　　　　　　（b）

1—垫木;2—不锈钢板;3—木夹板;4—不锈钢槽条

图 5.6.4-8　圆柱面不锈钢安装示意

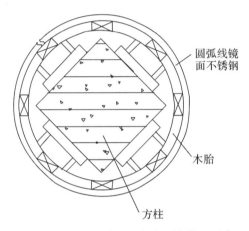

图 5.6.4-9　方柱外包不锈钢圆柱饰面示意

5.6.5　质量标准

（1）主控项目。

1）金属饰面板的品种、质量、颜色、花型、线条必须符合设计要求和国家现行标准的有关规定。检验方法:观察,检查产品合格证书、进场验收记录和性能检测报告。

2）外墙金属饰面板防雷装置应与主体防雷装置可靠接通。检验方法:检查隐蔽工程验收记录。

3）金属饰面板安装工程的龙骨、预埋件(或后置埋件)、连接件的数量、规格、位置、连接方法和防腐处理必须符合设计要求。后置埋件的现场拉拔强度必须符合设计要求。饰面板安装必须牢固。检验方法:手扳检查,检查进场验收记录、现场拉拔检测报告、隐蔽工程验收记录和施工记录。

（2）一般项目。

1）金属饰面板表面应平整、洁净、色泽一致。检验方法:观察。

2）金属饰面板接缝应平直,宽度应符合设计要求。检验方法:观察,尺量检查。

3）金属饰面板上的孔洞应套割吻合,边缘应整齐。检验方法:观察。

4）金属饰面板安装的允许偏差和检验方法见表 5.6.5-1。

表 5.6.5-1 金属饰面板安装的允许偏差和检验方法

序号	检验项目	允许偏差/mm	检验方法
1	立面垂直度	2	用 2m 垂直检测尺检查
2	表面平整度	2	用 2m 靠尺和塞尺检查
3	阴阳角方正	2	用直角检测尺检查
4	墙裙、勒脚上口直线度	2	拉 5m 线,不足 5m 拉通线,用钢直尺检查
5	接缝直线度	2	拉 5m 线,不足 5m 拉通线,用钢直尺检查
6	接缝高低差	1	用钢直尺和塞尺检查
7	接缝宽度	1	用钢直尺检查

5.6.6 成品保护

(1)要及时清擦干净残留在门窗框和金属饰面板上的污物(如密封胶、手印、水等),宜粘贴保护膜,预防污染、锈蚀。

(2)认真贯彻合理施工顺序,少数工种(水、电、通风、设备安装等)的活应做在前面,防止损坏、污染金属面板。

(3)拆除架子时注意不要碰撞金属饰面板。

5.6.7 安全与环保措施

(1)进入施工现场必须戴好安全帽,系好帽带。

(2)高空作业必须穿戴安全带,上架子作业前必须检查脚手板搭放是否安全可靠,确认无误后方可上架进行作业。

(3)施工现场临时用电线路必须按用电规范布设,严禁乱接乱拉,远距离电缆线不得随地乱拉,必须架空固定。

(4)小型电动工具,必须安装漏电保护装置,使用时应经试运转合格后方可操作。

(5)电器设备应有接地、接零保护,现场维护电工应持证上岗,非维护电工不得乱接电源。

(6)电源、电压须与电动机具的铭牌电压相符,电动机具应先断电后移动,下班或使用完毕必须拉闸断电。

(7)必须按施工现场安全技术交底施工。

(8)施工现场严禁扬尘作业,必须洒少量水湿润后再打扫,并注意对成品的保护,废料及垃圾必须及时清理干净,装袋运至指定堆放地点,堆放垃圾处必须进行围挡。

(9)切割石材的临时用水,必须有完善的污水排放措施。

(10)对施工中噪声大的机具,尽量安排在白天及夜晚 10 点前操作,严禁噪声扰民。

5.6.8 施工注意事项

(1)饰面板不漏是其主要功能,应加以保证。每安装一块饰面板起,就必须严格按照规范规程认真施工,尤其是收口构造的各部位必须处理好。质检部门检查要及时到位。

(2)据不完全的统计,打胶、嵌缝造成渗漏和返工,占玻璃幕墙、金属饰面板和铝合金门窗安装工程量约30%,是三种外装饰工程质量通病的大头,因此要重视打胶、嵌缝这道工序。

(3)分格缝不匀、不直主要是施工前没有认真按照图纸尺寸和结构施工的实际尺寸,加上分段分块弹线不细、拉线不直和吊线检查不勤等原因造成的。

(4)墙面脏。

①自下而上的安装方法和工艺直接给成品保护带来一定的难度,越是高层其难度就越大。

②操作人员必须养成随干随清擦的良好习惯。

③要加强成品保护的管理和教育工作。

④竣工前要自上而下地进行全面的清擦工作。还要注意清擦使用的工具、材料必须符合各种金属饰面板有关使用说明,否则会带来不良的效果,造成不应有的损失。

5.6.9 质量记录

(1)金属饰面板及连接件出厂合格证。

(2)进场验收记录。

(3)抗风压和淋水试验报告单等。

(4)后置埋件的现场拉拔检验报告。

(5)工程验收的质量验评资料。

(6)隐蔽工程验收记录。

(7)施工记录。

5.7 木饰面板安装施工工艺标准

本工艺标准适用于建筑装饰装修工程室内墙、柱面的木质饰面施工。木材饰面应有详细的施工图设计文件,其内容包括材料的品种、规格、颜色和性能,木龙骨、木饰面板的燃烧性能等级,预埋件和连接件的数量、规格、位置、防腐处理以及环保要求。工程施工应以设计图纸和有关施工质量验收规范为依据。

5.7.1 材料要求

(1)木材的树种、材质等级、规格应符合设计图纸要求及有关施工和验收规范。

(2)龙骨料含水率不大于12%,材质不得有腐朽、超断面1/3的节疤、壁裂、扭曲等疵病,并应预先经防腐处理。

(3)面板一般采用成品木饰面板,厚度不小于3mm,颜色、花纹要尽量相似。

(4)辅料。

1)防潮卷材可用油纸、油毡,也可用防潮涂料。

2)乳胶、氟化钠纯度应在75%以上,不含游离氟化氢和石油沥青。

3）木龙骨含水率不得大于12％,其规格应符合设计要求,并进行防腐、防蛀、防火处理。

4）钉子长度规格应是面板厚度的2～2.5倍,也可用射钉。

5.7.2　主要机具设备

（1）电动机具。包括小台锯、小台刨、手电钻、射枪。

（2）手持工具。包括木刨子（大、中、小）、槽刨、木锯、细齿、刀锯、斧子、锤子、平铲、冲子、螺丝刀、方尺、割角尺、小钢尺、靠尺板、线坠、墨斗等。

5.7.3　作业条件

（1）木质成品墙板工程所用材料的品种、规格、颜色以及墙板的构造、固定方法,均应符合设计要求。

（2）施工机具设备在使用前安装好,接通电源,并进行试运转。

（3）施工面积大且饰面板较复杂时,应绘制施工大样图并做出样板,经检验合格,才能大面积进行作业。

（4）主体结构已施工完毕,水电管线已经安装完成。

5.7.4　施工操作工艺

工艺流程:技术准备→清理墙面、弹线→木基层制作→部件工厂化加工、制作→挂档制作安装→装饰部件安装→修饰处理。

（1）技术准备。首先对室内装饰的木装饰部分图纸进行设计深化,绘制可供工厂将木装饰部分生产成薄木贴面密度板装饰部件形式的加工图,确定分块安装部件、木基层制作以及搭接结构方式等。

（2）墙面清理、弹线。墙面基层进行处理,如清除墙面浮灰、浮浆,敲凿凸面,修补孔洞,弹出垂直线和水平线。结合现场实际尺寸,根据设计图纸弹线分块,同时考虑周边其他装饰材料的搭接余地。

（3）木基层制作。在即将装饰的墙面、柱面、梁面、门套等部位,根据已弹好的木线位置,确定打孔点,可先用尖锥子在预先弹好的点上凿一个点,然后用冲击钻打孔。若遇结构钢筋,孔位适当调整,随后在孔上打上木筋后,再安装木基层骨架,并用螺纹钉固定。校正木龙骨面的平整度后,在阻燃高密板面上画出木线位,再用螺纹钉固定于木基架,木基层需涂防腐、防火涂料两遍。两垂直边应平整顺直,并用水平尺检查。

（4）部件工厂化加工、制作。按现场实际放样尺寸确定装饰部件生产图纸节点、工艺,对于线板类边角有结构要求的,采用密度板两头压实木线薄木包边工艺。对所有部件有序编号后在工厂组织生产,同时确定材质和油漆色泽、具体完成时间,以便现场安装衔接。装饰部件进场时应对规格、数量、质量进行严格把关。

（5）挂档制作安装。一般选用干燥的不易变形的硬杂木制作档木,木材含水率要求控制在12％以内。按图纸由工厂加工制作,与薄木贴面密度板装饰部件卡式挂接,挂档安装时沿弹线位置准确固定在基层上。挂档的方式有斜面和方面两种。

(6)装饰部件安装。

1)踢脚线及线饰安装。现场复核校对、修正长度方向尺寸后,将背面开有挂槽的线板安装在实木挂档的墙面上,操作时部件与挂档自然配合,松紧适宜,经调试无误后,再将部件内槽上胶,用橡皮锤均匀慢慢地敲入,达到服帖、平整装饰要求。

2)隔断和直窗板的安装。在墙面固定位置部位安装 20mm×20mm 卡档,将成型装饰部件(右侧开 20mm×20mm 通槽,上下端开 20mm×20mm 槽)平移插入卡档,槽内配合自然,上下角度方正,调整后卡档涂胶固定,有些墙面略有缝隙,采用打胶封闭处理。

3)柱面的安装。柱面安装根据设计分节安装。一节柱面安装分两块 U 形部件拼装,第一块直向平行安装,部件内挂档与柱面弹线位置处挂档拼接,安装时随时调整平整度、垂直度,确保无误后进行上胶固定,另一块同此安装。注意检查两块之间的拼缝是否严密,保证过渡缝均匀。过渡缝、分解缝之间采用 3mm×3mm 工艺槽处理。

4)门套的安装。门套安装分为两个组合和四个组合两种方式。两个组合安装方法是先装室内一侧门架,平移装入门洞,校正后内侧木基层上涂胶,中间位置用螺钉固定,复核修正后再装室外一侧门架,并涂胶固定。四个组合安装方法是先装室内一侧门架,平移装入门洞,校正后内侧木基层上涂胶,侧位用枪钉固定。然后分别装上面、左侧、右侧三个线板部件,复合正确后,在内凹侧涂胶固定。

5)墙面板的装饰。在一面面积较大的墙上,按设计要求先预装木龙骨架,一般直档布置四根,带斜面的横档布置四根,通过墙面预埋塑料膨胀螺丝将骨架固定后,用玻璃吸盘工具将内置框架式装饰部件整幅挂装上去,与固定挂式的四根横档自然贴合,整幅安装平整,挂档和连接缝涂胶固定。

(7)修饰处理。装饰部件全部安装完成后,缝隙按设计要求用装饰嵌条或缝内打胶处理,清理板面,安装工程结束。

5.7.5 质量标准

(1)主控项目。

1)成品木饰面的品种、规格、颜色和性能应符合设计要求,木龙骨、成品木饰面的燃烧性能等级应符合设计要求。

2)成品木饰面的造型、图案布局、安装位置、外形尺寸应符合设计要求。

3)成品木饰面板的开孔、槽的数量、位置、尺寸,开孔、槽的壁厚应符合设计要求。

4)成品木饰面安装必须牢固,排列应合理、整齐、美观。

5)成品木饰面工程骨架制作安装质量应符合设计要求和国家现行相关标准的规定。

检验方法:观察,手扳检查,尺量检查。

(2)一般项目。

1)成品木饰面表面应平整、洁净、色泽均匀一致,无裂痕、磨痕、翘曲、裂缝和缺损,纹理朝向一致。

2)成品木饰面上的孔洞套割应尺寸正确、洞口方正、边缘整齐,与电器面板交接严密、吻合。

3）成品木饰面接缝应平直、光滑、宽窄一致，纵横交错处无明显错台错位；密缝饰面板无明显缝隙，线缝平直。

4）成品木饰面表面应平整、光滑，无污染、无锤印，不露钉帽，木纹纹理通畅一致。木板拼接位置正确，接缝严密、光滑、顺直，拐角方正，木纹拼花正确、吻合。

5）组装式或有特殊要求的成品木饰面的安装应符合设计及产品说明书要求，钉眼应设于不明显处。

检验方法：观察，尺量检查。

（3）成品木饰面安装的允许偏差和检验方法见表5.7.5-1。

表 5.7.5-1　成品木饰面安装的允许偏差和检验方法

序号	检验项目	允许偏差/mm	检验方法
1	立面垂直度	1.5	用2m靠尺和塞尺检查
2	表面平整度	1	用2m靠尺和塞尺检查
3	阴阳角方正	1.5	用直角检测尺检查
4	墙裙、勒脚上口直线度	1	拉5m线，不足5m拉通线，用钢直尺检查
5	接缝直线度	2	拉5m线，不足5m拉通线，用钢直尺检查
6	接缝高低差	0.5	用钢直尺和塞尺检查
7	接缝宽度	1	用钢直尺检查

5.7.6　成品保护

（1）提前做好水、电、通风、设备安装作业工作，以防止损坏墙面。

（2）对饰面板材易污染或易碰撞的部位应采取保护措施，不得使其发生碰撞变形、变色等现象。

（3）施工中板材表面的粘附物应及时清除。

（4）面板安装时，保护各水电管线。

5.7.7　安全措施

（1）木工机械应由专人负责，不得随便动用。操作人员必须熟悉机械性能，熟悉操作技术。用完机械应切断电源，并将电源箱关门上锁。

（2）应在规定时间内施工，防止噪声污染、扰民。

（3）操作地点严禁吸烟，注意防火，并备足消防器材和消防用具。

5.7.8　施工注意事项

（1）应严格选料，使用的木材含水率不大于12%，并做防腐、防蛀、防火处理。饰面板应选用同一批号的产品。木龙骨钉板的一面应刨光，龙骨断面尺寸一致，组装后找方找直，交接处要平直，固定在墙上要牢固。

(2)面板应从下向上逐块铺钉,并以竖向装钉为好,拼缝应在木龙骨上;如用枪钉钉面板,注意将枪嘴压在板面上后再扣动扳机打钉,保证钉头射入板内。补钉要均匀,钉距为100mm左右。

(3)面板颜色应近似,成色浅的木板应安在光线较弱的墙面上,成色深的安装在光线较强的墙面上,或者同一墙面上由浅色逐渐加深。

5.7.9 质量记录

(1)饰面板工程验收时应检查下列文件和记录。

1)饰面板工程的施工图、设计说明及其他设计文件。

2)材料的产品合格证书、性能检测报告、进场验收记录和复验报告。

3)隐蔽工程验收记录。

4)施工记录。

(2)饰面板工程应对下列隐蔽工程项目进行验收。

1)水电预埋件、盒。

2)连接节点。

3)防水层。

(3)各分项工程的检验批应按下列规定划分。

1)相同材料、工艺和施工条件的室内饰面板工程每50间(大面积房间和走廊按施工面积30m² 为一间)应划分为一个检验批;不足50间也应划分为一个检验批。

2)相同材料、工艺和施工条件的室外饰面板工程每500～1000m² 应划分为一个检验批,不足500m² 也应划分为一个检验批。

(4)检查数量应符合下列规定。

1)室内每个检验批应至少抽查10%,并不得少于3间;不足3间时应全数检查。

2)室外每个检验批每100m² 应至少抽查一处,每处不得小于10m²。

(5)质量检验内容。

1)检查饰面板的品种、规格、颜色和性能是否符合设计要求。

2)检查饰面板安装工程的预埋件(或后置件)、连接件的数量、规格、位置、连接方法和防腐处理是否符合设计要求。

主要参考标准名录

[1]《建筑装饰装修工程质量验收标准》(GB 50210—2018)

[2]《建筑工程施工质量验收统一标准》(GB 50300—2013)

[3]《建筑工程饰面砖粘结强度检验标准》(JGJ 110—2017)

[4]《外墙饰面砖工程施工及验收规程》(JGJ 126—2015)

[5]《民用建筑工程室内环境污染控制标准》(GB 50325—2020)

[5]《建筑分项工程施工工艺标准手册》,江正荣主编,中国建筑工业出版社,2009

[6]《建筑装饰装修工程施工工艺标准》,中国建筑工程总公司编,中国建筑工业出版社,2003

6 幕墙工程施工工艺标准

6.1 玻璃幕墙工程施工工艺标准

玻璃幕墙主要有隐框玻璃幕墙、半隐框玻璃幕墙、明框玻璃幕墙、全玻璃幕墙及点支承玻璃幕墙。工程施工应以设计图纸与有关施工及质量验收规范为依据。

6.1.1 材料要求

（1）一般规定。

1）玻璃幕墙所用材料应符合国家现行标准的有关规定及设计要求。尚无相应标准的材料应符合设计要求，并应有出厂合格证。

2）玻璃幕墙应选用耐气候性的材料。金属材料和金属零配件除不锈钢及耐候钢外，钢材应进行表面热浸镀锌处理、无机富锌涂料处理或采取其他有效的防腐措施，铝合金材料应进行表面阳极氧化、电泳涂漆、粉末喷涂或氟碳漆喷涂处理。

3）玻璃幕墙宜采用不燃性材料或难燃性材料；防火密封构造应采用防火密封材料。

4）隐框和半隐框玻璃幕墙，其玻璃与铝型材的粘结必须采用中性硅酮结构密封胶；全玻璃幕墙和点支承幕墙采用镀膜玻璃时，不应采用酸性硅酮结构密封胶粘结。

5）硅酮结构密封胶和硅酮建筑密封胶必须在有效期内使用。

（2）幕墙骨架。

1）玻璃幕墙的骨架型材，如方钢管、角钢、槽钢、涂色镀锌钢板以及不锈钢等金属型材，必须符合设计要求，并应与铝合金框材相配合。

2）铝合金框架体系多是经特殊挤压成型的幕墙骨架型材，按其竖梃截面高度，主要尺寸有 100mm、120mm、140mm、150mm、160mm、180mm、210mm 等数种，截面宽度一般为 50～70mm，壁厚 2～5mm。

3）根据使用需要，幕墙上可开设各种（上悬、中悬、下悬、平开、推拉等）通风换气窗。

（3）预埋件、紧固件和连接件。

1）幕墙的预埋件及各种连接件和螺栓等，多采用 Q235 低碳钢制作的角钢、锚筋、锚板、型钢和钢板加工件，其材质应符合《碳素结构钢》（GB 700—2006）、《优质碳素结构钢》（GB 699—2015）、《碳素结构钢和低合金结构钢薄钢板》（GB/T 3274—2017）等国家标准的有关规定，使用时必须经过镀锌防锈处理。

2）幕墙工程中使用的不锈钢材料，应符合《不锈钢冷轧钢板》（GB/T 3280—2015）、《不锈钢冷加工棒》(GB 4226—2009)、《冷顶锻不锈钢丝》(GB/T 4232—2019)等现行标准的规定。

3）玻璃幕墙所用的耐候钢应符合现行国家标准《耐候结构钢》(GB/T 4171—2008)的规定。

（4）幕墙玻璃。

1）采用安全玻璃（夹层玻璃、夹丝玻璃和钢化玻璃），否则必须采取相应的安全措施。

2）幕墙使用热反射镀锌膜玻璃时，应选用真空磁控阴极溅射镀膜玻璃。

3）对于弧形玻璃幕墙，可考虑采用以热喷镀法生产的幕墙镀膜玻璃（在玻璃温度为600℃左右时，将镀膜材料喷射到玻璃表面，镀膜材料受热分解为金属氧化膜而与玻璃牢固结合）。

4）在安装使用时应严格检查玻璃表面质量及其几何尺寸，玻璃的尺寸偏差、外观质量和性能等指标，应符合现行的国家标准的规定。

5）玻璃幕墙采用中空玻璃时，中空玻璃除应符合现行国家标准《中空玻璃》(GB/T 11944—2012)的有关规定外，尚应符合下列要求。

①中空玻璃气体层厚度不应小于9mm。

②中空玻璃应采用双道密封。一道密封采用丁基热熔密封胶。明框幕墙的中空玻璃二道密封宜采用聚硫类密封胶，也可用硅酮密封胶（半隐框、隐框及点支承玻璃幕墙的中空玻璃的二道密封胶宜采用硅酮结构密封胶）。二道密封胶应采用专用打胶机进行混合、打胶。

③中空玻璃的间隔铝框可采用连续折弯型或插角型，不得使用热熔型间隔胶条。间隔铝框中的干燥剂宜采用专用设备装填。

④中空玻璃加工过程中应采取措施消除玻璃表面可能产生的凹、凸现象。

6）所有幕墙玻璃应进行机械磨边处理，磨轮的目数应在180目以上。有防火要求的幕墙玻璃，应根据防火等级要求，采用单片防火玻璃或其制品。

（5）垫块、填充、嵌缝及密封材料。

1）定位垫块、填充材料、嵌缝橡胶及密封胶等材料的品种、规格、截面尺寸和物理化学性质等，均应符合设计要求。

2）橡胶制品宜采用三元乙丙橡胶、氯丁橡胶及硅橡胶；密封胶条应挤出成形，橡胶块宜压模成型。

3）密封胶条应符合下列国家现行标准的规定：《工业用橡胶板》(GB/T 5574—2008)、《硫化橡胶密度的测定方法》(GB/T 533—2008)、《硫化橡胶或热塑性橡胶撕裂强度的测定》(GB/T 529—2008)、《中空玻璃用弹性密封胶》(GB/T 29755—2013)、《建筑窗用弹性密封剂》(JC/T 485—2007)。

4）聚硫密封胶应具有耐水、耐溶性和耐大气老化性，并具有低温弹性、低透气率等特点。其性能应符合现行行业标准《中空玻璃用弹性密封胶》(GB/T 29755—2013)的规定。

5）氯丁密封胶、耐候硅酮密封胶性能应符合国家现行规范要求。硅酮结构密封胶应符合现行国家标准《建筑用硅酮结构密封胶》(GB 16776—2005)的规定。

（6）玻璃幕墙的胶粘料。

1）明框幕墙的中空玻璃密封胶，可采用聚硫密封胶和丁基密封腻子。

2)隐框及半隐框幕墙的中空玻璃所用的密封材料,必须采用结构硅酮密封胶及丁基密封腻子。

3)结构硅酮密封胶必须有生产厂家出具的粘结性、相容性的试验合格报告,要求必须与相粘结和接触的材料相容,与玻璃、铝合金型材(包括它们的镀膜)的附着力和耐久性均有可靠保证,不得使用过期产品。

4)硅酮结构密封胶和硅酮密封胶应有质保年限的保证书。

(7)其他材料。

1)玻璃幕墙可采用聚乙烯发泡材料作填充材料,其密度不应大于 $37kg/m^3$。

2)聚乙烯发泡填充材料的性能应符合相关规定。

3)玻璃幕墙宜采用岩棉、矿棉、玻璃棉、防火板等不燃烧性或难燃烧性材料作隔热保温材料,同时应采用铝箔或塑料薄膜包装的复合材料作为防水和防潮材料。

4)在主体结构与玻璃幕墙构件之间,应加设耐热的硬质有机材料垫片。

5)玻璃幕墙立柱与横梁之间的连接处,宜加设橡胶片,并应安装严密。

6.1.2 主要机具设备

主要机具设备包括切割机、冲床、铣床、钻床、锣榫机、组角机、打胶机、玻璃磨边机、空压机、吊篮、卷扬机、电焊机、水准仪、经纬仪、胶枪、玻璃吸盘、螺丝刀、钳子、扳手、线锤、水平尺、钢卷尺等。

6.1.3 作业条件

(1)主体结构完工,并达到施工验收规范的要求,现场清理干净,幕墙安装应在二次装修之前进行。

(2)可能对幕墙施工环境造成严重污染的分项工程应安排在幕墙施工前进行。

(3)应有土建移交的控制线和基准线。

(4)幕墙与主体结构连接的预埋件,应在主体结构施工时按设计要求埋设。

(5)吊篮等垂直运输设备安设就位,并经验收合格。

(6)脚手架等操作平台搭设就位,并经验收合格。

(7)幕墙的构件和附件的材料品种、规格、色泽和性能应符合设计要求。

(8)施工前应编制施工组织设计,并经审批和技术交底。

6.1.4 加工制作工艺

(1)构件加工制作一般要求。

1)玻璃幕墙在制作前应对建筑设计施工图进行核对,并应对已建建筑物进行复测,按实测结果调整幕墙并经设计单位同意后,方可加工组装。

2)玻璃幕墙所采用的材料、零附件应符合规范规定,并应有出厂合格证。

3)加工幕墙构件所采用的设备、机具应能达到幕墙构件加工精度的要求,其量具应定期进行计量检定。

4)隐框玻璃幕墙的结构装配组合件应在生产车间制作，不得在现场进行。结构硅酮密封胶应打饱满。

5)不得使用过期的结构硅酮密封胶和耐候硅酮密封胶。

(2)玻璃幕墙的金属构件加工精度应符合下列要求。

1)玻璃幕墙结构杆件截料之前应进行校直调整。

2)玻璃幕墙横梁的允许偏差为±0.5mm，立柱的允许偏差为±1.0mm，端头斜度的允许偏差为—15′。

3)截料端头不应有加工变形，毛刺不应大于 0.2mm。

4)孔位的允许偏差为±0.5mm，孔距的允许偏差为±0.5mm，累计偏差不应大于±1.0mm。

5)铆钉的通孔尺寸偏差应符合现行国家标准《紧固件 铆钉用通孔》(GB 152.1—1988)的规定。

6)沉头螺钉的沉孔尺寸偏差应符合现行国家标准《紧固件 沉头螺钉用沉孔》(GB 152.2—2014)规定。

7)圆柱头、螺栓的沉孔尺寸应符合现行国家标准《紧固件 圆柱头、螺栓用沉孔》(GB 152.3—1988)的规定。

8)螺丝孔的加工应符合设计要求。

(3)玻璃幕墙构件的中槽、豁、榫的加工应符合现行国家规范要求。

(4)玻璃幕墙构件装配尺寸允许偏差应符合现行国家规范要求。

(5)玻璃幕墙与建筑主体结构。两者连接的固定支座材料宜选用铝合金、不锈钢或表面经热镀锌处理的碳素结构钢，并应具备调整范围。

(6)玻璃的加工。

1)一般要求。钢化、半钢化玻璃不允许在现场切割，而应按设计尺寸在工厂进行。钢化、半钢化的热处理必须在玻璃切割、钻孔、挖槽等加工完毕后进行。

2)玻璃切割后，切断面边缘应进行边缘处理（倒棱、倒角、磨边），防止应力集中而发生破裂。

3)为防止玻璃碎裂，在玻璃上钻孔时，其尺寸应符合下列要求。

①圆孔直径不小于板厚，不小于 5mm；孔边至板边距离不小于圆孔直径，也不小于30mm。

②方孔孔宽不小于 25mm；孔边至板边距离不小于孔宽和板厚之和；角部倒圆半径不小于 2.5mm。

4)边缘加工切口，其尺寸应符合下列要求。

①角部切口边长不大于玻璃短边长度的 1/4；角部倒圆半径不小于 2.5mm。

②边缘切口深度不大于板短边长度的 1/8；切口宽度不大于 2 倍切口深度，切口边到板边距离不小于 10 倍板厚；角部倒圆半径不小于 2.5mm。

5)经过切割的玻璃边缘会留下无数细小的伤痕和微裂缝，如不处理，会因为外力和温度变化而使玻璃开裂。因此切割后的玻璃要进行粗磨、细磨和精磨等不同程度的边缘处理。

6)圆弧形玻璃、全玻璃幕墙的加工组装，其加工精度应符合设计要求。

(7)注胶(隐框、半隐框)。

1)一般规定。

①应设置专门的注胶间，要求清洁、无尘、无火种、通风良好，并备置必要的设备，使室内温度应控制在 15～27℃(中性双组分结构硅酮密封胶施工温度可控制在 5～27℃，中性单组分结构硅酮密封胶施工温度可控制在 5～48℃)，相对湿度控制在 35%～75%。注胶操作者须接受专门的注胶培训，并经实际操作考核合格，方可持证上岗操作。严禁使用过期的结构硅酮密封胶；未做相容性试验的密封胶，严禁使用，且全部检验参数合格的结构硅酮密封胶方可使用，如图 6.1.4-1、图 6.1.4-2 所示。

②相容性试验和粘结力试验都事先进行。

③严格按标准、规范、设计图纸及工艺规程的要求，采用清洁剂、清洁用布、保护带等辅助材料进行操作。

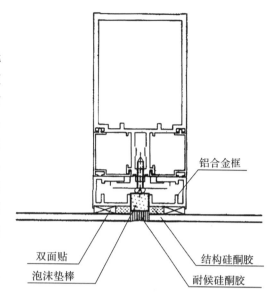

图 6.1.4-1 硅酮结构密封胶的使用

（图中标注：铝合金框、双面贴、泡沫垫棒、结构硅酮胶、耐候硅酮胶）

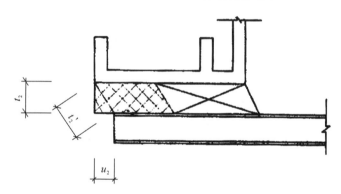

图 6.1.4-2 硅酮结构密封胶和双面胶带的拉伸变形

2)注胶处基材的清洁。

①清洁是保证隐框幕墙玻璃与铝型材粘结力的关键工序，也是隐框玻璃幕墙安全性、可靠性的主要技术指标之一；所有与注胶处有关的施工表面都必须清洗，保持清洁、无灰、无污、无油、干燥。

②注胶处基材的清洁，对于非油性污染物，通常采用异丙醇溶剂(50%异丙醇：水＝1：1)；对于污染物，通常采用二甲苯溶剂。清洁布应采用干净、柔软、不脱毛的白色或原色棉布。清洁时，必须将清洁剂倒在清洁布上，不得将布蘸入盛放清洁剂的容器中，以免造成整个溶剂的污染。

③清洁时，采用"两次擦"工艺进行清洁。即用带溶剂的布顺一方向擦拭后，用另一块干净的布在溶剂挥发前擦去未挥发的溶剂、松散物、尘埃、油渍和其他脏物，第二块布脏后应立即更换。

④清洁后,已清洁的部分决不允许再与手或其他污染源接触,否则要重新清洁。同时,清洁后的基材要求必须在15～30min内进行注胶,否则要进行第二次清洁。

3) 双面胶条的粘贴。

①双面胶条的粘贴环境应保持清洁、无灰、无污,粘贴前应核对双面胶条的规格、厚度,双面胶条厚度一般要比注胶胶缝厚度大至少1mm,这是因为玻璃放上后,双面胶条要被压缩10%。

②按设计图纸确认铝框尺寸、形状后,按图纸要求在铝框上正确位置粘贴双面胶条,粘贴时,铝框的位置最好用专用的夹具固定。

③粘贴双面胶条时,应使胶条保持直线,用力按下胶条紧贴铝框,但手不可触及铝型材的粘胶面,在放上玻璃之前,不要撕掉胶条的隔离纸,以防止胶条的另一粘胶面被污染。

④按设计图纸确认铝框的尺寸、形状与玻璃的尺寸无误后,将玻璃放到胶条上一次成功定位,不得来回移动玻璃,否则玻璃上的不干胶粘在玻璃上,将难以保证注胶后结构硅酮密封胶的粘结牢固性;如果不干胶粘到已清洁的玻璃面上,应重新清洁。

⑤玻璃与铝框的定位误差应小于±1.0mm,安装玻璃时,注意玻璃镀膜面的位置是否按设计要求正确放置。

⑥玻璃固定好后,及时将玻璃铝框组件移至注胶间,并对其形状、尺寸进行最后校正,摆放时应保证玻璃面的平整,不得有破碎、弯曲现象。

4) 混胶与检验。

①常用硅酮结构密封胶有单组分和双组分两种类型。单组分在出厂时已配制完毕,灌装在塑料筒内,可直接使用,但由于从出厂到使用中间环节多,有效期相对较短,局限性较大,一般最常用的是双组分,双组分由基剂和固化剂组成,分装在铁桶中,使用时再混合。

②双组分结构胶在玻璃幕墙制作工厂注胶间进行混胶,固化剂和基剂的比例必须按有关规定,并注意是体积比还是质量比。

③双组分硅酮密封胶应采用专用的双组分打胶机进行混胶,混胶时,应先按打胶机的说明清洗打胶机,调整好注胶嘴,然后按规定的混合比装上双组分密封胶进行充分混合。

④为控制好密封胶的混合情况,在每次混胶过程中应留出蝴蝶试样和胶杯拉断试样,及时检查密封胶的混合情况,并做好当班记录。

⑤蝴蝶试验是把混合好的胶挤在一张白纸上,胶堆直径约20mm,厚约15mm,将纸折叠,折叠线通过胶堆中心,然后挤压胶堆至3～4mm厚,摊开白纸,可见堆成8字形蝴蝶状。如果打开白纸后发现有白色斑点、白色条纹,则说明结构胶还没有充分混合,直到颜色均匀、充分混合才能注胶。在混胶全过程中都要将蝴蝶试样编号记录。

⑥胶杯试样是用来检查双组分密封胶基剂与固化剂的混合比的。在一小杯中装入3/4深度混合后的胶,插入一根小棒或一根小压舌板,每5min抽一次棒,记录每一次抽棒时间,一直到胶被扯断为止,此时间为扯断时间;正常的扯断时间为20～45min。混胶中应调整基剂和固化剂的比例,使扯断时间在上述范围内。

5) 注胶。

①注胶前应认真检查、核对密封胶是否过期,所用密封胶牌号是否与设计图纸相符,玻璃、铝框是否与设计图纸一致,铝框、玻璃、双面粘胶条等是否通过相容性试验,注胶施工环

境是否符合规定。

②隐框玻璃幕墙的结构胶必须用机械注胶,注胶要按顺序进行,以排走注胶空隙内的空气;注胶枪枪嘴应插入适当深度,使密封胶连续、均匀、饱满地注入到注胶空隙内,不允许出现气泡;在接合处应调整压力保证该处有足够的密封胶。

③在注胶过程中要注意密封胶的颜色变化,以判断密封胶的混合比的变化,一旦密封胶的混合比发生变化,应立即停机检修,并应将变化部位的胶体割去,补上合格的密封胶。

④注胶后要用刮刀压平、刮去多余的密封胶,并修整其外露表面,使表面平整、光滑,缝内无气泡,压平和修整的工作必须在所允许的施工时间内进行,一般在10~20min以内。

⑤对注胶和刮胶过程中可能污染的铝框、玻璃等部位,应贴纸基粘胶带进行保护;刮胶完后应立即将纸基粘胶带除去。

⑥对于需要补填密封胶的部位,应清洁干净并在允许的时间内及时填补,填补后仍要刮平、修整。

⑦进行注胶时应及时做好注胶记录,记录应包括如下内容。

a.注胶日期。

b.结构胶的型号,大小桶的批号、桶号。

c.双面胶带的规格。

d.清洗剂规格、产地、领用时间。

e.注胶班组负责人、注胶人、清洗人姓名。

f.工程名称、组件图号、规格、数量。

6)静置与养护。

①注完胶的玻璃组件应及时静置,静置养护场地要求温度为10~30℃,相对湿度为65%~75%,无油污、无大量灰尘,否则会影响其固化效果。

②双组分结构胶静置3~5d后,单组分结构胶静置7d后才能运输,因此要准备足够面积的静置场地。

③玻璃组件的静置可采用架子或地面叠放,当大批量制作时以叠放为多,叠放时应符合下列要求:若玻璃面积不超过2m²,每垛堆放不得超过8块;若玻璃面积超过2m²,每垛堆放不得超过6块。如为中空玻璃则数量减半,特殊情况需另行处理。

④叠放时每块之间需均匀放置四个等边立方体垫块,垫块可采用泡沫塑料或其他弹性材料,其尺寸偏差不得大于0.5mm,以免因玻璃不平而压碎。

⑤未完全固化的玻璃组件不能搬运,以免粘结力下降;完全固化后,玻璃组件可装箱运至安装现场,但还需要在安装现场放置10d左右,使总的养护期达到14~21d,达到结构密封胶的粘结强度后方可安装上墙。

⑥注胶后的成品玻璃组件应抽样作切胶检验,以进行检验粘接牢固性的剥离试验和判断固化程度的切开试验;切胶检验应在养护4d后至耐候密封胶打胶前进行。抽样方法如下:100樘以内抽两件;超过100樘加抽1件,每组胶抽查不得少于3件。

⑦按以上抽样方法抽检,如剥离试验和切开试验中有一件不合格,则加倍抽检;如仍有一件不合格,则此批产品视为不合格,不得出厂安装使用。

⑧注胶后的成品玻璃组件可采用剥离试验检验结构密封胶的粘结牢固性。试验时先将

玻璃和双面胶条从铝框上拆除,拆除时最好在玻璃和铝框上各粘拉一段密封胶,检验时分别用刀在密封胶中间导切开 50mm,再用手拉住胶条的切口向后撕扯,如果沿胶体中间撕开则为合格;反之,如果在玻璃或铝材表面剥离,而胶体未破坏则说明结构密封胶粘结力不足或玻璃、铝材镀膜层不合格,成品玻璃组件不合格。

⑨切开试验可与剥离试验同时进行,切开密封胶的同时注意观察切口胶体表面,表面如果闪闪发光,非常平滑,说明胶已完全固化,可以搬运、安装、施工。

6.1.5 安装施工准备

(1)编制材料、制品、机具的详细进场计划,落实各项需用计划,编制施工进度计划,做好技术交底工作,搬运、吊装构件时不得碰撞、损坏和污染构件。构件储存时应依照安装顺序排列放置,放置架应有足够的承载力和刚度。在室外储存时应采取保护措施。构件安装前应检查制造合格证,不合格的构件不得安装。

(2)预埋件安装。

1)按照土建进度,从下向上逐层安装预埋件。

2)按照幕墙的设计分格尺寸用经纬仪或其他测量仪器进行分格定位。

3)检查定位无误后,按图纸要求埋设铁件。

4)安装埋件时要采取措施防止浇筑混凝土时埋件位移,控制好埋件表面的水平或垂直,防止出现歪、斜、倾等。

5)检查预埋件是否牢固、位置是否准确。预埋件的位置误差应按设计要求进行复查。当设计无明确要求时,预埋件的标高偏差不应大于 10mm,预埋件的位置与设计位置偏差不应大于 20mm。

(3)施工测量放线。

1)复查由土建方移交的基准线。

2)在每一层将室内标高线移至外墙施工面,并进行检查;在放线前,应首先对建筑物外形尺寸进行偏差测量,根据测量结果,确定基准线。

3)以标准线为基准,按照图纸将分格线放在墙上,并做好标记。

4)分格线放完后,应检查预埋件的位置是否与设计相符,否则应进行调整或预埋件补救处理。

5)用直径为 0.5~1.0mm 的钢丝在单幅幕墙的垂直、水平方向各拉两根,作为安装的控制线,水平钢丝应每层拉一根(宽度过宽,应每间隔 20m 设一支点,以防钢丝下垂),垂直钢丝应间隔 20m 拉一根。

6.1.6 施工操作工艺

(1)隐框玻璃幕墙。

1)施工工序:施工准备→放线→龙骨安装→避雷处理→防火处理→附框制作→养护→面板安装→打密封胶→收边、收口处理→清洁→交工验收。

2)安装施工工艺。

①立柱安装。

a.立柱安装前认真核对立柱的规格、尺寸、数量、编号是否与施工图纸相一致。

b.将立柱先与连接件连接,然后连接件再与主体预埋件连接,并进行调整和固定;立柱安装标高偏差不应大于3mm,轴线前后偏差不应大于2mm,左右偏差不应大于3mm。

c.相邻立柱安装标高偏差不应大于3mm,同层立柱的最大标高偏差不应大于5mm,相邻立柱的距离偏差不应大于2mm。

d.立柱与连接件(支座)接触面之间一定要加防腐隔离垫片。立柱按偏差要求初步定位后,应进行自检,对不合格的应进行调校修正。合格后将连接件(支座)正式焊接牢固,焊接好的连接件和预埋件必须采取可靠的防腐措施。

e.玻璃幕墙安装的临时螺栓等在构件安装、就位、调整、紧固后应及时拆除。立柱安装牢固后,必须取掉上下两立柱之间用于定位伸缩缝的标准块,并在伸缩缝处打密封胶。

f.焊工为特殊工种,需经专业安全技术学习和训练,考试合格并获得特殊工种操作证后,方可独立工作。焊接场地必须采取防火防爆安全措施后,方可使用;焊件下方应设置火斗,操作者操作时必须戴好防护眼镜和面罩;电焊机接地零线及电焊工作回线必须符合有关安全规定。

②避雷处理。

a.在安装立柱的同时按设计要求进行防雷体系的可靠连接;均压环应与主体结构避雷相连接,通过截面积不小于48mm²的圆钢或扁钢连接。

b.圆钢或扁钢与预埋件、均压环进行搭接焊接,焊缝长度不小于75mm;位于均压层的每个立柱与支座之间应用宽度不小于24mm、厚度不小于2mm的铝带条连接,保证其导通电阻小于10Ω。

c.在各均压层上连接导通部位需进行必要的电阻检测,接地电阻值应小于10Ω;对幕墙的防雷体系与主体的防雷体系之间的连接情况也要进行电阻检测,接地电阻值小于10Ω。

d.所有避雷材料均应热镀锌;避雷体系安装完后应及时提交验收,并及时记录检验结果。

③横梁安装。

a.横梁分段在立柱中嵌入连接,两端与立柱连接处应加弹性橡胶垫,以适应和消除横向温度变形的影响。横梁安装必须从大楼上至下安装,同层从下至上安装;当安装完一层高度时,应进行检查、调整、校正、固定,横梁和立柱接缝处应打与立柱、横梁颜色相近的密封胶。

b.安装横梁时,应注意若设计中有排水系统,冷凝水排除管及附件应与横梁预留孔连接严密,与内衬板出水孔连接处应设橡胶密封条;其他通气留槽孔及雨水排除口等应按设计施工,不得遗漏。

④组件安装。

a.在安装玻璃框前应对玻璃及四周的铝框进行必要的清洁,保证嵌缝耐候胶能可靠粘结;安装前玻璃的镀膜面应粘贴保护膜加以保护,交工前再全部揭去。

b.玻璃的品种、规格和色彩应与设计要求相符,整幅幕墙玻璃的色泽应均匀,玻璃的镀膜面应朝向室内。

c.玻璃框在安装时应注意保护,避免碰撞、损伤或跌落。

d.用于固定玻璃框的压块,严禁少装或不装紧固螺钉。

e.分格玻璃拼缝应竖直横平,缝宽均匀;每块玻璃框初步定位后,应与相邻玻璃框进行协调,保证拼缝符合要求。

⑤窗扇安装。

a.安装窗扇前一定要核对窗扇的规格是否与设计图纸和施工图纸相符,安装时要采取适当的保护措施,防止脱落。

b.窗扇在安装前应进行必要的清洁,安装时注意窗扇与窗框的上下、左右、前后的配合间隙,以保证其密封性。

c.窗扇连接件的规格、品种、质量一定要符合设计要求,并应采用不锈钢制品;严禁私自减少连接用自攻螺钉等紧固螺钉的数量;并应严格控制自攻螺钉的底孔直径。

3)防火保温处理。

①有热工要求的幕墙,保温部分宜从内向外安装;当采用内衬板时,四周应套装弹性橡胶密封条,内衬板与构件接缝应严密,内衬板就位后应进行密封处理。

②防火保温材料的安装应严格按设计要求施工,防火保温材料宜采用整块岩棉,固定防火保温材料的防火封板应锚固牢靠。

③玻璃幕墙四周与主体结构之间的缝隙,均应采用防火保温材料填塞,填装防火保温材料时一定要填实填平,不允许留有空隙;并采用铝箔包扎,防止防火保温材料受潮失效。

④在填装防火保温材料的过程中,质检人员应不定时进行抽检,若发现不合格,及时返工,杜绝隐患。

4)密封。

①玻璃或玻璃组件安装完毕后,必须及时用耐候密封胶嵌缝,予以密封,保证玻璃幕墙的气密性和水密性。耐候硅酮密封胶施工前应对施工区域进行清洁,应保证缝内无水、油渍、铁锈、水泥砂浆、灰尘等杂物;可采用甲苯或甲基二乙酮做清洁剂。

②耐候硅酮密封胶在缝内应形成相对两面粘结,不得三面粘结,较深的密封槽口底部应采用聚乙烯发泡材料填塞。为保护玻璃和铝框不被污染,应在可能导致污染的部位贴美纹纸,填完胶刮平后立即将美纹纸除去。

5)保护和清洁。

①施工中的幕墙应采用适当的措施加以保护,防止发生碰撞、变形变色、污染及排水管堵塞等现象。

②施工中给幕墙及幕墙构件等表面装饰造成影响的粘附物等要及时清除,恢复其原状。

③玻璃幕墙工程安装完成后,应制定清扫方案(清扫工具、吊篮以及清扫方法、时间、程序等),防止幕墙表面污染和发生异常。

④幕墙安装完后,应从上到下用中性清洁剂对幕墙表面及外露构件进行清洗。清洗玻璃和铝合金的中性清洁剂,清洗前应进行腐蚀性检验,证明对铝合金和玻璃无腐蚀作用后方能使用;清洁剂有玻璃清洁剂和铝合金清洁剂之分,互有影响,不能错用;清洁剂清洗后应及时用清水冲洗干净。

6）检验。

①幕墙安装完毕,质量检验人员应进行总检,指出不合格的部位并督促及时整改,出现较大不合格项或无法整改时,应及时向有关部门反映,待设计等部门出具解决方案。

②对幕墙进行总检的同时应及时记录检验结果,所有检验记录、评定表等资料都应归档保存。总检合格后方可提交监理、业主验收。

7）维修。

①更换隐框幕墙玻璃时一定要在玻璃四周加装压块,要求每一边框加装三块,并在底部加垫块;压块与玻璃之间应加弹性材料,待结构胶干后及时去掉压块和垫块,并补上密封胶。

②在更换楼层较高的玻璃时,应有可靠固定的吊篮或清洗机,必须有管理人员现场指挥;高空作业时必须要两人以上进行操作,并设置防止玻璃及工具掉下的防护设施。

③不得在4级以上的风力及大雨天更换楼层较高的玻璃,并且不得对幕墙表面及外部构件进行维修。更换的玻璃、铝型材及其他构件应与原来状态保持一致或相近,修复后的功能及性能不能低于原状态。

（2）半隐框玻璃幕墙。

1）施工工序:施工准备→放线→支座安装→防雷→防火处理→面板制作→养护→面板安装→扣盖安装→打密封胶→收边、收口处理→清洁→交工验收。

2）安装施工工艺。

①立柱安装。

a.立柱一般根据施工及运输条件,可以是一层楼高为一整根,长度可达到7.5m,接头应有一定空隙。采用套筒连接,可适应和消除建筑挠度变形和温度变形的影响;连接件与预埋件的连接,可采用间隔的铰接和刚接构造,铰接仅抗水平力,而刚接除抗水平力外,还应承担垂直力并传给主体结构。

b.立柱安装前认真核对立柱的规格、尺寸、数量、编号是否与施工图纸相一致;施工人员必须进行有关高空作业的培训并取得上岗证,方可进入施工现场施工;施工时严格执行国家有关劳动、卫生法规和现行行业标准《建筑施工高处作业安全技术规范》(JGJ 80—2016)的有关规定,特别要注意,在风力超过5级时,不允许进行高空作业。

c.将立柱先与连接件连接,然后连接件再与主体预埋件连接,并进行调整和固定;立柱安装标高偏差不应大于3mm,轴线前后偏差不应大于2mm,左右偏差不应大于3mm。同时注意误差不得积累,且开启窗处为正公差。

d.相邻立柱安装标高偏差不应大于3mm,同层立柱的最大标高偏差不应大于5mm,相邻立柱的距离偏差不应大于2mm。

e.立柱与连接件(支座)接触面之间一定要加防腐隔离垫片。立柱按偏差要求初步定位后,应进行自检,对不合格的应进行调校修正。合格后将连接件(支座)正式焊接牢固,焊接好的连接件和预埋件必须采取可靠的防腐措施。

f.玻璃幕墙立柱安装就位、调整后应及时紧固;玻璃幕墙安装的临时螺栓等在构件安装、就位、调整、紧固后应及时拆除。

g.焊工为特殊工种,需经专业安全技术学习和训练,考试合格,获得特殊工种操作证后,方可独立工作。焊接场地必须采取防火防爆安全措施后,方可使用;焊件下方应设置火斗,操作者操作时必须戴好防护眼镜和面罩;电焊机接地零线及电焊工作回线必须符合有关安全规定。

h.立柱安装牢固后,必须取掉上下两立柱之间用于定位伸缩缝的标准块,并在伸缩缝处打密封胶。

②避雷处理、横梁安装、组件安装和窗扇安装与隐框玻璃幕墙相同。

3)隐蔽验收。

①隐蔽工程检查必须在工序施工中随时进行。

②隐蔽验收项目包括:构件与主体结构的连接点的安装;幕墙四周、幕墙内表面与主体结构之间间隙节点的安装;幕墙伸缩缝、沉降缝及墙面转角的安装;幕墙防雷接地节点的安装;装饰板块与主受力构件之间采用螺钉连接的结构,在上螺钉后未封胶前的验收。

③需进行隐蔽验收的项目施工完成后,应及时提请监理等有关部门或人员进行验收,合格后方可进行下道工序的施工,不合格的必须及时整改并重新提交验收,直至合格为止。

④质检人员和现场管理人员应严格把关,未经验收或验收不合格的隐蔽工程项目,绝不允许进行后序施工。

4)防火保温处理、密封、保护和清洁、检验以及维修与隐框玻璃幕墙相同。

(3)明框玻璃幕墙。

1)施工工序:施工准备→放线→支座安装→防雷→防火处理→面板制作→面板安装→打密封胶→收边、收口处理→清洁→交工验收。

2)安装施工工艺。

①立柱安装与半隐框玻璃幕墙相同。

②避雷处理、横梁安装、组件安装和窗扇安装与隐框玻璃幕墙相同。

3)隐蔽验收与半隐框玻璃幕墙相同。

4)防火保温处理、密封、保护和清洁以及维修与隐框玻璃幕墙相同。

5)维修。更换明框幕墙玻璃时一定要在玻璃四周加装扣板、压线,安装好装饰扣盖、装饰线条后,在装饰扣盖、装饰线条两侧补上密封胶。其他与隐框玻璃幕墙相同。

(4)点支承式玻璃幕墙。

1)施工流程:钢结构的安装→拉索及支撑杆的安装→玻璃的安装(或吊挂式大玻璃的安装)→密封→清理。

2)安装施工工艺。

①钢结构的安装。

a.安装前,应根据甲方提供的基础验收资料复核各项数据,并标注在检测资料上。预埋件、支座面和地脚螺栓的位置、标高的尺寸偏差应符合相关的技术规定及验收规范,钢柱脚下的支撑预埋件应符合设计要求。钢结构的复核定位应使用轴线控制点和测量的标高基准点,保证幕墙主要竖向构件及主要横向构件的尺寸允许偏差符合行业标准规定。

b.构件安装时,对容易变形的构件应作强度和稳定性验算,必要时采取加固措施,安装后,构件应具有足够的强度和刚度。确定几何位置的主要构件,如柱、桁架等应吊装在设计位置上,在松开吊挂设备后应做初步校正,构件的连接接头必须经过检查合格后,方可紧固和焊接。对焊缝要进行打磨,消除棱角和夹角,达到光滑过渡。钢结构表面应根据设计要求喷涂防锈、防火漆,或加以其他表面处理。

c.对于拉杆及拉索结构体系,应保证支撑杆位置准确,紧固拉杆(索)或调整尺寸偏差时,宜按照先左后右、由上至下的顺序,逐步固定支撑杆位置,以单元控制的方法调整校核,消除尺寸偏差,避免误差积累。质量应符合 JGJ 102—2003 表 10-1 的规定。

d.支承钢爪安装时,支承钢爪在玻璃重量作用下,支承钢爪系统会有位移,可用以下两种方法进行调整。如果位移量较小,可以通过驳接件自行适应,此时要考虑支撑杆有一个适当的位移能力。如果位移量大,可在结构上加上等同于玻璃重量的预加载荷,待钢结构发生位移后再逐渐安装玻璃。

e.无论在安装时,还是在发生偶然事故时,都要防止在玻璃重量下,支承钢爪安装点发生过大位移,所以支承钢爪必须能通过螺栓、销钉、楔销固定。

f.支承钢爪的支承点宜设置球铰,支承点的连接方式不应阻碍面板的弯曲变形。

②拉索及支撑杆的安装。

a.拉索和支撑杆必须按先上后下、先竖后横的原则进行安装。

安装竖向拉索时,根据图纸给定的拉索长度尺寸加长 1~3mm 从顶部结构开始挂索呈自由状态,待全部竖向拉索安装结束后进行调整,调整顺序也是先上后下,按尺寸控制单元逐层将支撑杆调整到位。

安装横向拉索时,待竖向拉索安装调整到位后连接横向拉索,横向拉索在安装前应先按图纸给定的长度尺寸加长 1~3mm 呈自由状态,先上后下按尺寸控制单元逐层安装,待全部安装结束后调整到位。

b.支撑杆的定位、调整。在支撑杆的安装过程中,前后索长度尺寸严格按图纸尺寸调整,以保证支撑连接杆与玻璃平面的垂直度。调整以按单元控制点为基准对每一个支撑杆的中心位置进行核准。确保每个支撑杆的前端与玻璃平面保持一致,整个平面度的误差应控制在小于等于 5mm/3m。在支撑杆调整时要采用"定位头"来保证支撑杆与玻璃的距离和中心定位的准确。

③拉索的预应力设定与检测。

a.竖向拉索预拉力值的设定主要考虑以下几个方面:玻璃与支承系统的自重;拉索螺纹和钢索转向的摩擦阻力;连接拉索、锁头、销头所允许承受拉力的范围;支承结构所允许承受的拉力范围。

b.横向拉索预拉力值的设定主要考虑以下几个方面:校准竖向拉索偏拉所需的力;校准竖向桁架偏差所需的力;螺纹的摩擦力和钢索转向的摩擦力;拉索、锁头、耳板所允许承受的拉力;支承结构所允许承受的力。

c.拉索的内力设置采用扭力扳手通过螺纹产生力,通过扭矩来控制拉杆内应力的大小。在安装调整拉索结束后,用扭力扳手进行扭力设定和检测,通过对照扭力表的读数来校核扭矩值。

d.配重检测。由于幕墙玻璃的自重荷载和所受力的其他荷载都是通过支撑杆传递到支承结构上的,为确保结构安装后在玻璃安装时拉杆系统的变形在允许范围内,必须对支撑杆进行配重检测。

配重检测应按单元设置,配重物的重量为玻璃在支撑杆上所产生的重力荷载乘系数 1~

1.2,配重后结构的变形应小于 2mm。

配重检测的记录。配重物的施加应逐级进行,每加一级要对支撑杆的变形量进行一次检测,一直到全部配重物施加在支撑杆上测量出其变形情况,并在配重物卸载后测量变形复位情况并详细记录。

④玻璃的安装。

a.安装前应检查校对钢结构的垂直度、标高、横梁的高度和水平度等是否符合设计要求,特别要注意安装孔位的复查。

b.安装前必须用钢刷局部清洁钢槽表面及槽底泥土、灰尘等物,点支承玻璃底部 U 形槽应装入氯丁橡胶垫块,对应于玻璃支承面宽度边缘左右 1/4 处各放置垫块。安装前,应清洁玻璃及吸盘上的灰尘,根据玻璃重量及吸盘规格确定吸盘个数。

c.安装前,应检查支承钢爪的安装位置是否准确,确保无误后,方可安装玻璃。现场安装玻璃时,应先将支承头与玻璃在安装平台上装配好,然后再与支承钢爪进行安装。安装时必须使用扭矩扳手。根据支承系统的具体规格尺寸来确定扭矩大小,按标准安装玻璃时,应始终将玻璃悬挂在上部的两个支承头上。现场组装后,应调整上下左右的位置,保证玻璃水平偏差在允许范围内。

d.玻璃全部调整好后,应进行整体里面平整度的检查,确认无误后,才能打胶密封。

e.现场安装玻璃时,应先将支承头与玻璃在安装平台上装配好,然后再与支承钢爪进行安装。为确保支承处的气密性和水密性,必须使用扭矩扳手。应根据支承系统的具体规格尺寸来确定扭矩大小,按标准安装玻璃时,应始终将玻璃悬挂在上部的两个支承头上。

f.现场组装后,应调整上下左右的位置,保证玻璃水平偏差在允许范围内。

g.玻璃全部调整好后,应进行面层平整度的检查,确认无误后,才能进行打胶密封。

⑤吊挂式大玻璃幕墙的安装。

a.根据设计要求和图纸位置用螺栓连接或焊接的方式将主支承器固定在预埋件上。检查各螺丝钉的位置及焊接口,涂刷防锈油漆。

b.安装玻璃底槽。安装固定角码;临时固定钢槽,根据水平和标高控制线调整好钢槽的水平高低精度;检查合格后进行焊接固定。

c.根据设计要求和图纸位置用螺栓将玻璃吊夹与预埋件或上部钢架连接。检查吊夹与玻璃底槽的中心位置是否对应,吊夹应调整合格后方能进行玻璃安装。

d.将相应规格的面玻璃搬入就位,调整玻璃的水平及垂直位置,定位校准后夹紧固定,并检查接触铜块与玻璃的摩擦粘牢度。

e.将相应规格的肋玻璃搬入就位,同样对其水平及垂直位置进行调整,并校准与面玻璃的间距,定位校准后夹紧固定。

f.检查所有吊夹的紧固度、垂直度、粘牢度是否达到要求,若没有达到要求,则进行调整。

g.检查所有连接器的松紧度是否达到要求,若没有达到要求,则进行调整。

⑥密封。

a.密封部位的清扫和干燥,采用甲苯对密封面进行清扫,清扫时应特别注意不要让溶液散发到接缝以外的场所,清扫用纱布脏污后应常更换,以保证清扫效果,最后用干燥清洁的纱布将溶剂蒸发后的痕迹拭去,保持密封面干燥。

b. 为防止密封材料使用时污染装饰面,同时为使密封胶缝与面材交界线平直,应贴好纸胶带,要注意纸胶带本身的平直度。

c. 注胶应均匀、密实、饱满,同时注意施胶方法,避免浪费。

d. 注胶后,应将胶缝用小铲沿注胶方向用力施压,将多余的胶刮掉,并将胶缝刮成设计形状,使胶缝光滑、流畅。

e. 胶缝修整好后,应及时去掉保护胶带,并注意撕下的胶带不要污染玻璃面或铝板面;及时清理粘在施工表面上的胶痕。

⑦清理。

a. 清扫时先用在中性溶剂(5%水溶液)中浸泡过的湿纱布将污物等擦去,然后再用干纱布擦干净;清扫灰浆、胶带残留物时,可使用竹铲、合成树脂铲等仔细刮去。

b. 禁止使用金属清扫工具,更不得使用粘有砂子、金属屑的工具;禁止使用酸性或碱性洗剂。

6.1.7 质量标准

(1)主控项目。

1)玻璃幕墙工程所使用的各种材料、构件和组件的质量,应符合设计要求及国家现行产品标准和工程技术规范的规定。检验方法:检查材料、构件、组件产品合格证书,进场验收记录、性能检测报告和材料的复验报告。

2)玻璃幕墙的造型和立面分格应符合设计要求。检验方法:观察,尺量检查。

3)玻璃幕墙与主体结构连接的各种预埋件、连接件、紧固件必须安装牢固,其数量、规格、位置、连接方法和防腐处理应符合设计要求。检验方法:观察,检查隐蔽工程验收记录和施工记录。

4)各种连接件、紧固件的螺栓应有防松动措施;焊接应符合设计要求和焊接规范的规定。检验方法:观察,检查隐蔽工程验收记录和施工记录。

5)隐框或半隐框玻璃幕墙玻璃托条,每块玻璃下端应设置两个铝合金或不锈钢托条,其长度不应小于 100mm,厚度不应小于 2mm,托条外端应低于玻璃外表面 2mm。检验方法:观察,检查施工记录。

6)明框玻璃幕墙的玻璃安装应符合下列规定。

①玻璃槽口与玻璃的配合尺寸应符合设计要求和技术标准的规定。

②玻璃与构件不得直接接触,玻璃四周与构件凹槽底部应保持一定的空隙,每块玻璃下部应至少放置两块宽度与槽口宽度相同、长度不小于 100mm 的弹性定位垫块;玻璃两边嵌入量及空隙应符合设计要求。

③玻璃四周橡胶条的材质、型号应符合设计要求,镶嵌应平整,橡胶条长度应比边框内槽长 1.5%～2.0%,橡胶条在转角处应斜面断开,并应用粘结剂粘结牢固后嵌入槽内。检验方法:观察,检查施工记录。

7)全玻幕墙应吊挂在主体结构上,吊夹具应符合设计要求,玻璃与玻璃、玻璃与玻璃肋之间的缝隙,应采用硅酮结构密封胶填嵌严密。检验方法:观察,检查隐蔽工程验收记录和施工记录。

8)玻璃幕墙四周、玻璃幕墙内表面与主体结构之间的连接节点、各种变形缝、墙角的连接点应符合设计要求和技术标准的规定。检验方法:观察,检查隐蔽工程验收记录和施工记录。

9)玻璃幕墙的防火、保温、防潮材料的设置,金属框架和连接件的防腐处理,应符合设计要求。检验方法:观察,检查隐蔽工程验收记录和施工记录。

10)玻璃幕墙防水效果,无渗漏水。检验方法:在易渗漏部位进行淋水检查。

11)玻璃幕墙结构胶和密封胶的打注应饱满、密实、连续、均匀、无气泡,宽度和厚度应符合设计要求和技术标准的规定。检验方法:观察,尺量检查,检查施工记录。

12)玻璃幕墙开启窗的配件应齐全,安装应牢固,安装位置和开启方向、角度应正确;开启应灵活,关闭应严密。检验方法:观察,手扳检查,开启和关闭检查。

13)玻璃幕墙的防雷装置必须与主体结构的防雷装置可靠连接。检验方法:观察,检查隐蔽工程验收记录和施工记录。

（2）一般项目。

1)玻璃幕墙表面应平整、洁净;整幅玻璃的色泽应均匀一致;不得有污染和镀膜损坏。每平方米玻璃的表面质量和检验方法见表6.1.7-1。

表 6.1.7-1　每平方米玻璃的表面质量和检验方法

序号	项目	质量要求	检验方法
1	明显划伤和长度>100mm 的轻微划伤	不允许	观察
2	长度≤100mm 的轻微划伤	≤8 条	用钢尺检查
3	擦伤总面积	≤500mm²	用钢尺检查

2)玻璃和铝合金型材的表面质量和检验方法见表6.1.7-2。

表 6.1.7-2　玻璃和铝合金型材的表面质量和检验方法

序号	项目	质量要求	检验方法
1	明显划伤和长度>100mm 的轻微划伤	不允许	观察
2	长度≤100mm 的轻微划伤	≤8 条	用钢尺检查
3	擦伤总面积	≤500mm²	用钢尺检查

3)明框玻璃幕墙的外露框或压条应横平竖直,颜色、规格应符合设计要求,压条安装应牢固。单元玻璃幕墙的单元拼缝或隐框玻璃幕墙的分格玻璃拼缝应横平竖直、均匀一致。检验方法:观察,手扳检查,检查进场验收记录。

4)玻璃幕墙的拼缝应用密封胶填缝,应横平竖直、深浅一致、宽窄均匀、光滑顺直。检验方法:观察,手摸检查。

5)玻璃幕墙的板缝注胶填充应饱满、均匀,表面应密实、平整。检验方法:检查隐蔽工程验收记录。

6)玻璃幕墙隐蔽节点的遮封装修应牢固、整齐、美观。检验方法:观察,手扳检查。

7)明框玻璃幕墙安装的允许偏差和检验方法见表 6.1.7-3。

表 6.1.7-3　明框玻璃幕墙安装的允许偏差和检验方法

序号	项目		允许偏差/mm	检验方法
1	幕墙垂直度	幕墙高度≤30m	10	用经纬仪检查
		30m<幕墙高度≤60m	15	
		60m<幕墙高度≤90m	20	
		幕墙高度>90m	25	
2	幕墙水平度	幕墙幅宽≤35m	5	用水平仪检查
		幕墙幅宽>35m	7	
3	构件直线度		2	用2m靠尺和塞尺检查
4	构件水平度	构件长度≤2m	2	用水平仪检查
		构件长度>2m	3	
5	相邻构件错位		1	用钢直尺检查
6	分格框对角线长度差	对角线长度≤2m	3	用钢尺检查
		对角线长度>2m	4	

8)隐框、半隐框玻璃幕墙安装的允许偏差和检验方法见表 6.1.7-4。

表 6.1.7-4　隐框、半隐框玻璃幕墙安装的允许偏差和检验方法

序号	项目		允许偏差/mm	检验方法
1	幕墙垂直度	幕墙高度≤30m	10	用经纬仪检查
		30m<幕墙高度≤60m	15	
		60m<幕墙高度≤90m	20	
		幕墙高度>90m	25	
2	幕墙水平度	幕墙幅宽≤3m	3	用水平仪检查
		幕墙幅宽>3m	5	
3	幕墙表面平整度		2	用2m靠尺和塞尺检查
4	板材立面垂直度		2	用垂直检测尺检查
5	板材上沿水平度		2	用1m水平尺和钢直尺检查
6	相邻板材板角错位		1	用钢直尺检查
7	阳角方正		2	用直角检测尺检查
8	接缝直线度		3	拉5m线,不足5m拉通线,用钢直尺检查
9	接缝高低差		1	用钢直尺和塞尺检查
10	接缝宽度		1	用钢直尺检查

6.1.8　成品保护

(1)制品应竖置运送,运送时要用聚乙烯苫布保护制品四角等露出部件,用绳子等固定,防止倒塌。

(2)产品的保管场所应设在雨水淋不到并且通气良好的地方,且应保证场所固定。

(3)根据各种材料的规格,分类堆放,并做好相应的产品标识。原则上,组件应竖放,尺寸较长的材料以平放为宜。连接件、螺栓等附件放在仓库保管。

(4)加工与安装过程中,应特别注意轻拿轻放,不能碰伤、划伤,加工好的铝材应贴好保护膜和标签。

(5)加强半成品、成品的保护工作,保持与土建单位的联系,防止已安装好的幕墙划伤。

(6)质检员与安全员紧密配合,采取措施搞好半成品、成品的保护工作。

(7)在靠近安装好的玻璃幕墙处安装简易的隔离栏杆,避免施工人员对铝制品、玻璃有意或无意的损坏。

(8)材料、半成品应按规定堆放,安全可靠,并安排专人保管。

6.1.9　安全与环保措施

(1)作业人员进场前,必须学习现场的安全规定,遵守业主、监理、总包等各单位制定的规章制度,进行安全技术交底;广泛宣传、教育作业人员牢固树立安全第一的思想,提高安全意识。

(2)进场人员必须做好安全防护,防止机具、材料的坠落。

(3)作业时要穿整洁合体并适合作业特点的工作服,不得裸身作业,要穿适合作业特点的工作鞋,不得穿凉鞋、拖鞋。

(4)凡要带入楼内的机械事先必须接受安全检查,合格后方可使用。另外携带电动工具时,必须在作业前先做绝缘电压试验。

(5)作业前清理作业场地,下班后整理场地,不要将材料工具乱放。在作业中断或结束后,必须当天清扫垃圾并投放到指定地点。

(6)不得随意拆除脚手架等临时作业设施,不得已必须拆除脚手架或搭板时,需得到安全人员的允许,作业结束务必复原上述装置。

(7)在电焊作业时,必须设置接火斗,配置看火人员;各种防火工具必须齐全并随时可用,定期检查维修和更换。

(8)安全生产和防火制度应本着以防范为主的原则,对可能引起事故发生的因素进行控制和排除,避免事故的发生。现场必须配置灭火设施。

6.1.10　施工注意事项

(1)安装前对构件加工精度进行检验,检验合格后方可进行上墙安装。

(2)预埋件安装必须符合设计要求,安装牢固,严禁歪斜、倾斜。安装位置偏差控制在允许范围以内。

（3）幕墙立柱与横梁安装应严格控制水平、垂直度以及对角线长度，在安装过程中应反复检查，达到要求后方可进行玻璃的安装。

（4）玻璃安装时，应拉线控制相邻玻璃面的水平度、垂直度及大面平整度；用木模板控制缝隙宽度，如有误差应均分在每一条缝隙中，防止误差积累。

（5）进行密封工作前应对密封面进行清扫，并在胶缝两侧的玻璃上粘贴保护胶带，防止注胶时污染周围的玻璃面；注胶应均匀、密实、饱满，胶缝表面应光滑；同时应注意注胶方法，防止产生气泡，避免浪费。

（6）清扫时应选用合适的清洗溶剂，清扫工具禁止使用金属物品，以防止擦伤玻璃或构件表面。

（7）安装前幕墙应进行气密性、水密性及风压性能试验，并达到设计及规范要求。施工过程中，应分层进行防水渗漏性能检查。

（8）玻璃幕墙分格轴线的测量应与主体结构的测量配合，其误差应及时调整，不得积累。

（9）对高层建筑的测量应在风力不大于4级情况下进行，每天应定时对玻璃幕墙的垂直及立柱位置进行校核。

（10）应先将立柱与连接件连接，再将连接件与主体预埋件连接，并进行调整和固定，立柱安装标高偏差不应大于3mm。轴线前后偏差不应大于2mm，左右偏差不应大于3mm。

（11）相邻两根立柱安装标高偏差不应大于3mm，同层立柱的最大标高偏差不应大于5mm；相邻两根立柱的距离偏差不应大于2mm。

（12）可将横梁两端的连接件及弹性橡胶垫安装在立柱的预定位置加以连接，并应安装牢固，接缝严密；也可采用端部留出1mm孔隙，注入密封胶的方法。

（13）相邻两根横梁水平标高偏差不应大于1mm。同层标高偏差：当一幅幕墙宽度小于或等于35m时，不应大于5mm；当一幅幕墙宽度大于或等于35m时，不应大于7mm。

（14）同一层横梁安装应由下向上进行。当安装完一层高度时，应进行检查、调整、校正、固定，使其符合质量要求。

（15）有热工要求的幕墙，保温部分从内向外安装，当采用内衬板时，四周应套装弹性橡胶密封条，内衬板与构件接缝应严密；内衬板就位后，应进行密封处理。

（16）固定防火保温材料应锚钉牢固，防火保温层应平整，拼接处不应留缝隙。

（17）冷凝水排出管及附件应与水平构件预留孔连接严密，与内衬板出水孔连接处应设橡胶密封条。

（18）其他通气留槽孔及雨水排出口等应按设计施工，不得遗漏。

（19）玻璃幕墙立柱安装就位、调整后应及时紧固。玻璃幕墙安装的临时螺栓等在构件安装就位、调整、紧固后应及时拆除。

（20）现场焊接或高强螺栓紧固的构件固定后，应及时进行防锈处理。玻璃幕墙中与铝合金接触的螺栓及金属配件应采用不锈钢或轻金属制品。

（21）除不锈钢外，不同金属的接触面应采用垫片作隔离处理。

（22）玻璃安装前应将表面尘土和污物擦拭干净。热反射玻璃安装应将镀膜面朝向室内，非镀膜面朝向室外。

（23）玻璃与构件不准直接接触，玻璃四周与构件凹槽底应保持一定空隙，每块玻璃下部应设不少于二块弹性定位垫块;垫块的宽与槽口宽度相同,长度不应小于100m;玻璃两边嵌入量及空隙应符合设计要求。

(24)玻璃四周橡胶条应按规定型号选用,镶嵌应平整,橡胶条长度应比边槽口长1.5%～2%,其断口留在四角,斜面断开后拼成预定的设计角度,并用粘结剂粘牢固后嵌入槽内。

(25)玻璃幕墙四周与主体之间的间隙,应采用防火的保温材料填塞,内外表面应采用密封胶连续封闭,接缝应严密不漏水。

(26)铝合金装饰压板应符合设计要求,表面应平整,色彩应一致,不得有肉眼可见的变形、波纹和凹凸不平,接缝应均匀严密。

(27)有框幕墙耐候硅酮密封胶的施工厚度应大于3.5mm;施工宽度不应小于施工厚度的两倍;较深的密封槽口底部应采用聚乙烯发泡材料填塞。

(28)耐候硅酮密封胶在接缝内应形成相对两面粘结。

(29)玻璃幕墙安装施工应对下列项目进行隐蔽验收。

1)构件与主体结构的连接节点的安装。

2)幕墙四周、幕墙内表面与主体结构之间间隙节点的安装。

3)幕墙伸缩缝、沉降缝、防震缝及墙面转角节点的安装。

4)幕墙防雷接地节点的安装。

5)防火材料和隔烟层的安装。

6)其他带有隐蔽性质的项目。

6.1.11　质量记录

(1)幕墙工程所用各种材料、五金配件、构件及组件的产品合格证书、性能检测报告、进场验收记录和复验报告。

(2)幕墙工程所用硅酮结构胶的认定证书和抽查合格证书。

(3)后置埋件的现场拉拔强度检测报告。

(4)幕墙的抗风压性能、空气渗透性能、雨水渗漏性能及平面变形性能检测报告。

(5)打胶、养护环境的温度、湿度记录;双组分硅酮结构胶的混匀性试验记录及拉断试验记录。

(6)防雷装置测试记录。

(7)隐蔽工程验收记录。

(8)幕墙构件和组件的加工制作记录、幕墙安装施工记录。

(9)分项工程施工质量验收记录。

6.2　单元式幕墙施工工艺标准

单元式幕墙安装工艺是指将单元组件吊到预定位置后的安装、调整、固定及防雷、防火、防渗漏密封等细部节点安装施工和检验的作业工序。本工艺标准适用于建筑装饰装修工程室外单元式玻璃幕墙、金属、石材幕墙施工。工程施工以设计图纸和国家规范标准为依据。

6.2.1 材料要求

对于进入工厂制作和进入建筑安装现场的材料(成品部件、构件)的材质、规格、型号、尺寸、外观、颜色等应符合 GB/T 21086—2007、JGJ 102—2003、JGJ 133—2001 的规定以及该建筑单元式幕墙设计的特殊功能要求规定。

(1)钢材。

1)单元式幕墙所使用的钢材,包括碳素结构钢、合金结构钢、耐候钢、不锈钢(板材、棒材、型材等)。其材料牌号与状态、化学成分、机械性能、尺寸允许偏差、精度等级等,均应符合现行国家和行业标准的规定要求。

2)碳素结构钢和低全金结构钢应进行有效的防腐处理。当采用热浸镀锌处理时,其膜厚应不小于 $45\mu m$。

3)钢材的表面不得有裂纹、气泡、泛锈、夹渣和折叠。

(2)铝合金材料。

1)单元式幕墙所使用的铝合金材料,包括铝合金建筑型材、铝及铝合金轧制板材的材料牌号与状态、化学成分、机械性能、表面处理、尺寸允许偏差、精度等级等,均应符合现行国家标准规定要求。

2)铝合金型材应符合《铝合金建筑型材》(GB 5237—2008)对型材尺寸及允许偏差的规定。幕墙铝型材应采用高精度级材料,其阳极氧化膜厚度不小于 $15\mu m$。

3)以穿条形式生产的隔热铝型材,隔热材料应使用 PA66GF25(聚酰胺 66＋25 玻璃纤维)材料,严禁采用 PVC 材料。用浇注工艺生产的隔热铝型材,其隔热材料应使用 PUR(聚氨基甲酸乙酯)材料。

4)铝合金型材表面清洁,色泽均匀。不应有皱纹、裂纹、起皮、腐蚀斑点、气泡、电灼伤、流痕以及膜(涂)层脱落等缺陷存在。

(3)紧固件。单元式幕墙所使用的各类紧固件,如螺栓、螺钉、螺柱、螺母和抽心铆钉等紧固件的机械性能,均应符合现行国家标准规定要求。

(4)密封胶。

1)单元式幕墙所采用的结构密封胶、建筑密封胶(耐候胶)、中空玻璃二道密封胶、防火密封胶等均应符合现行国家标准规定要求。

2)同一单位单元式幕墙必须采用同一牌号和同一批号的硅酮密封胶。

3)任何情况下,各类硅酮要在有效期内使用,不准使用过期产品。

4)硅酮结构密封胶、硅酮耐候胶在使用时应提供与所接触材料的相容性试验合格报告和力学试验合格报告以及保质年限的质量证明文件。

(5)玻璃。

1)玻璃是单元式幕墙的主要材料之一,幕墙玻璃要承受荷载,必须具备一定的力学性能,单元式幕墙玻璃的机械、光学、热工性能、尺寸偏差等,均应符合现行国家标准规定要求。

2)单元式玻璃幕墙使用的玻璃,应进行厚度、边长、外观质量、应力和边缘处理情况的检验。

3)单元式玻璃幕墙使用的玻璃必须采用安全玻璃,钢化玻璃宜经过均化处理。

4)单元式玻璃幕墙的中空玻璃应采用双道密封。隐框及半隐框结构中的中空玻璃的二道密封必须采用硅酮结构密封胶。

6.2.2 主要机具设备

(1)单元式幕墙安装应配备足够数量的转运运输车辆、装卸吊运起重机械、工序间专用工位工装器具。

(2)单元式幕墙安装机具主要包括垂直与水平运输机具(含脚手架或吊篮)、电动或手动吸盘、电焊机、注胶机具、清洗机具、扭矩扳手、普通扳手、测厚仪、铅垂仪、激光经纬仪、水平仪、钢卷尺、水平尺、靠尺、角尺等。

(3)单元(板块)组件的转运,应设计配置专用的,能防止碰撞、防挤压的包装转运吊架。

(4)单元(板块)组件的装卸,应采用行吊、塔吊、龙门吊、卷扬机等起重机机具进行作业,所使用的绳具应安全可靠。

(5)单元(板块)组件的搬运、吊装,应设置专用的可移动钢平台、运送车、存放架、简易龙门架、定位卷扬机等搬运工位机具。每个操作班应设专人对设备机具进行保养检查,并填写保养检查记录。

(6)单元式幕墙安装放线、定位、检测所使用的激光经纬仪、经纬仪、水平仪、水平尺等测量器具,应经计量监督检测部门检定合格,并在有效期内使用。

(7)单元式幕墙安装所使用的拉紧器、电动(手动)限力扳手等手用工具应设专人校核检测,并填写校核记录,量值不准的器具不准使用。其他紧固工具和一般检测尺表均应处于良好状态,并有专人保管。

(8)单元式幕墙安装应配置必需数量的对讲通信设备,对不同职能人员设置不同的频率,以便更好地指挥安装作业。

6.2.3 作业条件

(1)安装单元式幕墙的主体结构(钢结构、钢筋混凝土结构和楼面工程等)已完工,并按国家有关规范验收合格。

(2)预埋件在主体结构施工时,按设计要求埋设牢固,位置准确。

(3)单元式幕墙安装所用的吊装机具、工位转运器具、脚手架、吊篮等设置完好,障碍物已拆除。

(4)对单元式幕墙可能造成污染或损伤的分项工程,应在单元式幕墙安装施工前完成,或采取了安全可靠的保护措施。

(5)设置的幕墙单元部件和安装附件存放的临时库房应能防风雨、防日晒,所有器材入场后均能定置、定位摆放,不得直接落地堆放。

(6)幕墙安装施工队伍应建立明确的安全生产、文明生产管理责任制。

(7)单元幕墙安装施工计划和施工技术方案须得到总包技术部门的审批。对各分项工程进行协调,将单元式幕墙安装纳入建筑工程施工总计划之中。

（8）在幕墙安装作业面楼板边沿清理出 5～8m 宽的作业面,作业面内不允许存在任何可移动的障碍物,并在幕墙安装作业面楼层底部楼层架好安全防护网。

6.2.4　施工操作工艺

单元式幕墙安装工艺过程,是指将单元组件吊到预定位置后的安装、调整、固定及防雷、防火、防渗漏密封等细部节点安装施工和检验的作业工序。

（1）主要工序流程:测量放线→幕墙单元体连接件安装→吊装幕墙单元体→单元板块精度调整→安装开启扇→收口→清洁→验收、交工。

（2）单元构件运输。

1）运输前单元板块应顺序编号,并配有专人对成品进行保护。

2）装卸及运输过程中,应采用有足够承载力和刚度的周转架,衬垫弹性垫,保证板块相互隔开并相对固定,不得相互挤压和串动。

3）超过运输允许尺寸的单元板块,应采取特殊措施。

4）单元板块应按顺序摆放平衡,不应造成板块或型材变形;运输过程中,应采取措施减小颠簸。

（3）单元幕墙安装测量、定位、放线。在土建结构工程施工完毕并验收合格后,进行测量定位,对土建结构施工的误差在此阶段进行消化和分配,并调正原来分格尺寸,务必要使误差不积累在最后一个分格,在此基础上,将定位线画在楼板(墙栓)上,作为安装连接件的依据。

（4）单元幕墙连接件安装。

1）单元式幕墙的连接件安装定位后,用经纬仪复测安装精度,无误后,采用满焊固定,连接件要一次全部调正到位,达到允许偏差范围。严禁在单元幕墙板块吊装完成后进行焊接。

2）单元式幕墙的连接件是指与单元式幕墙组件相配合,安装在结构上的连接件,它与单元组件上的连接构件对插(接)后,按定位位置将单元组件固定在结构上,由于它们是一组对插(接)构件,有严格的公差配合要求。

3）单元式幕墙单元板块的三维微调通过单元体上的连接构件来实现,对具体的一块单元板块而言,其一侧的主体上的连接件开有槽口,单元板块上该位置连接构件的螺丝插入槽口中,实现该侧的固定;另一侧的主体连接件不开槽口,单元板块上的连接构件挂装在该连接件上,可以滑动,实现单元板块三维微调。

4）连接件安装的允许偏差和检验方法见表 6.2.4-1。

表 6.2.4-1　连接件安装的允许偏差和检验方法

序号	项目	允许偏差/mm	检验方法
1	标高	±1.0(可上下调节时±2.0)	用水准仪检查
2	连接件两端点平行度	≤1.0	用钢尺检查
3	距安装轴线水平距离	≤1.0	用钢尺检查

续表

序号	项目		允许偏差/mm	检验方法
4	垂直偏差(上、下两端点与垂线偏差)		±1.0	用钢尺检查
5	两连接件连接点中心水平距离		±1.0	用钢尺检查
6	两连接件上、下端对角线差		±1.0	用钢尺检查
7	相邻三连接件(上下、左右)偏差		±1.0	用钢尺检查
8	连接件	孔(槽)直径(宽度)	+0.40,+0.10	用塞规检查
		轴(板)直径(厚度)	−0.10,−0.40	
		插孔(槽)[件]直径(厚、宽度)	+0.40[−0.10] +0.10[−0.40]	

(5)单元吊装机具准备。

1)应根据单元板块选择适当的吊装机具,并与主体结构安装牢固;吊装机具使用前,应进行全面质量、安全检验;吊具设计应使其在吊装中与单元板块之间不产生水平方向分力。

2)吊具运行速度应可控制,并有安全保护措施;吊装机具应采取防止单元板块摆动的措施。

(6)起吊和就位的要求。

1)吊点和挂点应符合设计要求,吊点不应少于2个。必要时可增设吊点加固措施并试吊;起吊单元板块时,应使各吊点均匀受力,起吊过程应保持单元板块平稳。

2)吊装升降和平移应使单元板块不摆动、不撞击其他物体;吊装过程中应采取措施保证装饰面不受磨损和挤压;单元板块就位时,应先将其挂到主体结构的挂点上,板块未固定前,吊具不得拆除。

(7)校正及固定的规定。

1)单元板块就位后,应及时校正;单元板块校正后,应及时与连接部位固定,并应进行隐蔽工程验收;单元板块固定后,方可拆除吊具,并应及时清洁单元板块的型材槽口。

2)施工中如果暂停安装,应对插槽口等部位进行保护;单元板块安装完毕后应及时进行成品保护。

(8)单元板块安装检测。单元式幕墙安装的允许偏差和检验方法见表6.2.4-2。

表6.2.4-2 单元式幕墙安装的允许偏差和检验方法

序号	项目		允许偏差	检验方法
1	竖缝及墙面垂直度	幕墙高度≤30m	10	用激光经纬仪或经纬仪检查
		30m<幕墙高度≤60m	15	
		60m<幕墙高度≤90m	20	
		幕墙高度>90m	25	

续表

序号	项目		允许偏差	检验方法
2	幕墙平面度		2.5	用2m靠尺和钢板尺检查
3	竖缝直线度		2.5	用2m靠尺和钢板尺检查
4	横缝直线度		2.5	用2m靠尺和钢板尺检查
5	缝宽度(与设计值比)		±2	用卡尺检查
6	耐候胶直线度	长度≤20m	1	用钢尺检查
		20m<长度≤60m	3	
		60m<长度≤100m	6	
		长度>100m	10	
7	同层单元组件标高	宽度不大于35m	≤3.0	用激光经纬仪或经纬仪检查
		宽度大于35m	≤5.0	
8	相邻两组件面板表面高低差		≤1.0	用深度尺检查
9	两组件对插件接缝搭接长度(与设计值比)		±1.0	用卡尺检查
10	两组件对插件距槽底距离(与设计值比)		±1.0	用卡尺检查

(9)保护和清洁。

1)施工中幕墙应采用适当的措施加以保护,防止发生碰撞、污染、变形、变色及排水管堵塞等现象。

2)施工中,给幕墙及幕墙构件表面装饰造成影响的粘附物要及时清除,恢复其原状及原貌。

3)玻璃幕墙工程安装完成后,应制定清扫方案,防止幕墙表面污染和发生异常,其清扫工具、吊盘以及清扫方法、时间、程序等,应得到专职人员批准。

4)幕墙安装完后,应从上到下用中性清洁剂对幕墙表面及外露构件进行清洗。清洗玻璃和铝合金件的中性清洁剂,清洗前应进行腐蚀性检验,证明对铝合金和玻璃无腐蚀作用后方能使用。清洁剂有玻璃和铝合金清洗剂之分,互有影响,不能错用,清洗时应隔离。清洁剂清洗后应及时用清水冲洗干净。

6.2.5 质量标准

(1)单元式幕墙安装的质量控制应包括预埋构件制作质量和锚固质量控制、单元式幕墙组件(板块)制作质量控制、单元式幕墙安装施工工艺质量控制等主要方向。

(2)单元式幕墙与主体结构安装连接的锚固结构构件质量控制,应符合《玻璃幕墙工程技术规范》(JGJ 102—2003)的相关规定。

(3)单元格(框)制作装配质量。单元格(框)是由左右竖框、上下横框及设计上规定的中横框、中竖框等用紧固件连接成一个整体的格(框)架。连接方法应为螺钉紧固连接,装配连接必须使用限力扳手固紧。有防渗漏要求的连接面缝应涂密封胶,做防渗漏处理。单元格(框)制作装配的允许偏差和检验方法见表6.2.5-1。

表6.2.5-1 单元格(框)制作装配的允许偏差和检验方法

序号	项目	尺寸范围	允许偏差	检验方法
1	框长宽尺寸	≤2000mm	±1.5mm	用钢卷尺检查
		>2000mm	±2.0mm	
2	分格长宽尺寸	≤2000mm	±1.5mm	用钢卷尺检查
		>2000mm	±2.0mm	
3	对角线长度差	≤2000mm	≤1.5mm	用对角线尺检查
		>2000mm	≤3.5mm	
4	接缝高低差		≤0.5mm	用深度尺检查
5	接缝间隙		≤0.5mm	用塞尺检查
6	框平面度		≤1.0mm	检查平台,用塞规检查
7	框料表面划伤	深度小于涂层或镀膜层	L≤1000mm≤4处	
8	框料表面擦伤	每处面积≤100mm^2	A≤300mm^2≤4处	

(4)金属板的加工制作质量。金属板含单层铝板、复合铝板、蜂窝铝板、彩色钢板、单层搪瓷板、复合搪瓷板、单层板等类型,其加工制作包括冲压成型、加强肋的制作安装、安装件的制作安装。复合板的加工制作包括铣槽、折弯成型、折边加固等。金属板加工组装的技术要求,应符合GB/T 21086—2007、JGJ 102—2003、JGJ 133—2001的相关规定。

(5)玻璃面板的加工制作质量。

1)玻璃面板的裁切应按设计图案技术要求进行加工制作,其尺寸允许偏差见表6.2.5-2。

表6.2.5-2 玻璃面板裁切加工制作允许偏差

序号	项目	尺寸范围/mm	允许偏差/mm
1	长宽尺寸	≤2000	±0.5
		>2000	±1.0
2	对角线长度差	≤2000	1
		>2000	1.5

2)采用钢化玻璃、夹层玻璃、中空玻璃制作的面板,应由专业制造厂出具各批次的检测试验报告。不合格品不准进入生产装配现场。

(6)花岗石面(板)材的加工制作质量。花岗石面材加工应按设计图样技术要求进行安装部位槽、孔等加工,加工时要对面(板)材进行保护,防止产生缺棱、缺角。加工允许偏差见表 6.2.5-3。

表 6.2.5-3 花岗石面(板)材加工制作允许偏差

序号	项目		尺寸范围/mm	允许偏差/mm
1	长宽尺寸		≤1000	±0.5
			>1000	±1.0
2	对角线长度差		≤1000	1
			>1000	+1.5
3	孔位			±1.0
4	孔径			±0.2
5	槽	中心线	≤1000	±0.2
			>1000	±0.5
		宽	≤10	±0.5
			>10	±1
		深	≤10	±0.5
			>10	±1.0

(7)安装连接件和插挂件的加工制作质量。单元式幕墙安装连接件和插挂件的结构设计有利于幕墙单元部件的安装和(三维)调整,有利于单元式幕墙在受到设计规定荷载冲击时能维持安全使用。应有设计、制造单位提供的设计计算参数和产品实物的试验检测报告,只有实物试验检测数据满足设计计算要求的合格产品,才能投入安装使用。

(8)单元式幕墙(板块)组件组合、装配的质量控制。单元(板块)组件的组合装配工艺应采用有利于直观检查、检验、安装技术要素的工艺方法。单元(板块)组件的组合装配应符合 GB/T 21086—2007、JGJ 102—2003、JGJ 133—2001 的相关规定。单元组件组合装配的允许偏差和检验方法见表 6.2.5-4。

表 6.2.5-4 单元组件组合装配的允许偏差和检验方法

序号	项目		允许偏差/mm	检验方法
1	单元(板块)组件长宽尺寸	≤2000mm	±1.5	用钢卷尺检查
		>2000mm	±2.0	
2	单元(板块)组件对角线长度差	≤2000mm	≤2.5	用钢卷尺检查
		>2000mm	≤3.5	
3	胶缝宽度		+1.0,0	用卡尺或钢板尺检查

续表

序号	项目		允许偏差/mm	检验方法
4	胶缝厚度		+0.5,0	用卡尺或钢板尺检查
5	各搭接量(与设计值比)		+1.0,0	用钢卷尺检查
6	部件平面度		≤1.5	用1m靠尺检查
7	单元(板块)组件内镶板间接缝宽度(与设计值比)		±1.0	用塞尺检查
8	连接构件竖向中轴线距组件外表面(与设计值比)		±1.0	用钢板尺检查
9	连接插挂件水平轴线距组件水平对插中心线		±1.0,有上下调节时±2.0	用钢板尺检查
10	连接插挂件竖向轴线距组件竖向对插中心线		±1.0	用钢板尺检查
11	两连接插挂件中心线水平距离		±1.0	用钢板尺检查
12	连接插挂件	轴(板)直径(厚度)	−0.1,−0.4	用塞尺检查
		孔(槽)直径(宽度)	+0.4,+0.1	
		插件(槽)直径(宽、厚度)	−0.1(+0.4), −0.4(−0.1)	
13	两连接插挂件上下端水平距离差		±0.5	用钢板尺检查

(9)幕墙单元组件安装固定后相关尺寸的检测与控制。每一单元(板块)组件安装后要进行测量调整,应保证每一幅或一个安装单元式幕墙墙面的水平度和垂直度均不大于1/1000。单元(板块)组件安装就位固定后其相关尺寸检测允许偏差和检验方法见表6.2.5-5。

表6.2.5-5 单元(板块)组件安装就位固定后其相关尺寸检测允许偏差和检验方法

序号	项目		允许偏差/mm	检验工具
1	墙面垂直度	幕墙高度≤30m	10	用经纬仪检查
		30m<幕墙高度≤60m	15	
		60m<幕墙高度≤90m	20	
		幕墙高度>90m	25	
2	墙面平面度		2	用3m靠尺检查
3	竖缝垂直度		3	用3m靠尺检查
4	横缝水平度		3	用3m靠尺检查
5	单元组件间接缝宽度(与设计值比)		±1	用钢板尺检查

续表

序号	项目		允许偏差/mm	检验工具
6	耐候胶直线度	长度≤20m	1	用钢卷尺检查
		20m＜长度≤60m	3	
		60m＜长度≤100m	6	
		长度＞100m	10	
7	两单元(板块)组件接缝高低差		≤1.0	用深度尺检查
8	对插挂件与槽底间隙(与设计值比)		+1.0,0	用钢板尺检查
9	对插挂件搭接长度		+1.0,0	用钢板尺检查

6.2.6　成品保护

(1)工厂组装好的单元(板块)组件,铝型材装饰外露面用保护胶布粘贴,以防止其表面污损划伤。

(2)单元式幕墙在一个安装单元层面内安装完成后,应采用塑料编织条布覆盖,以防止上层溅水或水泥污物污染安装好的幕墙上,腐蚀单元幕墙各组件。

(3)在已安装单元式幕墙的区域内,进行其他分项工程施工作业时,应设置警示标志和维护屏障,以防止任何可能损伤单元式幕墙的物体磕碰、撞击和污损。

(4)单元式幕墙的维护清洗,应定期(每年不少于一次)选择专业清洗公司,采用中性无腐蚀、无污染的清洗剂进行清洗,严禁使用硬物摩擦玻璃表面。

(5)用户应按单元式幕墙使用维护说明书,制定幕墙的保养和维修制度。保修期内幕墙制作厂应定期检查幕墙的使用情况,及时指导用户进行单元式幕墙的维护与保养,修复易损故障件。

(6)当遇台风、地震、火灾等自然灾害时,用户应及时通知制作安装厂对单元式幕墙进行全面检查,视损坏程度进行维修加固。

(7)幕墙的保养和维护:凡高处作业者,必须遵守现行国家标准《建筑施工高处作业安全技术规范》(JGJ 80—2016)的有关规定。

6.2.7　施工注意事项

(1)单元式幕墙安装施工人员上岗前,应进行单元式幕墙安装专业技能培训,考核不合格者不准上岗。

(2)严格贯彻国家规范标准和地方行政法规。严格按照单元式幕墙设计、施工技术文件的规定进行施工作业,严禁违章指挥和野蛮作业。

(3)单元(板块)组件在吊装过程中,应采取可靠的安全保护措施,吊装机具应牢固稳定,防止单元(板块)组件在吊装时晃动摇摆碰撞楼板,确保吊装安全。

(4)单元(板块)组件应按安装序列号指定位置存放,按安装顺序号吊装。

(5)单元(板块)组件转运车、摆放架应设置保护软垫衬,以防止划伤。

(6)定位放线、测量检测应在风力不大于4级的晴天进行,并注意经常校核定位基准点,以确保测量放线的准确性。

(7)安装现场使用的测量检测器具、限力工具、绳具等应设专人校核、保养维护,保证工装器具合格良好。

(8)安装单元(板块)组件时,严禁用铁榔头等物敲击撬压。

6.2.8 质量记录

(1)幕墙工程所用各种材料、五金配件、构件及组件的产品合格证书、性能检测报告、进场验收记录和复验报告

(2)幕墙工程所用硅酮结构胶的认定证书和抽查合格证书

(3)后置埋件的现场拉拔强度检测报告。

(4)幕墙的抗风压性能、空气渗透性能、雨水渗漏性能及平面变形性能检测报告。

(5)打胶、养护环境的温度、湿度记录,双组分硅酮结构胶的混匀性试验记录及拉断试验记录。

(6)防雷装置测试记录。

(7)隐蔽工程验收记录。

(8)幕墙构件和组件的加工制作记录,幕墙安装施工记录。

(9)分项工程施工质量验收记录。

6.3 金属板幕墙工程施工工艺标准

金属板幕墙有复合铝板、单层铝板、铝蜂窝板、夹芯保温铝板、不锈钢板、彩涂钢板、珐琅钢板等材料形式,金属板幕墙主要以铝板为主。本工艺标准适用于建筑装饰装修工程金属幕墙工程施工。工程施工应以设计图纸和有关施工质量验收规范为依据。

6.3.1 主要类型

(1)按材料分类。金属板(铝板)幕墙按材料可分为单一材料板和复合材料板两种。

1)单一材料板为一种质地的材料,如钢板、铝板、铜板、不锈钢板等。

2)复合材料板由两种或两种以上质地的材料组成,如铝合金板、搪瓷板、烤漆板、镀锌板、色塑料膜板、金属夹心板等。

(2)按板面形状分类。金属幕墙按板面形状可分为光面平板、纹面平板、压型板、波纹板、立体盒板等。

6.3.2 材料要求

(1)金属幕墙工程中使用的材料必须具备相应出厂合格证、质保书和检验报告。

(2)金属幕墙工程中使用的铝合金型材,其壁厚、膜厚、硬度和表面质量等必须达到设计及规范要求。

(3)金属幕墙工程中使用的钢材,其厚度、长度、膜厚和表面质量等必须达到设计及规范要求。

(4)金属幕墙工程中使用的面材,其厚度、板材尺寸、外观质量等必须达到设计及规范要求。

(5)金属幕墙工程中使用的硅酮结构密封胶、硅酮耐候密封胶及其他密封材料,其相容性、粘结拉伸性能、固化程度等必须达到设计及规范要求。

6.3.3 主要机具设备

(1)机械设备。包括双头切割机、单头切割机、冲床、铣床、钻床、锣榫机、组角机、打胶机、玻璃磨边机、空压机、吊篮、卷扬机、电焊机。

(2)主要机具。包括水准仪、经纬仪、胶枪、玻璃吸盘、螺丝刀、钳子、扳手、线坠、水平尺、钢卷尺等。

6.3.4 作业条件

(1)主体结构已施工完毕并经验收合格后,有土建移交的控制线和基准线。

(2)主体施工时已按设计要求埋设预埋件,拉拔试验合格。

(3)幕墙安装的施工组织设计已完成,并经有关部门审核批准。其中施工组织设计内容包括工程进度计划,搬运、起重方法,测量方法,安装方法,安装顺序,检查验收,以及安全措施。

(4)幕墙材料、构件和附件的材料品种、规格、色泽和性能符合设计要求。

(5)安装幕墙用的吊篮等垂直运输设备和脚手架等操作平台搭设就位,并经验收合格。

6.3.5 构件的加工制作

(1)幕墙在制作前,应对建筑物的设计施工图进行核对,并对建筑物进行复测,按实测结果调整幕墙图纸中的偏差,经设计单位同意后方可加工组装。

(2)用硅酮结构密封胶粘结固定构件时,注胶应在温度15℃以上、30℃以下,相对湿度50%以上且洁净、通风的室内进行,胶的宽度、厚度应符合设计要求。

(3)幕墙构件加工制作尺寸应符合设计和规范要求。

(4)钢构件表面防锈处理应符合现行国家标准的有关规定。

(5)金属板加工制作。

1)金属板材的品种、规格、色泽及铝合金板材表面氟碳树脂涂层厚度应符合设计要求。

2)金属幕墙的女儿墙部分,应用单层铝板或不锈钢板加工成向内倾斜的盖顶。

(6)金属幕墙的吊挂件、安装件质量要求。

1)单元金属幕墙使用的吊挂件、支撑件,宜采用铝合金件或不锈钢件,并应具备可调整范围。

2)单元幕墙的吊挂件与预埋件的连接应采用穿透螺栓。

3)铝合金立柱直接采用螺纹连接部位的局部壁厚不得小于螺钉的公称直径。

4)单元金属幕墙使用的吊挂件、支撑件宜采用铝合金件或不锈钢件,并应具备可调整范围。

6.3.6 施工操作工艺

工艺流程:复检基础尺寸,检查埋件位置→放线→检查放线精度→安装连接铁件→质量检查→安装龙骨→质量检查→安装防火材料→质量检查→安装铝板→质量检查→密封→清扫→全面综合检查→竣工交付。

(1)安装施工准备。

1)编制材料、制品、机具的详细进场计划,落实各项需用计划,编制施工进度计划,做好技术交底工作。

2)构件储存时应依照安装顺序排列放置,放置架应有足够的承载力和刚度。在室外储存时应采取保护措施。

3)构件安装前应检查制造合格证,不合格的构件不得安装。

(2)预埋件制作安装。预埋件的制作安装应以设计图纸为依据。

1)金属板幕墙的竖框与混凝土结构应通过预埋件连接,预埋件应在主体结构混凝土施工时埋入。当土建工程施工时,金属板幕墙的施工单位应派出专业技术人员和施工人员进驻施工现场,与主建施工单位配合,严格按照预埋施工图安放预埋件,通过放线确定埋件的位置,其允许位置尺寸偏差为±20mm,然后进行埋件施工。

2)预埋件通常是由锚板和对称配置的直锚筋组成,如图 6.3.6-1 所示,受力预埋件的锚板宜采用Ⅰ级或Ⅱ级钢筋,并不得采用冷加工钢筋。预埋件的受力直锚筋不宜少于 4 根,直径不宜小于 8mm。预埋件的锚筋应放在主体结构外排主筋的内侧,锚板应与混凝土墙平行且埋板的外表面不应凸出墙的外表面。直锚筋与锚板应采用 T 型焊,锚筋直径不大于 20mm 时宜采用压力埋弧焊。手工焊缝高度不宜小于 6mm 及 0.5d(Ⅰ级钢筋)或 0.6d(Ⅱ级钢筋)。充分利用锚筋的受拉强度时,锚固强度应符合表 6.3.6-1 中的要求。锚筋的最小锚固长度在任何情况下都不应小于 250mm。锚筋按构造配置,未充分利用其受拉强度时,锚固长度可适当减少,但不应小于 180mm。光圆钢筋端部应做弯钩。

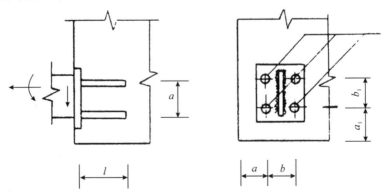

图 6.3.6-1 由锚板和直锚筋组成的预埋件

表 6.3.6-1　锚固钢筋的锚固长度 l_a

钢筋类型	混凝土强度等级	
	C25	≥C30
Ⅰ级钢	30d	25d
Ⅱ级钢	40d	35d

注:1. 当螺纹钢筋直径 d 不大于 25mm 时,l_a 可以减少 5d。

　　2. 锚固长度不应小于 250mm。

3)锚板的厚度应大于锚筋直径的 0.6 倍。受拉和受弯预埋件的锚板的厚度尚应大于 $b/8$(b 为锚筋间距)。锚筋中心至锚板距离不应小于 $2d$ 及 20mm。受拉和受弯预埋件,其钢筋间距和锚筋至构件边缘的距离均不应小于 $3d$ 及 45mm。受剪预埋件,其锚筋的间距 b_1 及 b 不应大于 300mm,其中 b_1 不应小于 $6d$ 及 70mm,锚筋至构件边缘的距离 c_1 不应小于 $6d$ 及 70mm,b、c 不应大于 $3d$ 及 45mm。

4)当主体结构为混凝土结构时,如果没有条件采取预埋件,应按设计要求,采用其他可靠的连接措施,并应通过试验决定其承载力。

5)无论是新建筑还是旧建筑,当主体为实心砖墙时,不允许采用膨胀螺栓来固定后置埋板,必须用钢筋穿透墙体,将钢筋的两端分别焊接到墙内和墙外两块钢板上,做成夹墙板的形式,然后再将外墙板用膨胀螺栓固定到墙体上。钢筋与钢板的焊接,要符合国家焊接施工规范。当主体为轻体墙如空心砖、加气混凝土砖时,无特殊加固措施,不得作为幕墙支承结构。

(3)施工测量放线。

1)复查由土建方移交的基准线。

2)放标准线:在每一层将室内标高线移至外墙施工面,并进行检查;在石材挂板放线前,应首先对建筑物外形尺寸进行偏差测量,根据测量结果,确定出干挂板的基准面。

3)以标准线为基准,按照图纸将分格线放在墙上,并做好标记。

4)分格线放完后,应检查预埋件的位置是否与设计相符,否则应进行调整或预埋件处理。

5)最后,用直径 0.5~1.0mm 的钢丝在单榀幕墙的垂直、水平方向各拉两根,作为安装的控制线,水平钢丝应每层拉一根(宽度过宽,应每间隔 20m 设 1 个支点,以防钢丝下垂),垂直钢丝应间隔 20m 拉一根。

6)注意事项:放线时,应结合土建的结构偏差,将偏差分解,应防止误差积累;应考虑好与其他装饰面的接口;拉好的钢丝应在两端紧固点做好标记,以便断丝能快速重拉;应严格按照图纸放线;控制重点为基准线。

(4)过渡件的焊接。

1)经检查,埋件安装合格后,可进行过渡件的焊接施工。焊接时,过渡件的位置一定要与墨线对准。应先将同水平位置两侧的过渡件点焊,并进行检查。

2)焊接作业注意事项。

①焊接作业顺序:清理、确认焊接位置→焊接→除掉焊渣→检查焊接质量→防锈处理。

②用规定的焊接设备、材料及人员。

③做好焊接现场的安全、防火工作。

④严格按照设计要求进行焊接,要求焊缝均匀,无假焊、虚焊。

⑤防锈处理要及时、彻底。

(5)铝龙骨安装。

1)先将立柱从上至下,逐层挂上。

2)根据水平钢丝,将每根立柱的水平标高位置调整好,稍紧螺栓。

3)再调整进出、左右位置,经检查合格后,拧紧螺帽。

4)调整完毕且面层检查合格后,将垫片、螺帽与铁件电焊上。

5)最后安装横龙骨,安装时水平方向应拉线,并保证竖龙骨与横龙骨接口处的平整,且不能有松动。

(6)防火材料安装。

1)龙骨安装完毕,可进行防火材料的安装。

2)安装时应按图纸要求,先将防火镀锌板固定(用螺丝或射钉),要求牢固可靠,并注意板的接口。

3)然后铺防火棉,安装时注意防火棉的厚度和均匀度,保证与龙骨料接口处饱满,且不能挤压,以免影响面材。

4)最后进行顶部封口处理即安装封口板。

5)安装过程中要注意对玻璃、铝板、铝材等成品的保护,以及内装饰的保护。

(7)金属板安装。

1)安装前应将铁件或钢架、立柱、避雷、保温、防锈全部检查一遍,合格后再将相应规格的面材搬入就位,然后自上而下进行安装。

2)安装过程中拉线控制相邻玻璃面的平整度和板缝的水平、垂直度,用木板模块控制缝的宽度。

3)安装时,应先就位,临时固定,然后拉线调整。

4)安装过程中,如缝宽有误差,应均分在每条胶缝中,防止误差积累在某一条缝中或某一块面材上。

(8)节点构造和收口处理。包括墙板节点构造设计、水平部位的压顶、端部的收口、伸缩缝的处理、两种不同材料交接部位的处理。

1)墙板节点。对于不同的墙板,其节点处理略有不同,几种不同板材的节点构造如图6.3.6-2至图6.3.6-4所示。通常在节点的接缝部位易出现上下边不齐或板面不平等问题,故应先一侧板安装,螺栓不拧紧,用横、竖控制线确定另一侧板的安装位置,待两侧板均达到要求后,再依次拧紧螺栓,打密封胶。

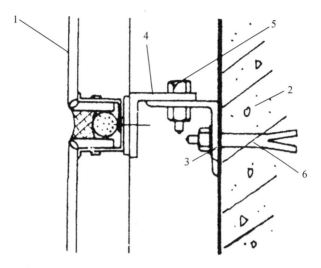

1—单板式铝塑板；2—承重柱（或墙）；3—角支撑；4—直角型铝材横梁；
5—调整螺栓；6—锚固螺栓

图 6.3.6-2 单板或铝塑板节点构造

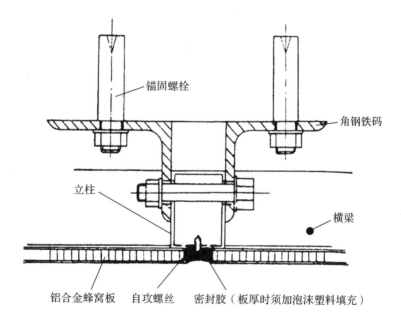

图 6.3.6-3 铝合金蜂窝板节点构造（一）

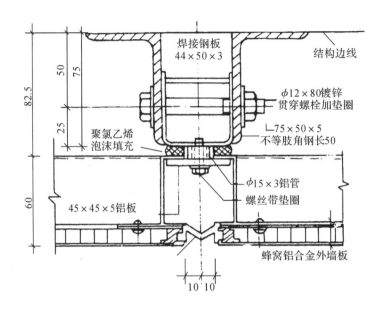

图 6.3.6-4 铝合金蜂窝板节点构造(二)(单位:mm)

2)转角部位的处理。通常用一条直角铝合金(钢、不锈钢)板,与外墙板直接用螺栓连接,或与角位立梃固定,如图 6.3.6-5、图 6.3.6-6 所示。

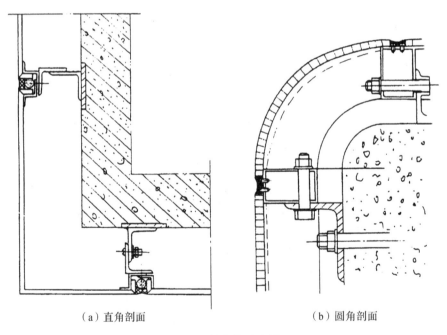

(a) 直角剖面   (b) 圆角剖面

图 6.3.6-5 转角构造大样(一)

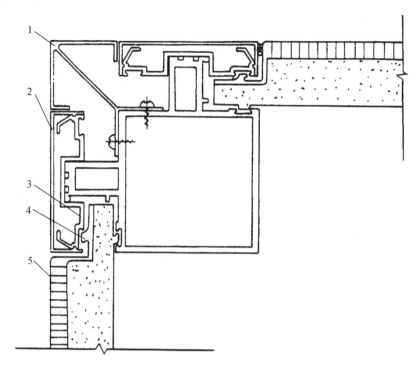

1—定型金属转角板;2—定型扣板;3—连接件;4—保温材料;5—金属外墙板

图 6.3.6-6　转角构造大样(二)

3)不同种材料的交接通常处于有横、竖料的部位,否则应先固定其骨架,再将定型收口板用螺栓与其连接,且在收口板与上下(或左右)板材交接处加橡胶垫或注密封胶。

4)女儿墙上部及窗台等部位的处理均属水平部位的压顶处理。即用金属板封盖,使之能阻挡风雨,防止浸透。水平盖板的固定,一般先将骨架固定于基层上,然后再用螺栓将盖板与骨架牢固连接,并适当留缝,打密封胶,如图 6.3.6-7 所示。

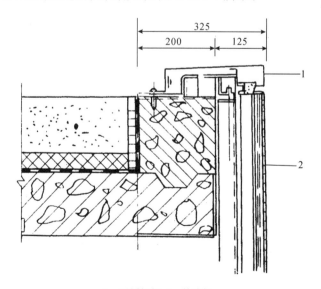

1—两厚铝板;2—外墙板

图 6.3.6-7　水平部位的盖板构造大样(单位:mm)

5)墙面边缘部位的收口是用金属板或形板将墙板端部及龙骨部位封盖,如图 6.3.6-8 所示。

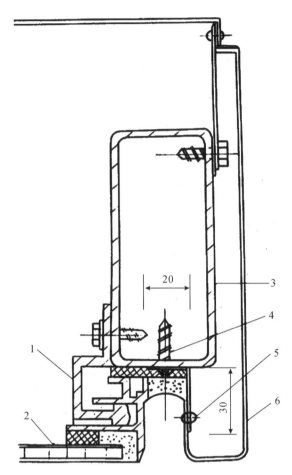

1—连接件;2—外墙板;3—型钢立柱;4—螺钉加 φ6 垫圈,中距为 500;
5—φ4 铝铆钉,中距为 300;6—1.5 成型铝板

图 6.3.6-8 边缘部位收口处理(单位:mm)

6)墙面下端收口处理。通常用一条特制挡水板,将下端封住,同时将板与墙之间的缝隙盖住,防止雨水渗入室内,如图 6.3.6-9 所示。

7)变形缝的处理应首先满足建筑物伸缩、沉降的需要,同时亦应达到装饰效果。另外,该部位又是防水的薄弱环节,其构造点应周密考虑。现在有专业厂商生产该种产品,既保证其使用功能,又能满足装饰要求,其通常采用异形金属板与氯丁橡胶带体系,如图 6.3.6-10 所示。

(9)密封。

1)密封部位的清扫和干燥,采用甲苯对密封面进行清扫,清扫时应特别注意不要让溶液散发到接缝以外的场所,清扫用纱布脏污后应常更换,以保证清扫效果,最后用干燥清洁的纱布将溶剂蒸发后的痕迹拭去,保持密封面干燥。

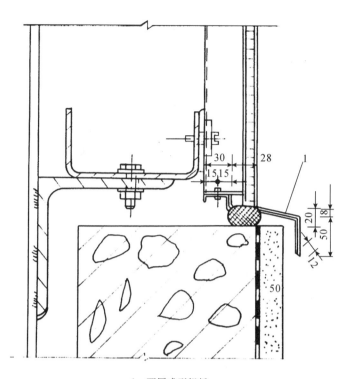

1—两厚成型铝板

图 6.3.6-9　单层铝板幕墙下端收口处理(单位:mm)

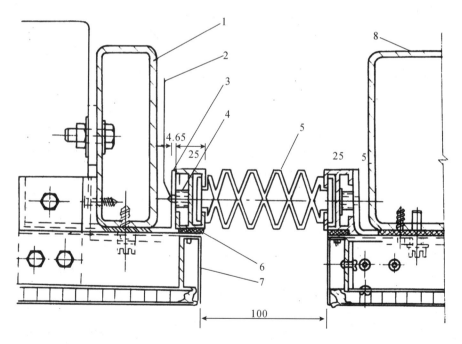

1—方管构架 152×50.8×4.6;2—φ6×20 螺钉;3—成型钢夹;4—φ15 铝管材;5—氯丁橡胶伸缩缝;
6—聚乙烯泡沫填充,外边用胶密封;7—模压成型 1.5 厚铝板;8—150×75×6 镀锌铁件

图 6.3.6-10　沉降缝构造处理(单位:mm)

2)为防止密封材料使用时污染装饰面,同时为使密封胶缝与面材交界线平直,应贴好纸胶带,要注意纸胶带本身的平直度。

3)注胶应均匀、密实、饱满,同时注意施胶方法,避免浪费。

4)注胶后,应将胶缝用小铲沿注胶方向用力施压,将多余的胶刮掉,并将胶缝刮成设计形状,使胶缝光滑、流畅。

5)胶缝修整好后,应及时去掉保护胶带,并注意撕下的胶带不要污染玻璃面或铝板面;及时清理粘在施工表面上的胶痕。

(10)金属幕墙的清扫。

1)清扫时先用在中性溶剂(5%水溶液)浸泡过的湿纱布将污物等擦去,然后再用干纱布擦干净。

2)清扫灰浆、胶带残留物时,可使用竹铲、合成树脂铲等仔细刮去。

(11)竣工交付。

1)先自检,然后上报建设单位竣工资料。

2)在建设单位组织下,验收、竣工交付。

3)办理相关竣工手续。

6.3.7 质量要求

(1)主控项目。

1)金属幕墙工程所使用的各种材料和配件,应符合设计要求及国家现行产品标准和工程技术规范的规定。检验方法:检查产品合格证书、性能检测报告、材料进场验收记录和复验报告。

2)金属幕墙的造型和立面分格应符合设计要求。检验方法:观察,尺量检查。

3)金属面板的品种、规格、颜色、光泽及安装方向应符合设计要求。检验方法:观察,检查进场验收记录。

4)金属幕墙主体结构上的预埋件、后置埋件的数量、位置及后置埋件的拉拔力必须符合设计要求。检验方法:检查拉拔力检测报告和隐蔽工程验收记录。

5)金属幕墙的金属框架立柱与主体结构预埋件的连接、立柱与横梁的连接、金属面板的安装必须符合设计要求,安装必须牢固。检验方法:手扳检查,检查隐蔽工程验收记录。

6)金属幕墙的防火、保温、防潮材料的设置应符合设计要求,并应密实、均匀、厚度一致。检验方法:检查隐蔽工程验收记录。

7)金属框架及连接件的防腐处理应符合设计要求。检验方法:检查隐蔽工程验收记录和施工记录。

8)金属幕墙的防雷装置必须与主体结构的防雷装置可靠连接。检验方法:检查隐蔽工程验收记录。

9)各种变形缝、墙角的连接节点应符合设计要求和技术标准的规定。检验方法:观察,检查隐蔽工程验收记录。

10)金属幕墙的板缝注胶应饱满、密实、连续、均匀、无气泡,宽度和厚度应符合设计要求和技术标准的规定。检验方法:观察,尺量检查,检查施工记录。

11)金属幕墙应无渗漏。检验方法:在易渗漏部位进行淋水检查。

(2)一般项目。

1)金属板表面应平整、洁净、色泽一致。检验方法:观察。

2)金属幕墙的压条应平直、洁净、接口严密、安装牢固。检验方法:观察,手扳检查。

3)金属幕墙的密封胶缝应横平竖直、深浅一致、宽窄均匀、光滑顺直。检验方法:观察。

4)金属幕墙上的滴水线应顺直,流水坡方向应正确。检验方法:观察,用水平尺检查。

5)每平方米金属板的表面质量和检验方法见表6.3.7-1。

表 6.3.7-1　每平方米金属板的表面质量和检验方法

序号	项目	质量要求	检验方法
1	明显划伤和长度>100mm 的轻微划伤	不允许	观察
2	长度≤100mm 的轻微划伤	≤8 条	用钢尺检查
3	擦伤总面积	≤500mm²	用钢尺检查

6)金属幕墙安装的允许偏差和检验方法见表6.3.7-2。

表 6.3.7-2　金属幕墙安装的允许偏差和检验方法

序号	项目		允许偏差/mm	检验方法
1	幕墙垂直度	幕墙高度≤30m	10	用经纬仪检查
		30m<幕墙高度≤60m	15	
		60m<幕墙高度≤90m	20	
		幕墙高度>90m	25	
2	幕墙水平度	幕墙幅宽≤3m	3	用水平仪检查
		幕墙幅宽>3m	5	
3	幕墙表面平整度		2	用2m靠尺和塞尺检查
4	板材立垂直度		3	用垂直检测尺检查
5	板材上沿水平度		2	用1m水平尺和钢直尺检查
6	相邻板材板角错位		1	用钢直尺检查
7	阳角方正		2	用直角检测尺检查
8	接缝直线度		3	拉5m线,不足5m拉通线,用钢直尺检查
9	接缝高低差		1	用钢直尺检查和塞尺检查
10	接缝宽度		1	用钢直尺检查

6.3.8　成品保护

(1)加工与安装过程中,应特别注意轻拿轻放,不能碰伤、划伤,加工好的铝材应贴好保护膜和标签。

(2)加强半成品、成品的保护工作,保持与土建单位的联系,防止已安装好的幕墙划伤。

(3)质检员与安全员紧密配合,采取措施搞好半成品、成品的保护工作。

(4)建议总包单位在靠近安装好的玻璃幕墙处安装简易的隔离栏杆,避免施工人员对铝制品、玻璃有意或无意的损坏。

(5)材料、半成品应按规定堆放,并安排专人保管。

6.3.9　安全与环保措施

(1)作业人员进场前,必须学习现场的安全规定,遵守业主、监理、总包等各单位制定的规章制度,进行安全技术交底;广泛宣传、教育作业人员牢固树立安全第一的思想,提高安全意识。

(2)进场人员必须做好安全防护,防止机具、材料的坠落。

(3)作业时要穿整洁合体并适合作业特点的工作服,不得裸身作业,要穿适合作业特点的工作鞋,不得穿凉鞋和拖鞋。

(4)凡要带入楼内的机械事先必须接受安全检查,合格后方可使用。携带电动工具时,必须在作业前做自我检查,做好记录。

(5)每天作业前后检查所用工具。

(6)作业前清理作业场地,下班后整理场地,不要将材料工具乱放,在作业中断或结束后,必须当天清扫垃圾并投放到指定地点。

(7)不得随意拆除脚手架连墙件等临时作业设施,不得已必须拆除脚手架连墙件或搭板时,需得安全人员的允许,作业结束后务必复原。

(8)在电焊作业时,必须设置接火斗,配置看火人员;各种防火工具必须齐全并随时可用,定期检查维修和更换。

(9)现场中的各种临时设施,包括办公、生活用房,仓库、材料与构件堆场临时水电管线,要严格按照建设单位要求搭设或埋设整齐,不能乱堆乱放,不应占用道路和通道以及施工工作面。

(10)工人操作地点和周围必须清洁整齐,要做到边干活边清理。

(11)现场各种材料、机械设备要按建设单位规定的位置堆放,堆放场地坚实平整,并有排水措施,材料要按品种、规格分类堆放,要求堆放整齐,易于保管和使用。

6.3.10　施工注意事项

(1)幕墙分格轴线的测量应与主体结构的测量配合,其误差应及时调整不得积累。

(2)对高层建筑的测量应在风力不大于4级情况下进行,每天应定时对幕墙的垂直及立柱位置进行校核。

(3)应将立柱与连接件连接,再将连接件与主体预埋件连接,并进行调整和固定,立柱安装标高偏差不应大于3mm。轴线前后偏差不应大于2mm,左右偏差不应大于3mm。

(4)相邻两根立柱安装标高偏差不应大于3mm,同层立柱的最大标高偏差不应大于5mm;相邻两根立柱的距离偏差不应大于2mm。

(5)应将横梁两端的连接件及弹性橡胶垫安装在立柱的预定位置,并应安装牢固,其接缝应严密。

(6)相邻两根横梁水平标高偏差不应大于1mm。同层标高偏差:当一幅幕墙宽度小于或等于35m时,不应大于5mm;当一幅幕墙宽度大于或等于35m时,不应大于7mm。

(7)同一层横梁安装应由下向上进行。当安装完一层高度时,应进行检查、调整、校正、固定,使其符合质量要求。

(8)有热工要求的幕墙,保温部分从内向外安装,当采用内衬板时,四周应套装弹性橡胶密封条,内衬板与构件接缝应严密;内衬板就位后,应进行密封处理。

(9)固定防火保温材料应锚钉牢固,防火保温层应平整,拼接处不应留缝隙。

(10)冷凝水排出管及附件应与水平构件预留孔连接严密,与内衬板出水孔连接处应设橡胶密封条。

(11)其他通气留槽孔及雨水排出口等应按设计施工,不得遗漏。

(12)幕墙立柱安装就位、调整后应及时紧固。幕墙安装的临时螺栓等在构成件安装就位、调整、紧固后应及时拆除。

(13)现场焊接或高强螺栓紧固的构件固定后,应及时进行防锈处理。幕墙中与铝合金接触的螺栓及金属配件应采用不锈钢或轻金属制品。

(14)不同金属的接触面应采用垫片作隔离处理。

(15)金属板安装时,左右上下的偏差不应大于1.5mm。

(16)金属板空缝安装时,必须要有防水措施,并有符合设计要求的排水出口。

(17)幕墙四周与主体的间隙,应采用防火的保温材料填塞,内外表面应采用密封胶连续封闭,接缝应严密不漏水。

(18)幕墙的施工过程中应分层进行防水渗漏性能检查。

(19)幕墙安装过程中应进行接缝部位的雨水渗漏检验。

(20)填充硅酮耐候密封胶时,金属板缝的宽度、厚度应根据硅酮耐候胶的技术参数,经计算后确定。较深的密封槽口底部应采用聚乙烯发泡材料填塞。

(21)耐候硅酮密封胶在接缝内应形成相对两面粘结。

(22)幕墙安装施工应对下列项目进行隐蔽验收。

1)构件与主体结构的连接节点的安装。

2)幕墙四周、幕墙内表面与主体结构之间间隙节点的安装。

3)幕墙伸缩缝、沉降缝、防震缝及墙面转角节点的安装。

4)幕墙防雷接地节点的安装。

5)其他带有隐蔽性质的项目。

6.3.11 质量记录

(1)幕墙工程所用各种材料、五金配件、构件及组件的产品合格证书、性能检测报告、进场验收记录和复验报告。

(2)幕墙工程所用硅酮结构胶的认定证书和抽查合格证书。

(3)后置埋件的现场拉拔强度检测报告。

(4)幕墙的抗风压性能、空气渗透性能、雨水渗漏性能及平面变形性能检测报告。

(5)打胶、养护环境的温度、湿度记录;双组分硅酮结构胶的混匀性试验记录及拉断试验记录。

(6)防雷装置测试记录。

(7)隐蔽工程验收记录。

(8)幕墙构件和组件的加工制作记录、幕墙安装施工记录。

(9)分项工程施工质量验收记录。

6.4 石材幕墙工程施工工艺标准

石材幕墙是一种独立的围护结构系统,它利用金属挂件将石材饰面板直接悬挂在主体结构上。本工艺标准适用于建筑装饰装修工程石材幕墙施工。工程施工应以设计图纸和有关施工质量验收规范为依据。

6.4.1 主要类型

(1)直接式构造。直接式是指将石材板通过金属挂件直接安装固定在主体结构上。这种方法要求主体结构墙体为强度高的钢筋混凝土墙,其主体结构墙面的垂直度和平整度一般精度较高。目前,较多采用的是如图6.4.1-1所示的板销式,用几种不同长度的金属挂件来适应主体,墙面的变化,用切割机在石板上开槽口。

(2)龙骨架式构造。在内外主体墙面,采用轻质材料(如加气混凝土、充气混凝土、泡沫混凝土及粘土空心砖、煤渣混凝土空心砌块等)填充时,石材幕墙由金属龙骨架承受幕墙的各种荷载。幕墙竖框和横梁均为钢型材,保温材料外用镀锌薄钢板封包,保温板与竖框之间由橡胶密封条和硅胶封堵,不仅形成第二道防水,也避免冷桥形成。铝合金横向挂条也是固定保温板的压条,在铝型材上需钻螺孔的部位,都制有凹线,使螺孔定位准确。在每一层高处设有一道金属装饰条,并利用金属装饰条和压板作为排除内壁有渗漏可能的排水槽。石材幕墙横向剖面和纵剖面分别如图6.4.1-2、图6.4.1-3所示。

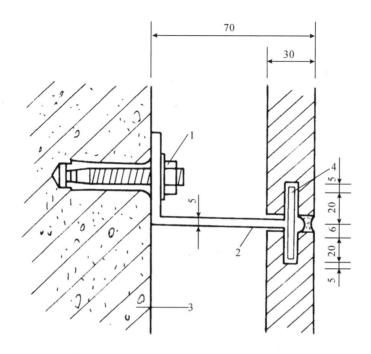

1—喜利得敲击式重荷锚栓 HKD-SM12;2—不锈钢挂件;

3—钢筋混凝土墙外刷防水涂料;4—2mm 厚不锈钢板,填焊固定

图 6.4.1-1 干挂施工直接法(单位:mm)

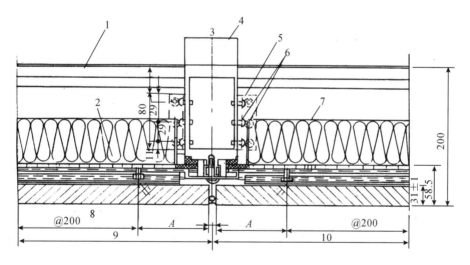

1—石膏板;2—螺钉;3—分格轴线;4—竖料;5—角码;6—螺钉;

7—保温板;8—31±1 mm 厚磨光花岗石;9—模数;10—模数

图 6.4.1-2 石材幕墙横向剖面(单位:mm)

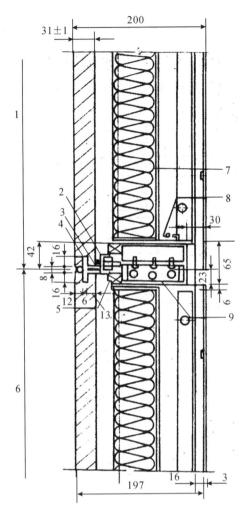

1—模数;2—橡胶密封条;3—铝挂板;4—垫块;5—橡胶封闭条外注嵌缝胶;

6—模数;7—保温板;8—铝横梁;9—铝角码

图 6.4.1-3　石材幕墙纵剖面(单位:mm)

(3)背挂式构造。采用工厂专用钻机在石材的背面上钻孔,并在石材底部扩孔。锚栓被无膨胀力地装入石材圆锥形钻孔内,再按规定的扭矩扩压锚栓,使扩压环张锚栓形成石材与锚栓的凸型结合。再利用背部锚栓固定金属挂件。背挂式节点如图6.4.1-4所示。

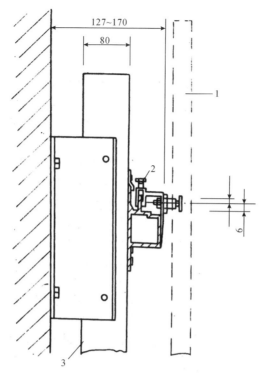

1—天然石板；2—可调节面板水平螺栓；3—[型立柱 80/50/Z]

图 6.4.1-4　背挂式节点示意(单位：mm)

(4)单元体法构造。利用特殊强化的组合框架，将饰面板材、铝合金窗、保温层等全部在工厂中组装在框架上，然后将整片墙面运至工地安装。单元体外墙节点如图 6.4.1-5 所示。

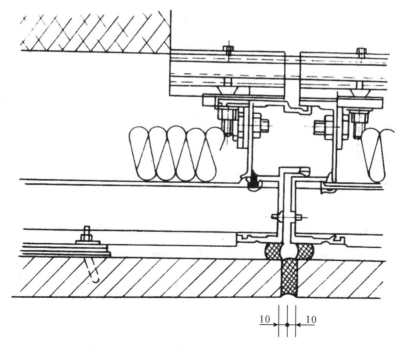

图 6.4.1-5　单元体外墙节点示意(单位：mm)

6.4.2　材料要求

(1)一般规定。

1)石材幕墙所选用的材料应符合国家现行产品标准的规定,同时应有出厂合格证、质保书及必要的检验报告。

2)石材幕墙材料应选用耐气候性的材料。金属材料和零配件除不锈钢外,钢材应进行表面热镀锌处理,铝合金应进行表面阳极氧化处理。

3)幕墙材料应采用不燃烧性材料或难燃烧性材料。

4)石材幕墙所选用材料的物理力学及耐候性能应符合设计要求。

5)硅酮结构密封胶、硅酮耐候密封胶必须有与所接触材料的相容性试验报告。橡胶条应有成分分析报告和保质年限证书。

6)当石材含有放射性物质时,应符合现行行业标准《建筑材料放射性核素限量》(GB 6566—2010)的规定。

7)幕墙所使用的低发泡间隔双面胶带应符合现行行业标准《玻璃幕墙工程技术规范》(JGJ 102—2003)的有关规定。

(2)金属材料。

1)幕墙采用的不锈钢宜采用奥氏体不锈钢,不锈钢的技术要求应符合现行国家标准的规定。

2)幕墙采用钢材的技术结构钢和低合金结构钢应符合现行国家标准的规定。

3)钢结构幕墙高度超过40m时,钢构件宜采用高耐候结构钢,并应在其表面涂刷防腐涂料。

4)钢构件采用冷弯薄壁型钢时,除应符合现行国家标准《冷弯薄壁型钢结构技术规范》(GB 50018—2002)的有关规定外,其壁厚不得小于3.5mm,强度应按实际工程验算,表面处理应符合现行国家标准《钢结构工程施工质量验收标准》(GB 50205—2020)的有关规定。

5)幕墙采用的铝合金型材应符合现行国家标准《铝合金建筑型材》(GB/T 5237—2017)中规定的高精级和《铝及铝合金阳极氧化膜与有机聚合物膜》(GB 8013—2007)的规定;铝合金的表面处理层厚度和材质应符合现行国家标准《铝合金建筑型材》(GB/T 5237.2～5237.5—2017)的有关规定。

6)幕墙采用的非标准五金件应符合设计要求,并应有出厂合格证。同时应符合现行国家标准《紧固件机械性能不锈钢螺栓、螺钉和螺柱》(GB/T 3098.6—2014)和《紧固件机械性能不锈钢螺帽》(GB/T 3098.15—2014)的规定。

(3)石材。

1)幕墙石材宜选用火成岩,石材吸水率应小于0.8%。

2)花岗石板材的弯曲强度应经法定检测机构检测确定,其弯曲强度标准值不应小于8.0MPa。

3)石板的表面处理方法应根据环境和用途决定。

4)为满足等强度计算的要求,火烧石板的厚度应比抛光石板厚3mm。

5)石材的技术要求应符合现行行业标准《天然花岗石荒料》(JC/T 204—2011)和《天然花岗石建筑板材》(GB/T 18601—2009)的规定。

6)石材表面应采用机械进行加工,加工后的表面应用高压水冲洗或用水和刷子清理,严禁用溶剂型的化学清洁剂清洗石材。

(4)建筑密封材料。

1)幕墙采用的橡胶制品宜采用三元乙丙橡胶、氯丁橡胶;密封胶条应为挤出成型,橡胶块应为压模成型。

2)密封胶条的技术要求应符合现行行业标准《金属与石材幕墙工程技术规范》(JGJ 133—2001)的规定。

3)幕墙应采用中性硅酮耐候密封胶,其性能应符合现行国家标准。

4)结构硅酮密封胶应采用高模数中性胶;硅酮结构密封胶分单组分和双组分,其性能应符合现行国家标准《建筑用硅酮结构密封胶》(GB 16776—2005)的规定。

5)硅酮密封胶应有保质年限的质量证书。用于石材幕墙的硅酮结构密封胶还应有证明无污染的试验报告。

6)两种不同的硅酮密封胶接触时应相容。

7)硅酮结构密封胶和硅酮耐候密封胶应在有效期内使用。过期的密封胶不得使用。

(5)其他材料。

1)幕墙可采用聚乙烯发泡材料作填充材料,其密度不应小于 $37kg/m^3$。

2)聚乙烯发泡填充材料的性能应符合现行国家行业标准《金属与石材幕墙工程技术规范》(JGJ 133—2001)的规定。

3)幕墙宜采用岩棉、矿棉、玻璃棉、防火板等不燃烧性或难燃烧性材料作隔热保温材料,同时应采用铝箔或塑料薄膜包装的复合材料,作为防水和防潮材料。

6.4.3 主要机具设备

主要机具设备包括切割机、冲床、铣床、钻床、锣榫机、组角机、打胶机、玻璃磨边机、空压机、吊篮、卷扬机、电焊机、水准仪、经纬仪、胶枪、玻璃吸盘等。

6.4.4 作业条件

(1)主体结构完工,并达到施工验收规范的要求,现场清理干净,幕墙安装应在二次装修之前进行。

(2)可能对幕墙施工环境造成严重污染的分项工程应安排在幕墙施工前进行。

(3)应有土建移交的控制线和基准线。

(4)幕墙与主体结构连接的预埋件,应在主体结构施工时按设计要求埋设。

(5)吊篮等垂直运输设备安设就位,并经检查验收。

(6)脚手架等操作平台搭设就位,并经检查验收。

(7)幕墙的构件和附件的材料品种、规格、色泽和性能应符合设计要求。

(8)施工前应编制施工组织设计,并进行技术交底。

6.4.5　加工工艺

(1)金属构件加工精度要求。截面尺寸、孔位、圆柱头、螺栓用沉孔、螺丝孔的加工,幕墙构件中槽、豁、榫的加工,以及幕墙构件装配精度应符合设计要求。铝型材装配应牢固,各连接间隙要进行可靠的密封处理。连接采用的自攻螺丝应采用不锈钢制造。

(2)钢构件加工。

1)钢构件及表面防锈处理应符合现行国家标准《钢结构工程施工质量验收标准》(GB 50205—2020)的有关规定。

2)钢构件焊接、螺栓连接应符合国家现行标准《钢结构设计规范》(GB 50017—2017)及《钢结构焊接规范》(GB 50661—2011)的有关规定。

(3)石材板加工应符合下列规定。

1)石板连接部位应无崩坏、暗裂等缺陷;其他部位崩边不大于 5mm×20mm,或缺角不大于 20mm 时可修补后使用,但每层修补的石面层数不应大于 2‰,且宜用于不明显部位。

2)石板的长度、宽度、厚度、直角、异形角、半圆弧形状、异型材及花纹图案造型、石板的外形尺寸均应符合设计要求。

3)石板外表面的色泽应符合设计要求,花纹图案应按样板检查,不得有明显色差。

4)火烧石应按样板检查火烧后的均匀程度,火烧石不得有暗裂、崩裂情况。

5)石板的编号应同设计一致,不得因加工造成混乱。

6)石板应结合其组合形式,并应在确定工程中使用的基本形式后进行加工。

7)石板加工尺寸允许偏差应符合现行行业标准《天然花岗石建筑板材》(GB/T 18601—2009)的有关规定中一等品要求。

(4)钢销式安装的石板加工应符合下列规定。

1)钢销的孔位应根据石板的大小而定。孔位距离边端不得小于石板厚度的 3 倍,也不得大于 180mm;钢销间距不宜大于 600mm;边长不大于 1.0m 时每边应设两个钢销,边长大于 1.0m 时应采用复合连接。

2)石板的钢销孔的深度宜为 22~33mm,孔的直径宜为 7~8mm,钢销直径宜为 5mm 或 6mm,钢销长度宜为 20~30mm。

3)石板的钢销孔处不得有损坏或崩裂现象,孔径内应光滑、洁净。

(5)通槽式安装的石板加工应符合下列规定。

1)石板的通槽宽度宜为 6mm 或 7mm,不锈钢连接板厚度不宜小于 3.0mm,铝合金连接板厚度不宜小于 4.0mm。

2)石板开槽后不得有损坏或崩裂现象,槽口应打磨成 45°倒角;槽内应光滑、洁净。

(6)短槽式安装的石板加工应符合下列规定。

1)每块石板上下边应各开两个短平槽,短平槽长度不应小于 100mm,在有效长度内槽深度不宜小于 15mm;开槽宽度宜为 6mm 或 7mm;不锈钢连接板厚度不宜小于 3.0mm,铝合金连接板厚度不宜小于 4.0mm;弧形槽的有效长度不应小于 80mm。

2)两短槽边距石板两端部的距离不应小于石板厚度的 3 倍且不应小于 85mm,也不应大于 180mm。

3)石板开槽后不得有损坏或崩裂现象,槽口应打磨成 45°倒角,槽内应光滑、洁净。

(7)石板的转角宜采用不锈钢支撑件或铝合金型材专用组装,并应符合下列规定。

1)当采用不锈钢支撑件组装时,不锈钢支撑件的厚度不应小于 3mm。

2)当采用铝合金型材专用件组装时,铝合金型材壁厚不应小于 4.5mm,连接部位的壁厚不应小于 5mm。

(8)单元石板幕墙的加工组装应符合下列规定。

1)有防火要求的全石板幕墙单元,应将石板、防火板、防火材料按设计要求组装在铝合金框架上。

2)有可视部分的混合幕墙单元,应将玻璃板、石板、防火板及防火材料按设计要求组装在铝合金框架上。

3)幕墙单元内,石板之间可采用铝合金 T 型连接件连接;T 型连接件的厚度应根据石板的尺寸及重量经计算后确定,且其最小厚度不应小于 4.0mm。

4)幕墙单元内,边部石板与金属框架可采用铝合金 L 型连接件连接,其厚度应根据石板的尺寸及重量经计算后确定,且其最小厚度不应小于 4.0mm。

6.4.6　施工操作工艺

工艺流程:基准线移交→复检尺寸检查埋件位置→放线→检查放线精度→安装连接铁件→安装骨架→质量检查→不锈钢挂件安装→质量检查→石材挂板安装→质量检查→密封→清扫→全面综合检查→竣工交付。

(1)安装施工准备。

1)编制材料、制品、机具的详细进场计划,落实各项需用计划,编制施工进度计划,做好技术交底工作。

2)搬运、吊装构件时不得碰撞、损坏和污染构件。构件储存时应依照安装顺序排列放置,放置架应有足够的承载力和刚度。在室外储存时应采取保护措施。构件安装前应检查制造合格证,不合格的构件不得安装。

(2)预埋件的安装。

1)按照土建进度,从下向上逐层安装预埋件。

2)按照幕墙的设计分格尺寸用经纬仪或其他测量仪器进行分格定位。

3)检查定位无误后,按图纸要求埋设铁件。

4)安装埋件时要采取措施防止浇筑混凝土时埋件发生位移,控制好埋件表面的水平或垂直,严禁歪、斜、倾等。

5)检查预埋件是否牢固、位置是否准确。预埋件的位置误差应按设计要求进行复查。当设计无明确要求时,预埋件的标高偏差不应大于 10mm,预埋件的位置与设计位置偏差不应大于 20mm。

(3)施工测量放线。

1)复查由土建方移交的基准线。

2)在每一层将室内标高线移至外墙施工面,并进行检查;在石材挂板放线前,应首先对建筑物外形尺寸进行偏差测量,根据测量结果,确定出干挂板的基准面。

3)以标准线为基准,按照图纸将分格线放在墙上,并做好标记。

4)分格线放完后,应检查预埋件的位置是否与设计相符,否则应进行调整或预埋件补救处理。

5)用直径0.5~1.0mm的钢丝在单樘幕墙的垂直、水平方向各拉两根,作为安装的控制线,水平钢丝应每层拉一根(宽度过宽,应每间隔20m设1个支点,以防钢丝下垂),垂直钢丝应间隔20m拉一根。

6)放线时,应结合土建的结构偏差,将偏差分解;防止误差积累;考虑好与其他装饰面的接口;拉好的钢丝应在两端紧固点做好标记,以便断丝能快速重拉;严格按照图纸放线;控制重点为基准线。

(4)石材幕墙安装工艺。

1)石材幕墙骨架的安装。

①根据控制线确定骨架位置,严格控制骨架位置偏差。

②干挂石材板主要靠骨架固定,因此必须保证骨架安装的牢固性。

③在挂件安装前必须全面检查骨架位置是否准确、焊接是否牢固,并检查焊缝质量。

2)石材幕墙挂件安装。挂板应采用不锈钢或铝合金型材,钢销应采用不锈钢件,连接挂件宜采用L形,避免一个挂件同时连接上下两块石板。

3)石材幕墙骨架的防锈。

①槽钢主龙骨、预埋件及各类镀锌角钢焊接破坏镀锌层后均满涂两遍防锈漆(含补刷部分)进行防锈处理,并控制第一、二道的间隔时间不小于12h。

②型钢进场必须有防潮措施并在除去灰尘及污物后进行防锈操作。

③严格控制,不得漏刷防锈漆,特别控制为焊接而预留的缓刷部位在焊后涂刷不得少于两遍。

4)花岗岩挂板的安装。

①为了达到外立面的面层效果,要求板材加工精度比较高,要精心挑选板材,减少色差。

②在板安装前,应根据结构轴线核定结构外表面与干挂石材外露面之间的尺寸后,在建筑物大角处做出上下生根的金属丝垂线,并以此为依据,根据建筑物宽度设置足以满足要求的垂线、水平线,确保槽钢钢骨架安装后处于同一平面上(误差不大于5mm)。

③通过室内的50cm线验证板材水平龙骨及水平线的正确性,以此控制拟安装的板缝水平程度。通过水平线及垂线形成的标准平面标测出结构垂直平面,为结构修补及安装龙骨提供依据。

④板材钻孔位置应用标定工具自板材露明面返至板中或图中注明的位置。钻孔深度依据不锈钢销钉长度予以控制。宜采用双钻同时钻孔的方法,以保证钻孔位置正确。

⑤石板宜在水平状态下,由机械开槽口。

(5)密封。

1)密封部位的清扫和干燥,采用甲苯对密封面进行清扫,清扫时应特别注意不要让溶液散发到接缝以外的场所,清扫用纱布脏污后应常更换,以保证清扫效果,最后用干燥清洁的纱布将溶剂蒸发后的痕迹拭去,保持密封面干燥。

2)为防止密封材料使用时污染装饰面,同时为使密封胶缝与面材交界线平直,应贴好纸胶带,要注意纸胶带本身的平直。

3)注胶应均匀、密实、饱满,同时注意施胶方法,避免浪费。

4)注胶后,应将胶缝用小铲沿注胶方向用力施压,将多余的胶刮掉,并将胶缝刮成设计形状,使胶缝光滑、流畅。

5)胶缝修整好后,应及时去掉保护胶带,并注意撕下的胶带不要污染板材表面;及时清理粘在施工表面上的胶痕。

(6)清扫。

1)整个立面的挂板安装完毕,必须将挂板清理干净,并经监理检验合格后,方可拆除脚手架。

2)柱面阳角部位、结构转角部位的石材棱角应有保护措施,其他配合单位应按规定进行相应保护。

3)防止石材表面渗透污染。拆改脚手架时,应将石材遮蔽,避免碰撞墙面。

4)对石材表面进行有效保护,施工后及时清除表面污物,避免腐蚀性损伤。易于污染或损坏石料的木材或其他胶结材料不应与石料表面直接接触。

5)完工时需要更换有缺陷、断裂或损伤的石料。更换工作完成后,应用干净水或硬毛刷对所有石材表面清洗。直到所有尘土、污染物被清除。不能使用钢丝刷、金属刮削器。在清洗过程中应保护相邻表面免受损伤。

6)在清洗及修补工作完成时,临时保护措施移去。

(7)竣工交付。

1)先自检,然后将竣工资料上报建设单位。

2)在建设单位组织下,验收、竣工交付。

3)办理相关竣工手续。

6.4.7 质量标准

(1)主控项目。

1)石材幕墙工程所用材料的品种、规格、性能和等级,应符合设计要求及国家现行产品标准和工程技术规范的规定。石材的弯曲强度不应小于8.0MPa,吸水率应小于0.8%。石材幕墙的铝合金挂件厚度不应小于4.0mm,不锈钢挂件厚度不应小于3.0mm。检验方法:观察,尺量检查,检查产品合格证书、性能检测报告、材料进场验收记录和复验报告。

2)石材幕墙的造型、立面分格、颜色、光泽、花纹和图案应符合设计要求。检验方法:观察。

3)石材孔、槽的数量、深度、位置、尺寸应符合设计要求。检验方法:检查进场验收记录或施工记录。

4)石材幕墙主体结构上的预埋件和后置埋件的位置、数量及后置埋件的拉拔力必须符合设计要求。检验方法:检查拉拔力检测报告和隐蔽工程验收记录。

5)石材幕墙的金属框架立柱与主体结构预埋件的连接、立柱与横梁的连接、连接件与金属框架的连接、连接件与石材面板的连接必须符合设计要求,安装必须牢固。检验方法:手扳检查,检查隐蔽工程验收记录。

6)金属框架和连接件的防腐处理应符合设计要求。检验方法:检查隐蔽工程验收记录。

7)石材幕墙的防雷装置必须与主体结构防雷装置可靠连接。检验方法:观察,检查隐蔽工程验收记录和施工记录。

8)石材幕墙的防火、保温、防潮材料的设置应符合设计要求,填充应密实、均匀、厚度一致。检验方法:检查隐蔽工程验收记录。

9)各种结构变形缝、墙角的连接节点应符合设计要求和技术标准的规定。检验方法:检查隐蔽工程验收记录和施工记录。

10)石材表面和板缝的处理应符合设计要求。检验方法:观察。

11)石材幕墙的板缝注胶应饱满、密实、连续、均匀、无气泡,板缝宽度和厚度应符合设计要求和技术标准的规定。检验方法:观察,尺量检查,检查施工记录。

12)石材幕墙应无渗漏。检验方法:在易渗漏部位进行淋水检查。

(2)一般项目。

1)石材幕墙表面应平整、洁净、无污染,无缺损和裂痕。颜色和花纹应协调一致,无明显色差,无明显修痕。检验方法:观察。

2)石材幕墙的压条应平直、洁净、接口严密、安装牢固。检验方法:观察,手扳检查。

3)石材接缝应横平竖直、宽窄均匀;阴阳角石板压向应正确,板边合缝应顺直;凸凹线出墙厚度应一致,上下口应平直;石材面板上洞口、槽边应套割吻合,边缘应整齐。检验方法:观察,尺量检查。

4)石材幕墙的密封胶缝应横平竖直、深浅一致、宽窄均匀、光滑顺直。检验方法:观察。

5)石材幕墙上的滴水线应顺直,流水坡方向应正确。检验方法:观察,用水平尺检查。

6)每平方米石材的表面质量和检验方法见表6.4.7-1。

表 6.4.7-1 每平方米石材的表面质量和检验方法

序号	项目	质量要求	检验方法
1	裂痕、明显划伤和长度>100mm 的轻微划伤	不允许	观察
2	长度≤100mm 的轻微划伤	≤8 条	用钢尺检查
3	擦伤总面积	≤500mm²	用钢尺检查

7)石材幕墙安装的允许偏差和检验方法见表6.4.7-2。

表 6.4.7-2 石材幕墙安装的允许偏差和检验方法

序号	项目		允许偏差/mm		检验方法
			光面	麻面	
1	幕墙垂直度	幕墙高度≤30m	10		用经纬仪检查
		30m<幕墙高度≤60m	15		
		60m<幕墙高度≤90m	20		
		幕墙高度>90m	25		

续表

序号	项目	允许偏差/mm		检验方法
		光面	麻面	
2	幕墙水平度	3		用水平仪检查
3	板材立面垂直度	2		用水平仪检查
4	板材上沿水平度	2		用1m靠尺和塞尺检查
5	相邻板材板角错位	1		用1m水平尺和钢直尺检查
6	幕墙表面平整度	2	3	用钢直尺检查
7	阳角方正	2	4	用直角检测尺检查
8	接缝直线度	3	4	拉5m线,不足5m拉通线,用钢直尺检查
9	接缝高低差	1	—	用钢直尺和塞尺检查
10	接缝宽度	1	2	用钢直尺检查

6.4.8 成品保护

(1)制品应竖置运送,运送时,要用聚乙烯苫布保护制品四角等露出部件,并用绳子等固定防止倒塌。

(2)收货时,施工副经理、施工员、材料员等均应在场,依据货单对制品的型号和数量等进行确认,同时确认制品在运送中是否有损伤。与制品同时进场的部件(连接件、螺栓、螺母、螺钉等),也应对型号、数量、有无损伤等进行确认。

(3)工厂运来的制品由卡车运抵现场后装入货箱内,然后使用塔吊将其直接送至各安装楼层。安装层内的货物存放点应暂设在认可的地点,根据施工现场的变化,如要求改变存放地点,应迅速移往指定的地点。

(4)产品的保管场所应避开搬运材料的通道,设在雨水淋不到、通气良好并且距安装现场较近的地方。保管过程中,不会因其他工序的施工而需移动场所。

(5)根据各种材料的规格,分类堆放,并做好相应的产品标识。原则上组件应竖放,尺寸较长的材料以平放为宜。连接件、螺栓等附件则放在仓库保管。

(6)值班人员必须恪尽职守,严格按照项目部的规定进行值勤和巡逻,配合工地保安、门卫防止材料和产品损失。

(7)班组下班之前将未安装完的产品集中,并与值班人员进行交接,由值班人员进行清点、核对和看护。

(8)加工与安装过程中,应特别注意轻拿轻放,不能碰伤、划伤材料,加工好的铝材应贴好保护膜和标签。

(9)加强半成品、成品的保护工作,保持与土建单位的联系,防止已安装好的幕墙划伤。

(10)质检员与安全员紧密配合,采取措施搞好半成品、成品的保护工作。

(11)在靠近安装好的石材幕墙处安装简易的隔离栏杆,避免施工人员对铝制品、石材有意或无意的损坏。

(12)材料、半成品应按规定堆放,安全可靠,并安排专人保管。

6.4.9 安全与环保措施

(1)作业人员进场前,必须学习现场的安全规定,遵守业主、监理、总包等各单位制定的规章制度,进行安全技术交底;广泛宣传、教育作业人员牢固树立安全第一的思想,提高安全意识。

(2)进场人员必须做好安全防护措施,防止机具、材料坠落。

(3)作业时要穿整洁合体并适合作业特点的工作服,不得裸身作业;要穿适合作业特点的工作鞋,不得穿凉鞋和拖鞋。

(4)凡要带入楼内的机械事先必须接受安全检查,合格后方可使用。携带电动工具时,必须在作业前做自我检查,做好记录。

(5)每天作业前后检查所用工具。

(6)作业前清理作业场地,下班后整理场地,不要将材料工具乱放。在作业中断或结束后,必须当天清扫垃圾并投放到指定地点。

(7)不得随意拆除脚手架连墙件等临时作业设施,不得已必须拆除脚手架连墙件或搭板时,需得到安全人员的允许,作业结束后务必复原。

(8)在进行电焊作业时,必须设置接火斗,配置看火人员;各种防火工具必须齐全并随时可用,定期检查维修和更换。

(9)现场中的各种临时设施,包括办公、生活用房,仓库、材料与构件堆场临时水电管线,要严格按照建设单位要求搭设或埋设整齐,不能乱堆乱放,不应占用道路和通道以及施工工作面。

(10)工人操作地点和周围必须清洁整齐,要做到边干活边清理。

(11)现场各种材料、机械设备要按建设单位规定的位置堆放,堆放场地坚实平整,并有排水措施,材料要按品种、规格分类堆放,要求堆放整齐,易于保管和使用。

6.4.10 施工注意事项

(1)安装施工测量应与主体结构的测量配合,其误差应及时调整。

(2)立柱安装标高偏差不应大于3mm,轴线前后偏差不应大于2mm,左右偏差不应大于3mm。

(3)应将横梁两端的连接件及弹性橡胶垫安装在立柱的预定位置,并应安装牢固,其接缝应严密。

(4)相邻两根横梁水平标高差不应大于1mm。同层标高偏差:当一幅幕墙宽度小于或等于35m时,不应大于5mm;当一幅幕墙宽度大于或等于35m时,不应大于7mm。

(5)应对横竖连接件进行检查、测量、调整。

(6)固定防火保温材料应锚钉牢固,防火保温层应平整,拼接处不应留缝隙。

（7）冷凝水排出管及附件应与水平构件预留孔连接严密，与内衬板出水孔连接处应设橡胶密封条。

（8）其他通气留槽孔及雨水排出口等应按设计施工，不得遗漏。

（9）现场焊接或高强螺栓紧固的构件固定后，应及时进行防锈处理。

（10）不同金属的接触面应采用垫片作隔离处理。

（11）石材安装前应将表面尘土和污物擦拭干净。

（12）石板安装时，左右上下的偏差不应大于1.5mm。

（13）石板空缝安装时，必须要有防水措施，并有符合设计要求的排水出口。

（14）填充硅酮耐候密封胶时，金属板、石板缝的宽度、厚度应根据硅酮耐候胶的技术参数，经计算后确定。

（15）幕墙钢构件施焊后，其表面应采取有效的防腐措施。

（16）幕墙安装过程中应进行接缝部位的雨水渗漏检验。

（17）石材幕墙四周与主体的间隙，应采用防火的保温材料填塞，内外表面应采用密封胶连续封闭，接缝应严密不漏水。

（18）石材幕墙安装施工应对下列项目进行隐蔽验收。

1）构件与主体结构的连接节点的安装。

2）幕墙四周、幕墙内表面与主体结构之间间隙节点的安装。

3）幕墙伸缩缝、沉降缝、防震缝及墙面转角节点的安装。

4）幕墙防雷接地节点的安装。

5）其他带有隐蔽性质的项目。

6.4.11　质量记录

（1）石材幕墙所采用材料的产品合格证明文件和性能检测报告（包括石材弯曲强度、寒冷地区冻融性、室内用花岗岩放射性检测报告等）。

（2）材料进场验收记录和复验报告。

（3）后置埋件的拉拔力检测报告。

（4）隐蔽工程验收记录。

（5）分项工程质量验评资料。

（6）施工记录。

6.5　陶板幕墙工程施工工艺标准

陶板幕墙属于构件式幕墙，通常由横料或横、竖料加上陶土面板组成。本工艺标准适用于建筑装饰装修工程陶板幕墙施工。工程施工应以设计图纸和有关施工质量验收规范为依据。

6.5.1 陶板幕墙构造

(1)陶板幕墙通常采用铝合金龙骨,陶土幕墙竖龙骨与混凝土结构通过预埋件连接,在主体结构的每层现浇混凝土楼板或梁内埋设预埋件,角钢连接件与预埋件焊接,然后用不锈钢螺栓再与竖向龙骨连接。安装竖向龙骨后方可进行横向龙骨安装,用钻尾自钻丝将横龙骨固定于立杆上(见图6.5.1-1)。

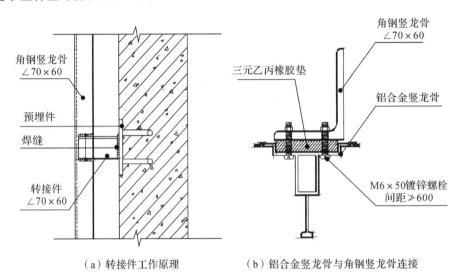

（a）转接件工作原理　　（b）铝合金竖龙骨与角钢竖龙骨连接

图 6.5.1-1　陶板幕墙龙骨连接做法(单位:mm)

(2)陶土板采用挂接结构,陶土板挂钩与横向铝龙骨挂接,并用聚酯胶粘结,横向铝龙骨与竖向铝龙骨采用螺栓连接。由于板可以切割,能满足不同立面的安装效果要求(见图6.5.1-2)。

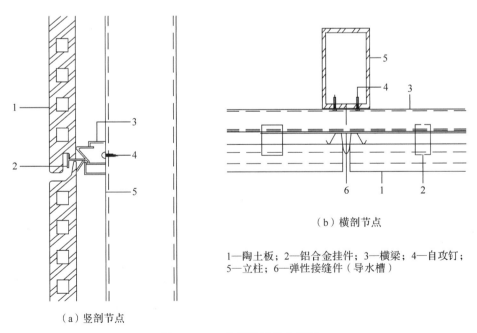

（b）横剖节点

1—陶土板；2—铝合金挂件；3—横梁；4—自攻钉；
5—立柱；6—弹性接缝件（导水槽）

（a）竖剖节点

图 6.5.1-2　陶板幕墙节点剖面

6.5.2　材料要求

(1)陶板。

1)陶板采用干挂空心陶瓷板(或幕墙用陶板),平均吸水率应小于10％。

2)陶板的平均弯曲强度不应小于13.5MPa。

3)陶板的技术要求应符合现行行业标准《建筑幕墙用陶板》(JG/T 324—2011)的规定。

(2)金属材料。

1)陶板幕墙使用的铝合金型材应采用T6063(LD31)铝合金,应符合现行国家标准《铝合金建筑型材》(GB/T 5237—2017)中有关高精级的规定;铝合金表面的处理层厚度和材质应符合现行国家标准《铝合金建筑型材》(GB/T 5237.2～5237.5—2017)的规定。强度设计值应符合现行行业标准《金属与石材幕墙工程技术规范》(JGJ 133—2001)的规定。

2)陶板幕墙使用锚栓为非标准五金件时,应采用奥氏体不锈钢材,其规格须不小于M10。

3)幕墙饰面使用的铝合金挂件应采用6061、6063或6063A铝合金。制作允许偏差应符合现行国家标准《铝合金建筑型材》(GB/T 5237.1—2017)中高精级的规定,铝合金应进行表面阳极氧化处理,处理层厚度和材质应符合现行国家标准《铝合金建筑型材》(GB/T 5237.2～5237.5—2017)的有关规定。

4)钢构件采用冷弯薄壁型钢时,除应符合现行国家标准《冷弯薄壁型钢结构技术规范》(GB 50018—2002)的有关规定外,其壁厚不得小于3mm,强度应按实际工程验算,表面处理应符合现行国家标准《钢结构工程施工质量验收标准》(GB 50205—2020)的有关规定。

5)采用碳素结构钢、低合金结构钢和低合金高强度结构钢时,必须采取有效的防腐措施。

(3)建筑密封材料。

1)橡胶制品宜采用三元乙丙橡胶、氯丁橡胶;密封胶条应为挤出成型,橡胶块应为压模成型。

2)密封胶条的技术要求应符合现行国家行业标准《金属与石材幕墙工程技术规范》(JGJ 133—2001)的规定。

3)幕墙应采用中性硅酮耐候密封胶,其性能应符合现行国家标准。

4)结构硅酮密封胶应采用高模数中性胶;硅酮结构密封胶分单组分和双组分,其性能应符合现行国家标准《建筑用硅酮结构密封胶》(GB 16776—2005)的规定。

5)硅酮密封胶应有保质年限的质量证书。用于石材幕墙的硅酮结构密封胶还应有证明无污染的试验报告。

6)两种不同的硅酮密封胶接触时应进行相容性试验。

7)硅酮结构密封胶和硅酮耐候密封胶应在有效期内使用。过期的密封胶不得使用。

6.5.3　主要机具设备

主要机具设备包括冲击电锤、型材切割机、手电钻、手持式电动扳手、台钻、石材切割机、组角机、打胶机、吊篮、卷扬机、电焊机、水准仪、经纬仪、胶枪等。

6.5.4　作业条件

(1)主体结构完工,并达到施工验收规范的要求,现场清理干净,幕墙安装应在二次装修之前进行。

(2)可能对幕墙施工环境造成严重污染的分项工程应安排在幕墙施工前进行。

(3)应有土建移交的控制线和基准线。

(4)幕墙与主体结构连接的预埋件,应在主体结构施工时按设计要求埋设。

(5)吊篮等垂直运输设备安设就位,并经检查验收。

(6)脚手架等操作平台搭设就位,并经检查验收。

(7)幕墙的构件和附件的材料品种、规格、色泽和性能应符合设计要求。

(8)施工前应编制施工组织设计,并进行技术交底。

6.5.5　加工工艺

(1)金属构件加工要求。

1)预埋件加工要求。

①锚板及锚筋的材质符合设计要求。

②锚板应按照加工工序一次完成。

③剪板和冲孔工序完成后,应对半成品除去毛刺。

④预埋件的锚筋与锚板宜采用塞焊,焊缝应符合国家现行规范和设计要求。

2)平板型预埋件的加工精度应符合下列要求。

①锚板边长允许偏差为-5mm。

②锚筋长度不允许负偏差。两面为整块锚板的穿透式预埋件的锚筋长度允许偏差为+5mm。

③圆锚筋的中心线允许偏差为±1.5mm。

④锚筋与锚板面的垂直度允许偏差为 $l_s/30$(l_s 为锚固筋长度)。

3)除锚筋和不锈钢制品外,槽式预埋件表面及槽内应进行防腐处理,其加工精度应符合下列要求。

①预埋件长度、宽度、厚度和锚筋长度不允许负偏差。

②锚筋中心线允许偏差为±1.5mm,槽口允许偏差为±0.5mm。

③锚筋与槽板的垂直度允许偏差为 $l_s/30$(l_s 为锚固筋长度)。

4)连接件、支承件的加工精度应符合现行国家标准。

5)型材截料前应校直调整。型材支线度允许偏差:铝合金型材为1/1000,钢型材为1/500。

6)横梁长度允许偏差:铝合金为±0.5mm;钢材为+0.5mm,-1.0mm。立柱长度允许偏差:铝合金为±1mm;钢材为+1mm,-2mm。端头斜度允许偏差为-15′,截料端头不应有加工变形,并应去除毛刺。

7)型材钻孔应符合下列要求。

①孔位允许偏差为±0.5mm,孔距允许偏差为±0.5,mm,累计偏差为±1mm。

②沉头螺钉的沉孔尺寸偏差应符合《紧固件 沉头螺钉用沉孔》(GB/T 152.2—2014)的规定。

③圆柱头、螺栓的沉孔尺寸应符合《紧固件 圆柱头用沉孔》(GB/T 152.3—1988)的规定。

8)铝合金构件中槽、豁、榫的加工应符合下列要求。

①槽口的允许偏差为+0.5mm,不允许负偏差,中心线允许偏差为±0.5mm。

②豁口的允许偏差为+0.5mm,不允许负偏差,中心线允许偏差为±0.5mm。

③榫头截面的长、宽允许偏差为-0.5mm,不允许正偏差,中心线允许偏差为±0.5mm。

9)铝型材构件弯加工要求。

①铝合金构件宜采用拉弯设备进行弯加工。

②弯加工后构件表面应光滑,不得有皱折、裂纹,且应符合设计要求。

③弯加工构件应符合现行国家标准。

(2)钢构件加工。

1)钢构件及表面防锈处理应符合现行国家标准《钢结构工程施工质量验收标准》(GB 50205—2020)的规定。

2)钢构件焊接、螺栓连接应符合国家现行标准《钢结构设计规范》(GB 50017—2017)及《钢结构焊接规范》(GB 50661—2011)的相关规定。

(3)加工陶板应符合现行国家标准。

6.5.6　施工操作工艺

工艺流程:施工准备→测量放线→固定锚板→现场焊接支撑件(角码)→安装保温系统→固定竖向骨架→安装横向龙骨→安装横向龙骨挂件和分缝件→安装导水板→安装陶土板→安装边角板→竣工清理。

(1)安装施工准备。

1)编制材料、制品、机具的详细进场计划,落实各项需用计划,编制施工进度计划,做好技术交底工作。

2)搬运、吊装构件时不得碰撞、损坏和污染构件。构件储存时应依照安装顺序排列放置,放置架应有足够的承载力和刚度。在室外储存时应采取保护措施。构件安装前应检查制造合格证,不合格的构件不得安装。

(2)预埋件的安装。

1)按照土建进度,从下向上逐层安装预埋件。

2)按照幕墙的设计分格尺寸用经纬仪或其他测量仪器进行分格定位。

3)检查定位无误后,按图纸要求埋设铁件。

4)安装埋件时要采取措施防止浇筑混凝土时埋件位移,控制好埋件表面的水平或垂直度,严禁歪、斜、倾等。

5)检查预埋件是否牢固、位置是否准确。预埋件的位置误差应按设计要求进行复查。当设计无明确要求时,预埋件的标高偏差不应大于10mm,预埋件的位置与设计位置偏差不应大于20mm。

(3)施工测量放线。

1)复查由土建方移交的基准线。

2)核对每一层土建的室内标高,将室内标高线移至外墙施工面,并对建筑物外形尺寸进行偏差测量,确定出干挂陶土板的标准线。

3)以标准线为基准,按照排版图将分格线放在墙上,并做好标记。

4)分格线放完后,应检查预埋件的位置是否与设计相符,否则应进行调整或预埋件补救处理。

5)用直径0.5~1.2mm的钢丝在单樘幕墙的垂直、水平方向各拉两根,作为安装的控制线,水平钢丝应每层拉一根(宽度过宽,应每间隔20m设1个支点,以防钢丝下垂),垂直钢丝应间隔20m拉一根。

6)注意事项:放线时,应结合土建的结构偏差,将偏差分解;防止误差积累;考虑好与其他装饰面的接口;拉好的钢丝应在两端紧固点做好标记,以便断丝能快速重拉;严格按照图纸放线;控制重点为基准线。

(4)陶板幕墙安装工艺。

1)陶板幕墙角码安装。

①用直径0.5~1.2mm的钢丝在单幅幕墙的两端各挂两根控制线。

②根据立柱安装位置确定角码安装标记。角码焊接时,角码的位置应与墨线对准,并将同水平位置两侧的角码临时点焊,并进行检查,再将同一根立柱的中间角码点焊,检查调整同一根立柱角码的垂直度,合格后,进行角码与预埋件的满焊,完成后对焊缝进行防锈处理。

③骨架安装完成后,对骨架做电气连接,使其成为导电通路,并与主体结构的防雷系统做可靠连接。

2)安装保温层。将保温层安装在清洁过的墙体上,保温板的安装要根据不同的工程及其要求具体而定,但必须符合《建筑节能工程施工质量验收标准》(GB 50411—2019)的要求,保温材料的厚度必须保证规定的隔热保温效果。

3)陶板幕墙竖龙骨安装。

①以钢线为基准,初步安装竖向角钢竖龙骨,从下往上安装,按照层高设置角钢竖龙骨,相邻两根龙骨间留伸缩缝15~20mm,角钢竖龙骨与转接件点焊牢固后复测尺寸及垂直度,合格后开始满焊、清理焊渣及涂刷防锈漆。骨架安装完成后,对骨架做电气连接,使其成为导电通路,并与主体结构的防雷系统做可靠连接。

②根据施工图要求在角钢竖龙骨上弹铝合金竖龙骨定位分格线,复测后安装铝合金竖龙骨。

③用不锈钢螺栓将立柱固定在角码上,通过墙面端线确定立柱距墙面的距离,控制竖向龙骨和角码衔接固定点的位置,确保连接点处于最佳受力位置。螺栓间距不大于600mm。

④两龙骨间在螺栓部位垫8mm厚三元乙丙橡胶绝缘层,宽度同龙骨凹槽,长度为100mm。防止电化腐蚀。

⑤竖龙骨同样按照层高设置,相邻两根龙骨间留伸缩缝15~20mm。

4)陶板幕墙横向龙骨安装。铝合金横龙骨间距为陶土板宽度加10mm。安装铝合金横龙骨时,采用镀锌钢角码和镀锌螺栓固定,保证分格尺寸及水平度。角码与铝合金竖龙骨间垫不小于1.5mm厚三元乙丙橡胶垫,宽度为25mm,长度为50mm。

5)陶土板安装。

①安装陶土板不锈钢或镀锌固定件(卡件)和竖向胶条分缝件,安装导水板系统。

②安装陶土板挂(卡)接件,并通过挂(卡)接件调整陶土板的安装平整度与垂直度,安装底部横梁的挂接件,然后将上层的陶土板插入下部的挂接件中。

③陶土板自下而上逐层安装,导水板在面层安装时就位,局部中间面层安装找补。

④最后安装顶部的面板和边角异形板,完成整个幕墙的安装。

(5)密封、清扫。

1)竣工清理找补阶段,与其他外墙封边接点等部位做注胶处理,做到防水防渗效果。

2)整个立面的挂板安装完毕,必须将挂板清理干净,并经监理检验合格后,方可拆除脚手架。

(6)竣工交付。

1)先自检,然后将竣工资料上报建设单位。

2)在建设单位组织下,验收、竣工交付。

3)办理相关竣工手续。

6.5.7   质量标准

(1)主控项目。

1)陶板幕墙工程所用材料的品种、规格、性能和等级,应符合设计要求及国家现行产品标准和工程技术规范的规定。陶土板的断裂强度不应小于15.0MPa,吸水率应小于10%。陶板幕墙的铝合金挂件厚度不应小于3.5mm,不锈钢挂件厚度不应小于3.0mm。检验方法:观察,尺量检查,检查产品合格证书、性能检测报告、材料进场验收记录和复验报告。

2)陶板幕墙的造型、立面分格、颜色、光泽、花纹和图案应符合设计要求。检验方法:观察。

3)陶土板挂件的数量、安装位置、尺寸应符合设计要求。检验方法:检查进场验收记录或施工记录。

4)陶板幕墙主体结构上的预埋件和后置埋件的位置、数量及后置埋件的拉拔力必须符合设计要求。检验方法:检查拉拔力检测报告和隐蔽工程验收记录。

5)陶板幕墙的金属框架立柱与主体结构预埋件的连接、立柱与横梁的连接、连接件与金属框架的连接、连接件与陶土板的连接必须符合设计要求,安装必须牢固。检验方法:手扳检查,检查隐蔽工程验收记录。

6)金属框架和连接件的防腐处理应符合设计要求。检验方法:检查隐蔽工程验收记录。

7)陶板幕墙的防雷装置必须与主体结构防雷装置可靠连接。检验方法:观察,检查隐蔽工程验收记录和施工记录。

8)陶板幕墙的防火、保温、防潮材料的设置应符合设计要求,填充应密实、均匀、厚度一致。检验方法:检查隐蔽工程验收记录。

9)各种结构变形缝、墙角的连接节点应符合设计要求和技术标准的规定。检验方法:检查隐蔽工程验收记录和施工记录。

10)陶土板表面和板缝的处理应符合设计要求。检验方法:观察。

11)密闭式陶板幕墙的板缝注胶应饱满、密实、连续、均匀、无气泡,板缝宽度和厚度应符合设计要求和技术标准的规定。检验方法:观察,尺量检查,检查施工记录。

12)陶板幕墙应无渗漏。检验方法:在易渗漏部位进行淋水检查。

(2)一般项目。

1)陶板幕墙表面应平整、洁净、无污染,无缺损和裂痕。颜色和花纹应协调一致,无明显色差,无明显修痕。检验方法:观察。

2)陶板幕墙的分缝件条应平直、洁净、接口严密、安装牢固。检验方法:观察,手扳检查。

3)陶土板接缝应横平竖直、宽窄均匀;阴阳角陶土板压向应正确,板边合缝应顺直;凸凹线出墙厚度应一致,上下口应平直。检验方法:观察,尺量检查。

4)密闭式陶板幕墙的密封胶缝应横平竖直、深浅一致、宽窄均匀、光滑顺直。检验方法:观察。

5)陶板幕墙上的滴水线应顺直,流水坡方向应正确。检验方法:观察,用水平尺检查。

6)陶板幕墙安装的允许偏差和检验方法与石材幕墙一致,见表6.4.7-2。

6.5.8 成品保护

(1)运送制品时,应按照《包装储运图示标志》(GB/T 191—2008)要求包装好,饰面陶板应用泡沫板隔开包装。

(2)收货时,施工副经理、施工员、材料员等均应在场,依据货单对制品的型号和数量等进行确认,同时确认制品在运送中是否有损伤。与制品同时进场的部件(连接件、螺栓、螺母、螺钉等),也应对型号、数量、有无损伤等进行确认。

(3)工厂运来的制品由卡车运抵现场后装入货箱内,然后使用塔吊将其直接送至各安装楼层。安装层内的货物存放点应暂设在认可的地点,根据施工现场的变化,如要求改变存放地点,应迅速移往所指定的地点。

(4)产品的保管场所应避开搬运材料的通道,设在雨水淋不到、通气良好并且距安装现场较近的地方。保管过程中,不会因其他工序的施工而需移动场所。

(5)根据各种材料的规格,分类堆放,并做好相应的产品标识。原则上,存储时应注意分层叠放高度,避免堆叠层数过多造成陶板弯曲。

(6)值班人员必须恪尽职守,严格按照项目部的规定进行值勤和巡逻,配合工地保安、门卫防止材料和产品损失。

(7)班组下班之前将未安装完的产品集中,并与值班人员进行交接,由值班人员进行清点、核对和看护。

(8)加工与安装过程中,应特别注意轻拿轻放,不能碰伤、划伤材料,加工好的铝材应贴好保护膜和标签。

(9)加强半成品、成品的保护工作,保持与土建单位的联系,防止已安装好的幕墙划伤。

(10)质检员与安全员紧密配合,采取措施搞好半成品、成品的保护工作。

(11)在靠近安装好的陶板幕墙处安装简易的隔离栏杆,避免施工人员对铝制品、陶土板有意或无意的损坏。

(12)材料、半成品应按规定堆放,安全可靠,并安排专人保管。

6.5.9 安全与环保措施

(1)作业人员进场前,必须学习现场的安全规定,遵守业主、监理、总包等各单位制定的规章制度,进行安全技术交底;广泛宣传、教育作业人员牢固树立安全第一的思想,提高安全意识。

(2)进场人员必须做好安全防护措施,防止机具、材料坠落。

(3)作业时要穿整洁合体并适合作业特点的工作服,不得裸身作业;要穿适合作业特点的工作鞋,不得穿凉鞋和拖鞋。

(4)凡要带入楼内的机械事先必须接受安全检查,合格后方可使用。携带电动工具时,必须在作业前做自我检查,做好记录。

(5)每天作业前后检查所用工具。

(6)作业前清理作业场地,下班后整理场地,不要将材料工具乱放。在作业中断或结束后,必须当天清扫垃圾并投放到指定地点。

(7)不得随意拆除脚手架连墙件等临时作业设施,不得已必须拆除脚手架连墙件或搭板时,需得到安全人员的允许,作业结束后务必复原。

(8)在进行电焊作业时,必须设置接火斗,配置看火人员;各种防火工具必须齐全并随时可用,定期检查维修和更换。

(9)现场中的各种临时设施,包括办公、生活用房,仓库、材料与构件堆场临时水电管线,要严格按照建设单位要求搭设或埋设整齐,不能乱堆乱放,不应占用道路和通道以及施工工作面。

(10)工人操作地点和周围必须清洁整齐,要做到边干活边清理。

(11)现场各种材料、机械设备要按建设单位规定的位置堆放,堆放场地坚实平整,并有排水措施,材料要按品种、规格分类堆放,要求堆放整齐,易于保管和使用。

6.5.10 施工注意事项

(1)根据建筑物宽度设置满足要求的垂线、水平线,确保槽钢钢骨架安装后处于同一平面上。

(2)横梁两端的连接件及垫片应安装在立柱的预定位置,并应安装牢固,其接缝应严密。

(3)陶土板应精心挑选,减少色差。

(4)陶土板切割、开孔应采用机械进行加工,加工后的表面应用高压水冲洗或用刷子清理,严禁用溶剂型的化学清洁剂清洗陶板。

(5)应每天对垂直控制线进行校核,避免测量累积误差,确保幕墙表面平整和板材立面的垂直度。

(6)窗洞口处需要用陶土板收口做窗套时,窗台、窗楣板缝及陶土板与窗框处接缝处应填充中性耐候密封胶。

(7)严格水平挂件的安装固定,增设挂件和面层之间的柔性垫片,确保陶土板水平横缝顺直和面层间足够的缓切力,满足美观和抗震、风压等需求。

(8)使用竖向分缝件作为陶土面层侧向限位措施,防止在强震下陶土板平面内晃动滑移过大或脱落;增强耐雨水冲击性能,防止陶板侧移;增强减震作用,因分缝件会对陶板产生柔和的推力,这样就能避免发出噪声。

(9)设置导水板,防止幕墙内积水造成对骨架体系的腐蚀。开缝式系统在每个窗口的上方和左右两侧均安装导水板,大面积的陶土板幕墙每三个楼层设一层导水板,该导水板可将陶土板内部的冷凝水或安装缝中渗入的微量水导流到幕墙外侧。

(10)陶板幕墙安装施工应对下列项目进行隐蔽验收。

1)预埋件(或后置埋件)。

2)构件的连接节点。

3)变形缝及墙面转角处的构造节点。

4)幕墙防雷装置。

5)幕墙防火构造。

6.5.11 质量记录

(1)陶板幕墙所采用材料产品合格证明文件和性能检测报告(包括陶板弯曲强度、寒冷地区冻融性等)。

(2)材料进场验收记录和复验报告。

(3)后置埋件的拉拔力检测报告。

(4)隐蔽工程验收记录。

(5)分项工程质量验评资料。

(6)施工记录。

主要参考标准名录

[1]《建筑装饰装修工程质量验收标准》(GB 50210—2018)

[2]《建筑用硅酮结构密封胶》(GB 16776—2005)

[3]《建筑材料放射性核素限量》(GB 6566—2001)

[4]《钢结构工程施工质量验收标准》(GB 50205—2020)

[5]《建筑幕墙》(GB/T 21086—2007)

[6]《玻璃幕墙工程技术规范》(JGJ 102—2003)

[7]《金属与石材幕墙工程技术规范》(JGJ 133—2001)

[8]《建筑幕墙用陶板》(JG/T 324—2011)

[9]《建筑分项工程施工工艺标准手册》,江正荣主编,中国建筑工业出版社,2009

[10]《建筑装饰装修工程施工工艺标准》,中国建筑工程总公司编,中国建筑工业出版社,2003

7 涂饰、裱糊与软包工程施工工艺标准

7.1 混凝土及抹灰面彩色喷涂施工工艺标准

真石漆涂料涂层施工工艺广泛用在室外墙面的装饰施工中。本工艺标准适用于建筑装饰装修工程真石漆涂料施工。工程施工应以设计图纸和有关施工质量验收规范为依据。

7.1.1 材料要求

(1)各色过氯乙烯防火漆、过氯乙烯清漆、过氯乙烯防腐清漆等涂料,应符合设计要求和国家有关质量规定的标准。

(2)配套底漆、中间涂料、面漆防火颜料和稀释剂,应注意准确选用干燥快,有优良防化学侵蚀性,耐无机酸、盐、碱类及煤油等侵蚀的材料,以满足防火、防腐、防霉的要求。

(3)填充料有石膏、大白粉、滑石粉、地板黄、红土子、黑烟子、立德粉、纤维素等,应符合设计要求和有关规范。

7.1.2 主要机具设备

(1)主要机具。包括脚手架及踏板。

(2)主要涂装用工具。包括搅拌器、振动式砂纸打磨机、切割机、腻刀、批刀、弹涂喷枪、空压机、塑料平辊、外墙涂装用长毛滚筒。

(3)辅助涂装用工具。包括靠尺、手提式搅拌器、工作桶、盛料桶、量杯、搅拌棒、羊毛刷、滚筒、描笔、弹线盒、砂纸、砂轮、铲刀、凿刀、抹布、测湿仪、漆膜测厚仪、湿度温度计、2m靠尺、吊线锤、胶带(美纹纸)、乳胶手套、保护遮挡用品等。

7.1.3 作业条件

(1)混凝土和墙面抹混合砂浆以上的灰已完成,且经过干燥,其含水率应符合下列要求。

1)表面施涂溶剂型涂料时,含水率不得大于8%。

2)表面施涂水性和浮液涂料时,含水率不得大于10%。

(2)水电及设备、顶墙上预留预埋件已完成。

(3)门窗安装已完成并已施涂一遍底子油(干性油、防锈涂料),如采用机械喷涂涂料,应将不喷涂的部位遮盖,以防污染。

（4）水性和乳液涂料施涂时的环境温度，应按产品说明书的温度控制。

（5）施涂前应将基体或基层的缺棱掉角处，用1∶3水泥砂浆（或聚合物水泥砂浆）修补；表面麻面及缝隙应用腻子填补齐平（外墙、厨房、浴室及厕所等需要使用涂料的部位，应使用具有耐水性能的腻子）。

（6）对施工人员进行技术交底时，应强调技术措施和质量要求。大面积施工前应先做样板，经质检部门鉴定合格后，方可组织班组施工。

7.1.4　施工操作工艺

（1）施工工艺：基层处理→分分格缝→施涂封底涂料→喷、滚、弹主涂层→喷、滚、弹面层涂料→涂料修整。

（2）操作工艺。

1）基层处理。将混凝土或水泥混合砂浆抹灰面表面上的灰尘、污垢、溅沫和砂浆流痕等清除干净。同时将基层缺棱掉角处，用1∶3水泥砂浆修补好；表面麻面及缝隙应用聚醋酸乙烯乳液∶水泥∶水＝1∶5∶1调合成的腻子填补齐平，并用同样配合比的腻子进行局部刮腻子，待腻子干后，用砂纸磨平。

2）分分格缝。首先根据设计要求进行吊垂直、套方、找规矩、弹分格缝。此项工作必须严格按标高控制好，必须保证建筑物四周要交圈，还要考虑外墙涂料工程分段进行时，应以分格缝、墙的阴角处或水落管等为分界线和施工缝，垂直分格缝则必须进行吊直，千万不能用尺量，否则误差会很明显，缝格必须平直、光滑、粗细一致。

3）刷涂。涂刷方向、距离应一致，接槎应在分格缝处。如所用涂料干燥较快，应缩短刷距。刷涂一般不少于两道，应在前一道涂料表干后，再刷下一道。两道涂料的间隔时间一般为2～4h。

4）喷涂。应根据所用涂料的品种、黏度、稠度、最大粒径等，确定喷涂机具的种类、喷嘴口经、喷涂压力、与基层之间的距离等。喷枪运行时，一般要求喷嘴中心线必须与墙面垂直，喷枪与墙面有规则地平行移动，运行速度应保持一致。涂层的接槎应留在分格缝处。门窗以及不喷涂料的部位，应认真遮挡。喷涂操作一般应连续进行，一次成活。

5）滚涂。应根据涂料的品种、要求的花饰确定辊子的种类。操作时在辊子上蘸少量涂料后，在预涂墙面上上下垂直来回滚动，应避免扭曲蛇行。

6）弹涂。先在基层刷涂1～2道底色涂层，待其干燥后进行弹涂。弹涂时，弹涂器的机口应垂直、对正墙面，距离保持在30～50cm，按一定速度自上而下、由左向右弹涂。选用压花型弹涂时，应适时将彩点压平。

7）复层涂料。这是由底层涂料、主涂层、面层涂料组成的涂层。底层涂料可采用喷、滚、刷涂的任一方法施工。主涂层用喷斗喷涂，喷涂花点的大小、疏密根据需要确定。花点如需压平，应在喷点后适时用塑料或橡胶辊蘸汽油或二甲苯压平。主涂层干燥后，即可涂饰面层涂料。面层涂料一般涂两道，时间间隔为2h左右。复层涂料的三个涂层可以采用同一材质的涂料，也可由不同材质的涂料组成。例如，主涂层除可用合成树脂乳液涂料、硅溶胶涂料外，也可采用取材方便、价格低廉的聚合物水泥砂浆喷涂。面层涂料也可根据对光泽度的不同要求,分别选用水性涂料或溶剂型涂料。有时还可以根据需要增加一道罩光涂料。

8)修整。修整的主要形式有两种:一种是随施工随修整,它贯穿于班前班后和每完成一分格块或一步架子;另一种是整个分部、分项工程完成后,进行全面检查时,如发现有漏涂、透底、流坠等弊病,应立即修整和处理。

7.1.5 质量标准

(1)主控项目。

1)彩色喷涂的材料品种、型号和性能应符合设计要求并有产品证书,必须按产品组合配套使用。检验方法:检查产品合格证书、性能检测报告和进场验收记录。

2)各抹灰层之间和抹灰层与涂层之间必须粘结牢固,无脱层、空鼓和裂缝等缺陷。检验方法:观察,手摸检查,检查施工记录。

3)混凝土或抹灰基层在涂饰涂料前应涂刷抗碱封闭底漆。检验方法:检查施工记录。

(2)一般项目。涂料的涂饰质量和检验方法见表 7.1.5-1。检验方法:观察。

表 7.1.5-1 涂料的涂饰质量和检验方法

序号	项目	普通涂饰	高级涂饰	检验方法
1	颜色	均匀一致	均匀一致	
2	泛碱、咬色	允许少量轻微	不允许	观察
3	点状分布	—	疏密均匀	

7.1.6 成品保护

(1)施工前应将不进行喷涂和弹涂的门窗及墙面遮挡保护好,以防沾污。

(2)喷、滚、弹涂完成后,应及时用木板将洞口保护好,防止碰撞损坏。

(3)拆、翻架子时,要严防碰撞墙面和污染涂层。

(4)油工在施工操作时严禁蹬踩已施工完毕的部位,还应注意勿用油桶、涂料污染墙面。

(5)室内施工时一律不准从内往外清倒垃圾,严防污染喷、滚、弹涂饰面面层。

(6)阳台、雨罩等出水口宜采用硬质塑料管作排水管,防止因用铁管造成对面层的锈蚀。

(7)涂料干燥前,应防止雨淋、尘土沾污和热空气的侵袭,一旦发生,应及时进行处理。

(8)施涂工具使用完毕后,应及时清洗或浸泡在相应的溶剂中,以确保下次继续使用。

7.1.7 安全措施

(1)操作前检查脚手架和跳板是否搭设牢固,高度是否满足操作要求,合格后才能上架操作,凡不符合安全之处应及时修整。

(2)禁止穿硬底鞋、拖鞋、高跟鞋在架子上工作,架子上的人员不得集中在一起,工具要搁置稳定,防止坠落伤人。

(3)在两层脚手架上操作时,应尽量避免在同一垂直线上工作,必须同时作业时,下层操作人员必须戴安全帽。

(4)抹灰时应防止砂浆掉入眼中,采用竹片或钢筋固定八字靠尺板时,应防止竹片或钢筋回弹伤人。

(5)夜间临时用的移动照明灯,必须用安全电压。一切机械操作人员须培训持证上岗,现场一切机械设备,非操作人员一律禁止乱动。

7.1.8　施工注意事项

(1)接茬现象。主要是涂层重叠、面漆深浅不一造成的。在施工中要避免接茬现象,可采取以下措施:应把接茬甩在分格线上;施工最好一次成活,不要修补,这就需要层层验收,严把质量关。

(2)空鼓和裂缝现象。主要是底层抹灰没有按工艺要求施工造成的。在施工前,应按水泥砂浆抹灰面交验的标准来检查验收墙面,否则面层刷涂不能施工。

(3)严禁从下往上的施工顺序,以免造成颜色污染。

(4)涂饰面干燥前,应防止雨淋、尘土沾污和热空气侵袭。

(5)拆架子或落吊篮时,严禁碰损墙面涂层;已施工完的成品,严禁蹬踩,以防污染。

7.1.9　质量记录

(1)涂饰工程验收时应检查文件和记录。

1)涂饰工程的施工图、设计说明及其他设计文件。

2)施工所采用的材料产品合格证、性能检验报告、有害物质限量检验报告和进场验收记录。

3)施工日记。

(2)各分项工程的检验批应按下列规定划分。

1)室外涂饰工程每一栋楼的同类涂料涂饰墙面每 1000m² 应划分为一个检验批,不足 1000m² 也应划分为一个检验批。

2)室内涂饰工程同类涂料涂饰墙面每 50 间划分为一个检验批,不足 50 间也划分为一个检验批,大面积房间和走廊可按涂饰面积每 30m² 计为一间。

(3)检查数量应符合下列规定。

1)室外涂饰工程每 100m² 应至少检查一处,每处不得少于 10m²。

2)室内涂饰工程每个检验批应至少抽查 10%,并不得少于 3 间;不足 3 间时应全数检查。

7.2　混凝土及抹灰表面施涂油性涂料施工工艺标准

油性涂料涂层施工工艺广泛用于室内墙面的装饰施工。本工艺标准适用于建筑装饰装修工程外墙施工。工程施工应以设计图纸和有关施工质量验收规范为依据。

7.2.1　材料要求

(1)涂料。各色油性调和漆(酯胶调和漆、酚醛调和漆、醇酸调和漆等),或各色无光调和漆等。

(2)填充料。大白粉、滑石粉、石膏粉、光油、清油、地板黄、红土子、黑烟子、立德粉、羧甲基纤维素、聚醋酸乙烯乳液等。

(3)稀释剂。汽油、煤油、松香水、酒精、醇酸稀料等与油漆性能相应配套的稀料。

(4)各色颜料。应耐碱、耐光。

(5)各种材料应有使用说明、储存有效期和产品合格证,品种、颜色应符合设计要求。

7.2.2　主要机具设备

主要机具设备包括排笔刷、底纹笔、料桶、长毛绒辊、泡沫塑辊、橡胶辊、压花、印花辊、硬质塑料辊、空气压缩机、高压无气喷机、喷枪。

7.2.3　作业条件

(1)墙面必须干燥,基层含水率不得大于8%。

(2)墙面的设备管洞应提前处理完毕,为确保墙面干燥,各种穿墙孔洞都应提前抹灰补齐。

(3)了解设计要求,熟悉现场实际情况。施工前对施工班组进行书面技术和安全交底。

(4)冬期施工油漆涂料工程,应在采暖条件下进行,室温保持均衡,一般室内温度不宜低于10℃,相对湿度为60%,并不得突然变化。同时应设专人负责测试温度和开关门窗,以利于通风排除湿气。

(5)作业环境应通风良好,湿作业已完成并具备一定的强度,周围环境比较干燥。

7.2.4　施工操作工艺

(1)工艺流程:基层处理→修补腻子→磨砂纸→第一遍满刮腻子→磨砂纸→第二遍满刮腻子→磨砂纸→弹分色线→刷第一道涂料→补腻子磨砂纸→刷第二道涂料→磨砂纸→刷第三道涂料→磨砂纸→刷第四道涂料。

(2)施工工艺。

1)基层处理。将墙面上的灰渣等杂物清理干净,用笤帚将墙面上的浮土等扫净。

2)修补腻子。用石膏腻子将墙面、门窗口角等磕碰破损处、麻面、风裂、接槎缝隙等分别找平补好,干燥后用砂纸将凸出处磨平。

3)第一遍满刮腻子。第一遍满刮腻子干燥后,用砂纸将腻子残渣、斑迹等打磨平、磨光,然后将墙面清扫干净,腻子配合比为聚醋酸乙烯乳液(即白乳胶):滑石粉或大白粉:2%羧甲基纤维素溶液=1:5:35(重量比)。以上适用于室内的腻子。厨房、厕所、浴室等应采用室外工程的乳胶防水腻子,这种腻子耐水性能较好。其配合比为聚醋酸乙烯乳液(即白乳胶）：水泥：水＝1：5：1（重量比）。

4）第二遍腻子。涂刷高级涂料要满刮第二遍腻子。腻子配合比和操作方法同第一遍腻子。待腻子干透后，个别地方再复补腻子，个别大的孔洞可复补腻子，彻底干透后，用1号砂纸打磨平整，清扫干净。

5）弹分色线。如墙面设有分色线，应在涂刷前弹线，先涂刷浅色涂料，后涂刷深色涂料。

6）涂刷第一遍油漆涂料。第一遍可涂刷铅油，它是遮盖力较强的涂料，是罩面涂料基层的底漆。铅油的稠度以盖底、不流淌、不显刷痕为宜，涂饰每面墙面的顺序应从上而下、从左到右，不得乱涂刷，以防漏涂或涂刷过厚，涂刷不均匀等。第一遍涂料干燥后个别缺陷或漏刮腻子处要复补，待腻子干透后打磨砂纸，把小疙瘩、腻子渣、斑迹等磨平、磨光，并清扫干净。

7）涂刷第二遍涂料。涂刷操作方法同第一遍涂料（如墙面为中级涂料，此遍可涂铅油；如墙面为高级涂料，此遍可涂调和漆），待涂料干燥后，可用较细的砂纸把墙面打磨光滑，清扫干净，同时用潮布将墙面擦抹一遍。

8）涂刷第三遍涂料。用调和漆涂刷，如墙面为中级涂料，此道工序可作罩面，即最后一遍涂料，其涂刷顺序同上。由于调和漆黏度较大，涂刷时应多刷多理，使涂膜饱满、厚薄均匀一致、不流不坠。

9）涂刷第四遍涂料。用醇酸磁漆涂料，如墙面为高级涂料，此道涂料为罩面涂料，即最后一遍涂料。如最后一遍涂料改为无光调和漆，可将第二遍铅油改为有光调和漆，其余做法相同。

7.2.5 质量标准

（1）主控项目。

1）溶剂型涂料涂饰工程所选用涂料的品种型号和性能应符合设计要求。检验方法：检查产品合格证、性能、环保检测报告和进场验收记录。

2）溶剂型涂料工程的颜色、光泽应符合设计要求。检验方法：观察。

3）溶剂型涂饰工程应涂刷均匀、粘结牢固，不得漏涂、透底、起皮和反锈。检验方法：观察，手摸检查。

4）溶剂型涂料涂饰工程的基层处理应符合以下条件：新建筑物的混凝土或抹灰基层在涂饰前应刷抗碱封闭底漆；旧墙面在涂饰涂料前应清除疏松的旧装修层，并涂刷界面剂。

5）选用的涂料、胶粘剂等材料必须有产品合格证及总挥发性有机物（TVOC）和游离甲醛、苯含量检测报告。

（2）一般项目。表面施涂溶剂型混色涂料质量和检验方法见表7.2.5-1。

表 7.2.5-1 表面施涂溶剂型混色涂料质量和检验方法

序号	项目	普通涂饰	高级涂饰	检验方法
1	颜色	均匀一致	均匀一致	观察
2	刷纹	刷纹通顺	无刷纹	观察

续表

序号	项目	普通涂饰	高级涂饰	检验方法
3	光泽、光滑	光泽基本均匀光滑无挡手感	光泽均匀一致光滑	观察、手摸
4	裹棱、流坠、皱皮	明显处不允许	不允许	观察
5	装饰线、分色线直线度允许偏差	2mm	1mm	拉5m线(不足时拉通线),用尺量

注:涂刷无光漆不检查光亮。

7.2.6　成品保护

(1)每遍涂饰前,都应将地面、窗台等处灰尘、垃圾清扫干净,防止尘土飞扬,影响油漆质量。

(2)在室内涂饰,每涂一遍漆后,都应将门窗关闭,并设专人负责开关窗,以保持室内通风换气。

(3)刷油后应及时将滴在地面上或碰在墙面上的油漆点清刷干净。

(4)严防在涂刷完的涂饰面上乱写乱画,造成污染或损坏,应派人看护和管理。

(5)脚手架与墙面的距离适宜,架板要有足够的长度,不少于三个支点。遮挡外窗、地面,避免施工时被涂料沾污。

7.2.7　安全措施

(1)操作前检查脚手架和跳板是否搭设牢固,高度是否满足操作要求,合格后才能上架操作,凡不符合安全之处应及时修整。

(2)禁止穿硬底鞋、拖鞋、高跟鞋在架子上工作,架子上的人员不得集中在一起,工具要搁置稳定,防止坠落伤人。

(3)在两层脚手架上操作时,应尽量避免在同一垂直线上工作,操作人员必须戴安全帽。

(4)抹灰时应防止砂浆掉入眼中,采用竹片或钢筋固定八字靠尺板时,应防止竹片或钢筋回弹伤人。

(5)夜间临时用的移动照明灯,必须用安全电压。一切机械操作人员须培训持证上岗,现场一切机械设备,非操作人员一律禁止乱动。

7.2.8　施工注意事项

(1)新建筑物的砼或抹灰基层在腻子找平或直接涂饰涂料前应涂刷抗碱封闭底漆。

(2)既有建筑墙面在用腻子找平或直接涂饰涂料前应清除疏松的旧装修层,并涂刷界面剂。

(3)砼或抹灰基层在用溶剂型腻子找平或直接涂刷溶剂型涂料时,含水率不得大于8%;

在用乳液型腻子找平或直接涂刷乳液型涂料时,含水率不得大于10%,木材基层的含水率不得大于12%。

(4)找平层应平整、坚实、牢固,无粉化、起皮和裂缝;内墙找平层的粘结强度应符合现行行业标准《建筑室内用腻子》(JG/T 298—2010)的规定。

(5)厨房、卫生间墙面的找平层应使用防水腻子。

(6)涂刷工程施工时,应对与涂层交接的其他装修材料、邻近的设备等采取有效的保护措施,以避免涂料造成的污染。

(7)涂饰工程应在涂层养护期满后进行质量验收。

7.2.9 质量记录

(1)材料应有合格证、环保检测报告。

(2)进场验收记录。

(3)工程验收应有质量验评资料。

(4)施工记录。

7.3 水性涂料涂饰工程施工工艺标准

水性涂料涂层施工工艺以乳胶漆、美术漆为代表,广泛用在室内墙面的装饰施工中。本工艺标准适用于建筑装饰装修工程内墙施工。工程施工应以设计图纸和有关施工质量验收规范为依据。

7.3.1 材料要求

(1)腻子由老粉、化学胶、石膏粉、骨胶配制而成,属于水性涂料;装饰所用腻子宜采用符合《建筑室内用腻子》(JG/T 298—2010)要求的成品腻子,如采用现场调配的腻子,应坚实、牢固,不得粉化、起皮和开裂。

(2)底涂面涂材料的规格一般为桶装,有1L、5L、15L、16L、18L、20L等。

7.3.2 主要机具设备

(1)涂刷工具。包括排笔刷、底纹笔、料桶、长毛绒辊、泡沫塑辊、橡胶辊、压花、印花辊、硬质塑料辊。

(2)弹涂工具。包括手动弹涂器、电动弹涂器。

(3)喷涂工具。包括空气压缩机、高压无气喷机、喷枪。

7.3.3 作业条件

(1)室内有关抹灰工种的工作已全部完成,基层应平整、清洁,表面无灰尘、无浮浆、无油迹、无锈斑、无霉点、无浮砂、无起壳、无盐类析出物、无青苔等。

（2）基层应干燥，混凝土及抹灰面层的含水率应在 10% 以下，基层的 pH 值不得大于 10。

（3）过墙管道、洞口、阴阳角等处应提前抹灰找平修整，并充分干燥。

（4）室内木工、水暖工、电工的施工项目均已完成，门窗玻璃安装完毕，湿作业的地面施工完毕，管道设备试压完毕。

（5）门窗、灯具、电器插座及地面等应进行遮挡，以免施工时被涂料污染。

（6）冬期施工室内温度不宜低于 5℃，相对湿度为 85%，并在采暖条件下进行，室温保持均衡，不得突然变化。同时应设专人负责测试和开关门窗，以利于通风和排除湿气。

（7）做好样板间，并经检查鉴定合格后，方可组织大面积施工。

7.3.4 施工操作工艺

（1）乳胶漆施工。

1）工艺流程：清理墙面→修补墙面→刮腻子→打磨→刷底漆→刷一至三遍面漆。

2）施工工艺。

①刮腻子。刮腻子遍数可由墙面平整程度决定，通常为三遍，腻子重量配比为乳胶：双飞粉：2% 羧甲基纤维素：复粉＝1∶5∶3.5∶0.8。厨房、厕所、浴室用聚醋酸乙烯乳液：水泥：水＝1∶5∶1（耐水腻子）。第一遍用胶皮刮板横向满刮，干燥后打磨砂纸，将浮腻子及斑迹磨光，然后将墙面清扫干净。第二遍用胶皮刮板竖向满刮，所用材料及方法同第一遍腻子，干燥后用砂纸磨平并清扫干净。第三遍用胶皮刮板找补腻子或用钢片刮板满刮腻子，将墙面刮平刮光，干燥后用细砂纸磨平磨光，不得遗漏或将腻子磨穿。如采用成品腻子粉，只需加清水（1kg 腻子粉加 0.4～0.5kg 水）搅拌均匀后即可使用，拌好的腻子应成均匀膏状，无粉团。为提高石膏板的耐水性能，可先在石膏板涂刷专用界面剂、防水涂料，再批刮腻子。批刮的腻子层不宜过厚，且必须待第一遍干透后方可批第二遍腻子，底层腻子未干透则不得做面层。

②刷底漆。涂刷顺序是先天花后墙面，墙面是先上后下。涂刷前先将表面清扫干净。乳胶漆用排笔（或滚筒）涂刷，使用新排笔时，应将排笔上不牢固的毛清理掉。底漆使用前应加水搅拌均匀，待干燥后复补腻子，腻子干燥后再用砂纸磨光，并清扫干净。

③刷一至三遍面漆。操作要求同底漆，使用前充分搅拌均匀。刷二至三遍面漆时，需待前一遍漆膜干燥后，用细砂纸打磨光滑并清扫干净后再刷下一遍。由于乳胶漆膜干燥较快，涂刷时应连续迅速操作，上下顺刷互相衔接，避免干燥后出现接头。

（2）美术漆施工。

1）工艺流程：清理基层→刮腻子→打磨砂纸→刷封闭底漆→涂装质感涂料→画线。

2）施工工艺。

①刮腻子。刮腻子遍数可由墙面平整程度决定，通常为三遍，腻子重量配比为乳胶：双飞粉：2% 羧甲纤维素：复粉＝1∶5∶3.5∶0.8。厨房、厕所、浴室用聚醋酸乙烯乳液：水泥：水＝1∶5∶1（耐水腻子）。第一遍用胶皮刮板横向满刮，干燥后打磨砂纸，将浮腻子及

斑迹磨光,然后将墙面清扫干净。第二遍用胶皮刮板竖向满刮,所用材料及方法同第一遍刮腻子,干燥后用砂纸磨平并清扫干净。第三遍用胶皮刮板找补腻子或用钢片刮板满刮腻子,将墙面刮平刮光,干燥后用细砂纸磨平磨光,不得遗漏或将腻子磨穿。如采用成品腻子粉,只需加清水(1kg 腻子粉加 0.4~0.5kg 水)搅拌均匀后即可使用,拌好的腻子应成均匀膏状,无粉团。在石膏板上施涂美术漆,为提高石膏板的耐水性能,可先在石膏板涂刷专用界面剂、防水涂料,再批刮腻子。批刮的腻子层不宜过厚,且必须待第一遍干透后方可批刮第二遍腻子。冬季施工时,应注意防冻,底层腻子未干透则不得做面层。

②刷封闭底漆。基层腻子干透后,涂刷一遍封闭底漆。涂刷顺序是先天花后墙面,墙面是先上后下。涂刷前先将墙面清扫干净。使用排笔(或滚筒)涂刷,使用新排笔时,应将排笔上不牢固的毛清理掉,确保封闭底漆不受污染。

③涂装质感涂料。待封闭底漆干燥后,即可涂装质感涂料。一般采用刮涂或喷涂等施工方法。刮涂(抹涂)施工是用铁抹子将涂料均匀刮涂到墙上,并根据设计图纸的要求,刮出各种造型,或用特殊的施工工具制作出不同的艺术效果。喷涂施工是用喷枪将涂料按设计要求喷涂于基层上,喷涂施工时应注意控制涂料的黏度、喷枪的气压、喷口的大小、喷射距离以及喷射角度等。

7.3.5 质量标准

(1)主控项目。

1)水性涂料所选用的品种、型号和性能应符合设计要求及现行国家标准规定。检验方法:检查产品合格证书、性能检验报告、有害物质限量检验报告和进场验收记录。

2)水性涂料涂饰工程的颜色、光泽、图案应符合设计要求。检验方法:观察。

3)水性涂料涂饰工程应涂饰均匀、粘结牢固,不得漏涂、透底、开裂、起皮。检验方法:观察,手摸检查。

4)水性涂料涂饰工程的基层处理应符合《建筑装饰装修工程质量验收标准》(GB 50210—2018)的要求。检验方法:观察,手摸检查,检查施工日记。

(2)一般项目。墙面水性涂料涂刷工程的允许偏差和检验方法见表 7.3.5-1。

表 7.3.5-1　墙面水性涂料涂刷工程的允许偏差和检验方法

序号	项目	允许偏差/mm		检验方法
		普通涂饰	高级涂饰	
1	立面垂直度	3	2	用 2m 检测尺(靠尺、直角尺)
2	表面平整度	3	2	
3	阴阳角方正	3	2	
4	装饰线、分色线直线度	2	1	拉 5m 线,不足 5m 拉通线,用钢直尺检查
5	墙裙、踢脚上口直线度	2	1	

7.3.6　成品保护

(1)进行操作前将不进行喷涂的门窗及其他相关的部位遮挡好。

(2)喷涂完的墙面,随时用木板或小方木将口、角等处保护好,防止碰撞造成损坏。

(3)涂裱工刷漆时,严禁蹬踩已涂好的涂层部位(窗台),防止小油桶碰翻涂漆污染墙面。

(4)刷(喷)浆工序与其他工序要合理安排,避免刷(喷)后又进行修补工作。

(5)刷(喷)浆前对已完成的地面面层进行保护,严禁落浆造成污染。

(6)移动浆桶、喷浆机等施工工具时严禁在地面上拖拉,防止损坏地面面层。

(7)浆膜干燥前,应防止尘土沾污和热气侵袭。

(8)拆架子或移动高凳子应注意保护好已刷浆的墙面。

7.3.7　安全措施

(1)操作前检查脚手架和跳板是否搭设牢固,高度是否满足操作要求,合格后才能上架操作,凡不符合安全之处应及时修整。

(2)禁止穿硬底鞋、拖鞋、高跟鞋在架子上工作,架子上的人员不得集中在一起,工具要搁置稳定,防止坠落伤人。

(3)在两层脚手架上操作时,应尽量避免在同一垂直线上工作,必须同时作业时,下层操作人员必须戴安全帽。

(4)抹灰时应防止砂浆掉入眼中,采用竹片或钢筋固定八字靠尺板时,应防止竹片或钢筋回弹伤人。

(5)夜间临时用的移动照明灯,必须用安全电压。一切机械操作人员须培训持证上岗,现场一切机械设备,非操作人员一律禁止乱动。

7.3.8　施工注意事项

(1)混凝土基层处理。

1)由于日后修补的砂浆容易剥离,或修补部分与原来的混凝土面层的渗吸状态与表面凹凸状态不同,某些品种的涂料就容易产生涂料饰面外观不均匀的问题。因此原则上必须尽量做到混凝土基层平整度良好,不需要修补处理。

2)对于混凝土的施工缝等表面不平整或高低不平的部位,应使用聚合物水泥砂浆进行基层处理,做到表面平整,并使抹灰层厚度均匀一致。具体做法是先认真清扫混凝土表面,涂刷界面剂,抹聚合物砂浆,每遍抹灰厚度不大于 9mm,总厚度不超过 25mm,最后在抹灰底层用抹子抹平,并进行保护。

3)由于模板缺陷造成混凝土尺寸不准,或由于变更等,抹灰找平部分厚度增加。为防止出现开裂及剥离,应在混凝土表面焊接金属网片,并将找平层抹在金属网上。

4)其他基层缺陷处理办法。

①微小裂缝。用封闭材料或涂抹防水材料沿裂缝搓涂,然后在表面撒细砂等,使装饰涂料能与基层很好地粘结。对于预制混凝土板材,可用低黏度环氧树脂或水泥砂浆进行压力

灌浆,压入缝中。

②气泡砂孔。应用聚合物水泥砂浆嵌填直径大于 3mm 的气孔。对于直径小于 3mm 的气孔,可用涂料或封闭腻子处理。

③表面凹凸。凸出部分用磨光机研磨平整。

④露出钢筋。用磨光机等将铁锈全部清除,然后进行防锈处理。也可对混凝土进行少量剔凿,对混凝土内露的钢筋进行防锈处理。然后用聚合物砂浆补抹平整。

⑤油污。油污和隔离剂必须用洗涤剂洗净。

(2)水泥砂浆基层处理。

1)当水泥砂浆面层有空鼓现象时,应铲除,用聚合物水泥砂浆修补。

2)当水泥砂浆面层有孔眼时,用水泥素浆修补。也可从剥离的界面注入环氧树脂胶粘剂。

3)当水泥砂浆面层凹凸不平时,应用磨光机研磨平整。

(3)加气混凝土板基层处理。

1)加气混凝土板材接缝连接面及表面气孔应全刮涂打底腻子,使表面光滑平整。

2)由于加气混凝土基层吸水率很大,会把基层处理材料中的水分吸干,因而应在加气混凝土基层表面涂刷合成树脂乳液封闭底漆,使基础渗吸得到适当调整。

3)修补边角及开裂时,必须在界面上涂刷合成树脂乳液,并用聚合物水泥砂浆修补。

(4)石膏板、饰面板的基层处理。

1)一般石膏板不适用于湿度较大的基层,湿度较大时,需对石膏板进行防潮处理,或采用防潮石膏板。

2)石膏板多做对接缝。接缝及顶空等必须用合成树脂乳液腻子刮涂打底,固化后用砂纸打磨平整。

3)石膏板连接处可做成 V 形接缝。施工时,在 V 形缝中嵌填专用的合成树脂乳液石膏腻子,并贴玻璃接缝带抹压平整。

4)石膏板在涂刷前,应对石膏板面层用合成树脂乳液灰浆腻子刮涂打底,固化后用砂纸等打磨光滑平整。

7.3.9 质量记录

(1)涂饰工程验收时应检查文件和记录。

1)涂饰工程的施工图、设计说明及其他设计文件。

2)施工所采用的材料产品合格证、性能检验报告、有害物质限量检验报告和进场验收记录。

3)施工日记。

(2)各分项工程的检验批应按下列规定划分。

1)室外涂饰工程每一栋楼的同类涂料涂饰墙面每 1000m² 应划分为一个检验批,不足 1000m² 也应划分为一个检验批。

2)室内涂饰工程同类涂料涂饰墙面每 50 间划分为一个检验批,不足 50 间也划分为一个检验批,大面积房间和走廊可按涂饰面积每 30m² 计为一间。

(3)检查数量应符合下列规定。

1)室外涂饰工程每 100m² 应至少检查一处,每处不得小于 10m²。

2)室内涂饰工程每个检验批应至少抽查 10%,并不得少于 3 间,不足 3 间时应全数检查。

7.4　木材防火涂料施工工艺标准

木材防火涂料是以过氯乙烯树脂为主要成膜物质,再加入两种以上其他树脂及两种以上增塑剂而制成的油漆料,专门用于防火、耐酸、防腐等挥发性表面涂饰的涂料。这种涂料具有优异的防火、防锈、耐酸碱、耐候、耐水、耐油等性能。优点是干燥快、涂装方式多、操作简便、抗菌性强、隔绝热量、阻燃性强及防火性能良好等。缺点是光泽效果较差、附着力不足、涂膜易揭起等。本工艺标准适用于建筑装饰装修工程的普通或潮湿地区的室内外木质表面防火涂饰工程。工程施工应以设计图纸和有关施工质量验收规范为依据。

7.4.1　材料要求

(1)木材。木材含水率不应大于 12%,表面无裂缝、毛刺、脂囊等缺陷。

(2)各色过氯乙烯防火漆、过氯乙烯清漆、过氯乙烯防腐清漆等涂料都应符合设计要求和国家有关质量规定的标准。

(3)配套底漆、中间涂料、面漆防火颜料和稀释剂,应注意准确选用干燥快、有优良防化学侵蚀性、耐无机酸、盐、碱类及煤油等侵蚀的材料,以满足防火、防腐、防霉的要求。

(4)石膏、大白粉、滑石粉、地板黄、红土子、黑烟子、立德粉、纤维素等填充料应符合设计要求和有关规范规定的标准。

7.4.2　主要机具设备

(1)主要机具。包括油漆搅拌机、空气压缩机、单斗喷枪、砂纸打磨机。

(2)主要工具。包括油刷、排笔、铲刀、牛角刮刀、调料刀、开刀、牛角板、油画笔、掏子、毛笔、砂纸、砂布、擦布、腻子板、钢皮刮板、小油桶、半截大桶、水桶、油勺、棉丝、麻丝、竹签、小色碟、铜丝箩、高凳、脚手板、安全带、钢丝钳子、小锤子和笤帚等。

7.4.3　作业条件

(1)施工区域应有良好的通风设施,抹灰工程、地面工程、木装修工程、水暖电气工程等全部完工,环境比较干燥,相对湿度不大于 60%,室内温度不宜低于 10℃。

(2)先做样板间,经建设单位及监理公司检查鉴定合格后,方可组织班组进行大面积施工。

(3)施工前应对木门窗材质及木饰面板外形进行检查,不合格者应拆换。木材制品含水率不大于 12%。

（4）操作前应认真进行工序交接检验工作,不符合规范要求的不准进行油漆施工。要求书面交接。

（5）施工前各种材料必须先报验,经建设单位及监理确认并进行封样后才能采购。已报验样品在大批量材料进场时,必须经过建设单位及监理公司验收并出具有关书面验收单后才能正式使用。

7.4.4 施工操作工艺

（1）木材制品表面处理。油漆防火涂料要求木材制品表面平整光滑、少节疤、棱角整齐、木纹颜色一致,故须对木制品做如下的加工处理。

1）去污。木制品在加工和安装过程中,表面难免留下油污、胶渍、砂浆、沥青等。尤其是在木件组装后在接榫处总会有些粘胶被挤出,这些油脂、污垢、胶渍会影响着色的均匀和油漆的干燥。应用温水、肥皂水、碱水等将油污和胶渍清除干净,也可用酒精、汽油或其他溶剂擦拭掉。

2）去脂。树枝可采用溶剂（丙酮、酒精及四氯化碳等）溶解、碱液（5%～6% 碳酸钠水溶液或 4%～5% 的苛性钠水溶液）洗涤或烙铁铲烫等方法清除。

3）漂白。高级青水木材制品,应采用漂白的方法将木材的色斑和不均匀的色调消除。其方法如下。

①过氯化氢,俗称双氧水漂白,其溶液浓度为 15%～30%。

②草酸漂白。

a.1000mL 水中溶解 75g 结晶草酸。

b.1000mL 水中溶解 75g 结晶硫酸钠。

c.1000mL 水中溶解 24.3g 结晶硼砂。

配好后的草酸溶液用毛刷先将草酸溶液涂刷在木材表面上,约歇 4～5min,稍干后再涂硫酸钠水溶液,待干燥后木材变白。

③漂白粉漂白,先配成 5% 的碳酸钠（1:1）水溶液,再加入 50g 漂白粉搅拌均匀。用毛刷将溶液涂刷在木材表面,待漂白后用 2% 的肥皂水或稀盐酸溶液清洗被漂白的表面,并擦拭干净。

（2）木材防火涂料施工主要工序。

1）涂刷混色油漆防火涂料的主要工序见表 7.4.4-1。

表 7.4.4-1 木材表面涂刷混色油漆（或防火油漆）的主要工序

序号	工序名称	普通油漆	中级油漆	高级油漆
1	清扫、起钉子、除油污等	+	+	+
2	铲脂囊、修补平整	+	+	+
3	磨砂纸	+	+	+
4	节疤处点漆片	+	+	+

续表

序号	工序名称	普通油漆	中级油漆	高级油漆
5	干性油或带色干性油打底	＋	＋	＋
6	局部披腻子磨光	＋	＋	＋
7	腻子处涂干性油	＋		＋
8	第一遍满刮腻子		＋	＋
9	磨光		＋	＋
10	第二遍满刮腻子			＋
11	磨光			＋
12	刷底漆			＋
13	第一遍油漆	＋	＋	＋
14	复补腻子	＋	＋	＋
15	磨光	＋	＋	＋
16	湿布擦净		＋	＋
17	第二遍油漆	＋	＋	＋
18	磨光(高级油漆用水砂纸)		＋	＋
19	湿布擦净		＋	＋
20	第三遍油漆		＋	＋

注:1.表中"＋"号表示应进行的工序;

2.高级油漆做磨退时,宜用醇酸磁漆涂刷,并根据漆膜厚度增加1～2遍油漆和磨退、打砂蜡、打油蜡、擦亮等工序。

2)涂刷清漆防火涂料的主要工序见表7.4.4-2。

表7.4.4-2 木材表面涂刷清漆(或防火油漆)的主要工序

序号	工序名称	中级油漆	高级油漆
1	清扫、起钉子、除油污等	＋	＋
2	磨砂纸	＋	＋
3	润粉	＋	＋
4	磨砂纸	＋	＋
5	第一遍满刮腻子	＋	＋
6	磨光	＋	＋
7	第二遍满刮腻子		＋
8	磨光		＋
9	刷油色	＋	＋

续表

序号	工序名称	中级油漆	高级油漆
10	第一遍油漆	+	+
11	拼色	+	+
12	复补腻子	+	+
13	磨光	+	+
14	第二遍油漆	+	+
15	磨光	+	+
16	第三遍油漆	+	+
17	磨水砂纸		+
18	第四遍油漆		+
19	磨光		+
20	第五遍油漆		+
21	磨退		+
22	打砂蜡		+
23	打油漆		+
24	擦亮		+

注:表中"十"号表示应进行的工序。

3)嵌补腻子、满刮腻子、打磨砂纸、涂刷油漆操作程序及施工方法等与前述标准基本相同。

4)木结构防火涂料施工,可根据施工环境、被涂基层的面积,采用刷或喷涂方法。水性发泡型防火涂料,应按产品说明书规定比例,将胶料与粉料混合涂布两道,再用同一涂料的胶料罩面一道;水性膨胀型乳胶防火涂料分甲、乙两组份包装时,按产品说明书规定比例混合,并充分搅拌均匀后使用;溶剂型防火涂料,应注意通风和防火,施工温度应按所用涂料的要求实施。

7.4.5 质量标准

(1)主控项目。

1)溶剂型涂料涂饰工程所选用涂料的品种、型号和性能应符合设计要求。检验方法:检查产品合格证、性能、环保检测报告和进场验收记录。

2)溶剂型涂料工程的颜色、光泽应符合设计要求。检验方法:观察。

3)溶剂型涂饰工程应涂刷均匀、粘结牢固,不得漏涂、透底、起皮和反锈。检验方法:观察,手摸检查。

4)基层腻子应平整、坚实、牢固,无粉化、起皮和裂缝。

（2）一般项目。木料表面施涂清漆质量和检验方法见表 7.4.5-1。

表 7.4.5-1　木料表面施涂清漆质量和检验方法

序号	项目	普通涂饰	高级涂饰	检验方法
1	颜色	基本一致	均匀一致	观察
2	木纹	棕眼刮平、木纹清楚	棕眼刮平、木纹清楚	观察
3	光泽、光滑度	光泽基本均匀，光滑，无挡手感	光泽均匀一致，光滑	观察、手摸
4	刷纹	无刷纹	无刷纹	观察
5	裹棱、流坠、皱皮	明显处不允许	不允许	观察、手摸
6	装饰线、分色线直线度	不大于 2mm	不大于 1mm	拉 5m 线（不足时拉通线）用尺量
7	五金、玻璃等	洁净	洁净	观察

7.4.6　成品保护

（1）每遍涂漆前，都应将地面、窗台等处灰尘、垃圾清扫干净，防止尘土飞扬，影响油漆质量。

（2）木制品在室内涂漆，每涂一遍漆后，都应将门窗关闭，并设专人负责开关窗，以保持室内通风换气。

（3）刷油后应及时将滴在地面上或碰在墙面上的油漆点清刷干净。

（4）严防在涂刷完的油漆饰面上乱写乱画，造成污染或损坏，应派人看护和管理。

7.4.7　安全措施

（1）操作前检查脚手架和跳板是否搭设牢固，高度是否满足操作要求，合格后才能上架操作，凡不符合安全之处应及时修整。

（2）禁止穿硬底鞋、拖鞋、高跟鞋在架子上工作，架子上的人员不得集中在一起，工具要搁置稳定，防止坠落伤人。

（3）在两层脚手架上操作时，应尽量避免在同一垂直线上工作。必须同时作业时，下层操作人员必须戴安全帽。

（4）抹灰时应防止砂浆掉入眼中，采用竹片或钢筋固定八字靠尺板时，应防止竹片或钢筋回弹伤人。

（5）夜间临时用的移动照明灯，必须用安全电压。一切机械操作人员须培训持证上岗，现场一切机械设备，非操作人员一律禁止乱动。

7.4.8　施工注意事项

（1）防止漏刷。漏刷是刷油操作易出现的问题，一般多发生在门窗的上、下冒头和靠合页小面以及门窗框、压缝条的上下端部和衣柜门框的内侧等处。主要原因是内门窗安装时油工与木工不配合，下冒头未刷油漆就把门扇安装了，事后油工根本刷不了（除非把门扇合页卸下来重涂刷）；其次是操作者不认真所致。

（2）防止缺刮腻子，缺打砂纸。防止节疤、裂缝、钉孔、榫头、上下冒头、合页、边棱残缺等处的缺刮腻子、缺打砂纸现象，操作者应认真按照规程和工艺标准操作。

（3）防止流坠、裹楞。涂刷油漆时，操作者应注意避免漆料太稀、漆膜太厚或环境温度高、油漆干性慢等因素影响，并采取合理操作顺序和科学的手法，防止油漆流坠、裹楞。尤其是门窗边棱分色处，一旦油量过大或操作不注意，就容易造成流坠、裹楞。

（4）防止刷纹明显。操作者应用相应合适的毛刷子，把油刷子用稀料泡软后使用。

（5）防止漆面粗糙现象。操作前必须将基层清理干净，用湿布擦净，油漆要过箩，严禁刷油时扫尘、清理或刮大风天气刷油漆。

（6）防止皱纹。严防漆质不好，兑配不均，溶剂挥发快或催干剂过多等。

（7）防止污染五金。操作者要认真细致，及时将小五金等污染处清擦干净，门锁、门窗拉手和插销等尽量后装，以确保五金洁净美观。

（8）防止倒光。木面吸油快慢不均或木面不平，室内潮湿或底漆未干透、稀释剂过量等，都可能产生局部漆面失去光泽的倒光现象。

（9）在兑配防火漆料时，应注意准确选用配套底漆、中间涂料、面漆和稀释剂，以满足防火、防腐、防霉性能的要求。

7.4.9　质量记录

（1）材料应有合格证、环保检测报告。
（2）进场验收记录。
（3）工程验收应有质量验评资料。
（4）施工记录。

7.5　裱糊工程施工工艺标准

墙纸适用于建筑室内高级装饰施工，常采用聚氯乙烯塑料壁纸、复合纸质壁纸、金属壁纸、玻璃纤维壁纸、锦缎壁纸、装饰壁纸等裱糊墙面。本工艺标准适用于建筑装饰装修工程裱糊墙面施工。工程施工应以设计图纸和有关施工质量验收规范为依据。

7.5.1　材料要求

（1）墙纸品种规格。小卷门幅宽 0.53～0.60m，长 10～120m，每卷 5～6m²。其他规格尺寸根据设计施工图纸或以标准尺寸的倍数供应。

1）聚氯乙烯塑料壁纸外观质量、可洗性、技术性能符合设计要求和国家行业规范标准。

2）壁纸和粘结剂材料中的有害物质限量符合设计要求和国家行业规范标准。

3）外观质量检查。检查试样外观质量时,在光线充足的条件下(晴朗天气北窗的昼光)目测,必要时采用标准光源箱。

(2)软包用辅助材料包括边框、龙骨、底板、面板、线条、胶粘剂、嵌缝腻子。

7.5.2　主要机具设备

主要机具设备包括裁纸工作台、滚轮、壁纸刀、油工刮板、毛刷、钢板尺、塑料水桶、脸盆、腻子槽、小棍、开刀、排笔、棉丝、粉线包、水平尺、托线板、线坠、盒尺、锤子、钉子、砂纸等。

7.5.3　作业条件

(1)新建筑物的混凝土或抹灰基层墙面在刮腻子前应涂刷抗碱封闭底漆。

(2)旧墙面在裱糊前应清除疏松的旧装修层,并刷涂界面剂。

(3)基层按设计要求木砖或木筋已埋设,水泥砂浆找平层已抹完,经干燥后含水率不大于8%,木材基层含水率不大于12%。

(4)水电及设备、顶墙上预留预埋件及门窗刷油漆已完成。

(5)房间地面工程已完成,经检查符合设计要求,并做好保护措施。

(6)房间的木护墙和细木装修底板施工已完成,经检查符合设计要求。

(7)大面积装修前,应做样板间,经建设单位和监理单位鉴定合格并向施工人员技术交底后,可组织施工。

(8)将墙面清扫干净,如有凹凸不平、缺棱掉角或局部面层损坏者,提前修补抹平抹直并干燥,预制或现浇混凝土表面,提前刮石膏腻子找平。

(9)事先将突出墙面的设备部件等拆卸下来收存好,待壁纸贴完后,再将部件重新安装复原。

(10)湿度较大的房间和经常潮湿的表面,如需做裱糊壁纸,应采用有防水性能的塑料壁纸和胶粘剂等材料。

(11)如房间较高,应提前搭设脚手架或准备铝合金折叠梯子;如房间不高,应提前钉好木马凳。

7.5.4　施工操作工艺

工艺流程:基层处理→吊直、套方、找规矩、弹线→计算用料、裁纸→刷胶→裱糊→修整。

(1)基层处理。

1)混凝土及抹灰基层处理。裱糊壁纸的基层是混凝土面、抹灰面(如水泥砂浆、水泥混合砂浆、石灰砂浆等),要满刮腻子一遍和打磨砂纸。但有的混凝土面、抹灰面有气孔、麻点、凸凹不平之处时,为了保证质量,应增加满刮腻子和磨砂纸遍数。刮腻子时,将混凝土表面或抹灰面清扫干净,使用胶皮刮板满刮一遍。刮时要有规律,要一板排一板,两板中间顺一板。既要刮严,又不得有明显接槎和凸痕。做到凸处薄刮,凹处厚刮,大面积找平。待腻子干固后,打磨砂纸并扫净。需要增加满刮腻子遍数的基层表面,应先将表面裂缝及凹面部分刮平,然后打磨砂纸、扫净,再满刮一遍后打磨砂纸,处理好的底层应该平整光滑,阴阳角线通畅、顺直，无裂痕、崩角，无砂眼、麻点。

2）木质基层处理。木基层要求接缝不显接槎，接缝、钉眼应用腻子补平并满刮油性腻子一遍（第一遍），用砂纸磨平。木夹板的不平整主要是钉接造成的，在钉接处木夹板往往下凹，非钉接处向外凸。因此第一遍满刮腻子主要是找平大面。第二遍可用石膏腻子找平，腻子的厚度应减薄，可在该腻子五六成干时，用塑料刮板有规律地压光，最后用干净的抹布轻轻将表面灰粒擦去。对要贴金属壁纸的木基面处理，第二遍腻子时应采用石膏粉调配猪血料的腻子，其配比为 10：3（重量比）。金属壁纸对基面的平整度要求很高，稍有不平处或有粉尘，都会在金属壁纸裱贴后明显地看出。所以金属壁纸的木基面处理，应与木家具打底方法基本相同，批抹腻子的遍数要求在三遍以上。批抹最后一遍腻子并打平后，用软布擦净。

3）石膏板基层处理。纸面石膏板比较平整，批抹腻子主要是在对缝处和螺钉孔位处。对缝披抹腻子后，还需用棉纸带贴缝，以防止对缝处开裂（见图 7.5.4-1 和图 7.5.4-2）。在纸面石膏板上，应用腻子满刮一遍，找平大面，在刮第二遍腻子时进行修整。

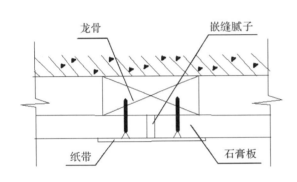

图 7.5.4-1　石膏板对缝节点（一）

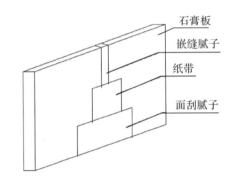

图 7.5.4-2　石膏板对缝节点（二）

4）不同基层对接处的处理。不同基层材料的相接处，如石膏板与木夹板之间的对缝（见图 7.5.4-3）、水泥或抹灰面与木夹板之间的对缝（见图 7.5.4-4）、抹灰面与石膏板之间的对缝（见图 7.5.4-5），应用棉纸带或穿孔纸带粘贴封口，以防止裱糊后的壁纸面层被拉裂撕开。

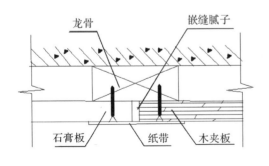

图 7.5.4-3　石膏板与木夹板对缝节点

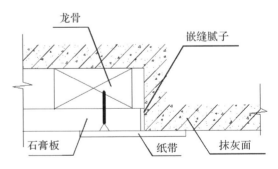

图 7.5.4-4　抹灰面与木夹板对缝节点

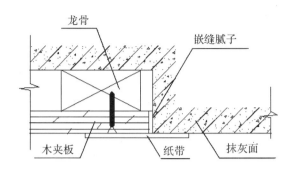

图 7.5.4-5　抹灰面与石膏板对缝节点

5)涂刷防潮底漆和底胶。为了防止壁纸受潮脱胶,一般要对裱糊塑料壁纸、壁布、纸基塑料壁纸、金属壁纸的墙面,涂刷防潮底漆。防潮底漆用酚醛清漆与汽油或松节油来调配,其配比为清漆:汽油(或松节油)=1:3。该底漆可涂刷,也可喷刷,漆液不宜厚,且要均匀一致。涂刷底胶是为了增加粘结力,防止处理好的基层受潮弄污。底胶一般用 108 胶配少许甲醛纤维素加水调成,其配比为 108 胶:水:甲醛纤维素=10:10:0.2。底胶可涂刷,也可喷刷。在涂刷防潮底漆和底胶时,室内应无灰尘,且防止灰尘和杂物混入该底漆或底胶中。底胶一般是一遍成活,但不能漏刷、漏喷。若面层贴波音软片,基层处理最后要做到硬、干、光。在做完通常基层处理后,还需打磨和刷二遍清漆。

6)基层处理中的底灰腻子有乳胶腻子与油性腻子之分,其配合比(重量比)如下。

①乳胶腻子:白乳胶(聚醋酸乙烯乳液):滑石粉:甲醛纤维素(2%溶液)=1:10:2.5。白乳胶:石膏粉:甲醛纤维素(2%溶液)=1:6:0.6。

②油性腻子:石膏粉:熟桐油:清漆(酚醛)=10:1:2。复粉:熟桐油:松节油=10:2:1。

(2)吊直、套方、找规矩、弹线。

1)顶棚。首先应将顶子的对称中心线通过吊直、套方、找规矩的办法弹出中心线,以便从中间向两边对称控制。墙顶交接处的处理原则是凡有挂镜线的按挂镜线弹线,没有挂镜线的则按设计要求弹线。

2)墙面。首先应将房间四角的阴阳角通过吊垂直、套方、找规矩的办法弹中心线,并确定从哪个阴角开始按照壁纸的尺寸进行分块弹线控制(习惯做法是进门左阴角处开始铺贴第一张)。有挂镜线的按挂镜线弹线,没有挂镜线的按设计要求弹线。

3)具体操作方法如下。按壁纸的标准宽度找规矩,每个墙面的第一条纸都要弹线找垂直,第一条线距墙阴角约 15cm 处,作为裱糊时的准线。在第一条壁纸位置的墙顶处敲进一枚墙钉,将铅粉锤线系上,铅锤下吊到踢脚上缘处,锤线静止不动后,一手紧握锤头,按锤线的位置用铅笔在墙面上画一条短线,再松开铅锤头查看垂线是否与铅笔短线重合。如果重合,就用一只手将垂线按在铅笔短线上,另一只手把垂线往外拉,放手后使其弹回,便可得到墙面的基准垂线。弹出的基准垂线越细越好。每个墙面的第一条垂线,应该定在距墙角约 15cm 处。墙面上有门窗口的应增加门窗两边的垂直线。

(3)计算用料、裁纸。按基层实际尺寸测量计算所需用量,并在每边增加 2~3cm 作为裁纸量。裁剪在工作台上进行。对有图案的材料,无论是顶棚还是墙面均应从粘贴的第一张开始对花,墙面从上部开始。边裁边编顺序号,以便按顺序粘贴。对于对花墙纸,为减少浪费,应事先计算,如一间房需要 5 卷纸,则用 5 卷纸同时展开裁剪,可大大减少壁纸的浪费。

（4）刷胶。在进行施工前将 2～3 块壁纸进行刷胶,使壁纸起到湿润、软化的作用,塑料纸基背面和墙面都应涂刷胶粘剂,刷胶应厚薄均匀,从刷胶到最后上墙的时间一般控制在 5～7min。刷胶时,基层表面刷胶的宽度要比壁纸宽约 3cm。刷胶要全面、均匀、不裹边、不起堆,以防溢出,弄脏壁纸。但也不能刷得过少,甚至刷不到位,以免壁纸粘结不牢。一般抹灰墙面用胶量为 $0.15kg/m^2$ 左右,纸面为 $0.12kg/m^2$ 左右。壁纸背面刷胶后,应是胶面与胶面反复对叠,以避免胶干得太快,也便于上墙,并使裱糊的墙面整洁平整。金属壁纸的胶液应是专用的壁纸粉胶。刷胶时,准备一卷未开封的发泡壁纸或长度大于壁纸宽的圆筒,一边在裁剪好的金属壁纸背面刷胶,一边将刷过胶的部分向上卷在圆筒上（见图 7.5.4-6）。

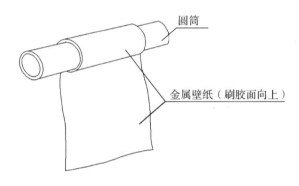

图 7.5.4-6　金属壁纸刷胶

（5）壁纸裱糊。

1）普通壁纸裱糊施工。裱糊壁纸时,首先要垂直后对花纹拼缝,再用刮板用力抹压平整,壁纸应按壁纸背面箭头方向进行裱贴。原则是先垂直面后水平面,先细部后大面。贴垂直面时先上后下,贴水平面时先高后低。在顶棚上裱糊壁纸,宜沿房间的长边方向进行裱糊。相邻两幅壁纸的连接方法有两种,分别为拼接法和搭接法,顶棚壁纸一般采用推贴法进行裱糊。

①拼接法。一般用于带图案或花纹壁纸的裱贴。壁纸在裱贴前先按编号及背面箭头试拼,然后按顺序将相邻的两幅壁纸直接拼缝及对花,逐一裱贴于墙面上,再用刮板、压平滚从上往下斜向赶出气泡和多余的胶液使之贴实,刮出的胶液用洁净的湿毛巾擦干净,然后用接缝滚将壁纸接缝压平。

②搭接法。用于无须对接图案的壁纸的裱贴。裱贴时,使相邻的两幅壁纸重叠,然后用直尺及壁纸刀在重叠处的中间将两层壁纸切开,再分别将切断的两幅壁纸边条撕掉,再用刮板、压平滚从上往下斜向赶出气泡和多余的胶液使之贴实,刮出的胶液用洁净的湿毛巾擦干净,然后用接缝滚将壁纸接缝压平（见图 7.5.4-7）。

③推贴法。一般用于顶棚裱糊壁纸。一般先裱糊靠近主窗处,方向与墙面平行。裱糊

时将壁纸卷成一卷,一人推着前进,另一人将壁纸赶平,赶密实。胶粘剂宜刷在基层上,不宜刷在纸背上。

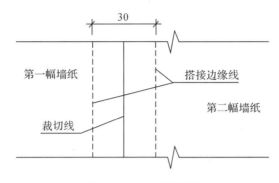

图 7.5.4-7　壁纸搭接

裱糊壁纸时,注意在阳角处不能拼缝,阴角壁纸应搭缝。阴角壁纸搭缝时,应先裱糊压在里面的转角壁纸,再粘贴非转角的正常壁纸。搭接面应根据阴角垂直度而定,搭按宽度一般不小于 2～3cm,并且要保持垂直无毛边。

2)金属壁纸裱糊施工。金属壁纸在裱糊前浸水 1～2min,将浸水的金属壁纸抖去多余水分,阴干 5～7min,再在其背面涂刷胶液。由于特殊面材的金属壁纸,其收缩量很小,在裱糊时可采用拼接裱糊,也可用搭接裱糊。其他要求与普通壁纸相同。

3)麻草壁纸裱糊施工。

①用热水将 20％的羧甲基纤维素溶化后,配上 10％的白乳胶、70％的 108 胶,调匀后待用。用胶量为 0.1kg/m²。

②按需要下好壁纸料,粘贴前先在壁纸背面刷上少许的水,但不能过湿。

③将配好的胶液去除一部分,加水 3～4 倍调好,粘贴前刷在墙上,一层即可(达到打底的作用)。

④将配好的胶加 1/3 水调好,粘贴时往壁纸背面刷一遍,再往打好底的墙上刷一遍,即可粘贴。

⑤贴好壁纸后用小胶辊将壁纸压一遍,达到吃胶、牢固去褶子目的。

⑥完工后再检查一遍,有开胶或粘贴不牢固的边角,可用白乳胶粘牢。

4)纺织纤维壁纸裱糊施工。

①裁纸时,应比实际长度多出 2～3cm,剪口要与边线垂直。

②粘贴时,将纺织纤维壁纸铺好铺平,用毛辊沾水湿润基材,纸背的湿润程度以手感柔软为好。

③将配好的胶粘剂刷到基层上,然后将湿润的壁纸用刮板从上而下刮平,因花线垂直布置,所以不宜横向刮平。

④拼装时,接缝部位应平齐,纱线不能重叠或留有间隙。

⑤纺织纤维壁纸可以横向裱糊,也可竖向裱糊。横向裱糊时使纱线排列与地面垂直,在视觉上可增加房间的纵深感。纵向裱糊时,纱线排列与地面垂直,在视觉上可增加房间的高度。

5)墙布裱糊施工。由于墙布无吸水膨胀的特点,故不需要预先用水湿润。除纯棉墙布应在其背面和基层同时刷胶粘剂外,玻璃纤维墙布和无纺墙布只需要在基层刷胶粘剂。胶粘剂应随用随配,当天用完。锦缎柔软易变形,裱糊时可先在其背面衬糊一层宣纸,使其挺括。胶粘剂宜用108胶。

(6)玻璃纤维墙布施工。基本上与普通壁纸的裱糊相同,不同之处如下。

1)玻璃纤维墙布裱糊时,仅在基层表面涂刷胶粘剂,墙布背面不可涂胶。

2)玻璃纤维墙布裱糊时,胶粘剂宜采用聚醋酸乙烯酯乳胶,以保证粘接强度。

3)玻璃纤维墙布裁切成段后应卷成卷横放,宜存放于箱内,以防止沾上污物和碰毛布边影响对花。

4)玻璃纤维不伸缩,对花时切忌横拉斜扯,以免整幅墙布歪斜变形,甚至脱落。

5)玻璃纤维墙布盖底力差,如基层表面颜色较深,可在胶粘剂中掺入适量的白色涂料,以使完成后的裱糊面层色泽无明显差异。

6)粘贴时选择适当的位置吊垂直线,保证第一块布贴垂直。将成卷墙布自上而下按严格的对花要求渐渐放下,上面多留3~5cm进行粘贴,以免因墙面或挂镜线歪斜造成上下不齐或短缺,随后用湿毛巾将布抹平,上下多余部分用刀片切去。如墙角歪斜偏差较大,可以在墙角处开裁拼接,最后叠接阴角处可以不必要求严格对花,切忌横向硬拉,以免造成布边歪斜或纤维脱落而影响对花。

(7)纯棉装饰墙布裱糊施工。基本上与普通壁纸的裱糊相同,不同之处如下。

1)在布背面和墙上均刷胶。胶的配合比为:108胶:4%纤维素水溶液:乳胶:水=1:0.3:0.1:适量。墙上刷胶时根据布的宽窄,不可刷得过宽,刷一段裱一张。

2)选好首张裱贴位置和垂直线即可开始裱糊。

3)从第二张起,裱糊先上后下进行对缝对花,对缝必须严密不搭槎,对花端正不走样,对好后用板式鬃刷压实。

4)挤出的胶液用湿毛巾擦干净,多出的上下边用壁纸刀裁割整齐。

5)在裱糊墙布时,应在外露设备处裁破布面露出设备。

6)裱糊墙布时,阳角不允许对缝,更不允许搭槎,客厅、明柱正面不允许对缝。门、窗口面上不允许加压布条。

(8)化纤装饰墙布裱糊施工。基本上与普通壁纸的裱糊相同,不同之处如下。

1)按墙面垂直高度设计用料,并加长5~10cm以备竣工切齐。裁布时应按图案对花裁取,卷成一卷横放盒内备用。

2)应选室内面积最大的墙面,以整幅墙布开始裱糊粘贴,自墙角起在第一、二块墙布间吊垂直线,并用铅笔做好记号,以后第三、四块等与第二块布保持垂直对花,必须准确。

3)将墙布专用胶水均匀地刷在墙上,不要满刷,并要防止干涸,也不要刷到已贴好的墙布上去。

4)先贴距墙角的第二块布,墙布要伸出挂镜线5~10cm,然后沿垂直线记号自上而下放贴布卷,一面用湿毛巾将墙布由中间向四周抹平。与第二块布严格对花,保持垂直,继续粘贴。

5)凡遇墙角处相邻的墙布可以在拐角处重叠,其重叠宽度约为2cm,并要求对花。

6)遇电器开关应将板面除去,在墙布上画对角线,剪去多余部分,然后再盖上面板使墙面完整。

7)用壁纸刀将上下端多余部分裁切干净,并用湿布抹平。

(9)无纺墙布裱糊施工。基本上与普通壁纸的裱糊相同,不同之处如下。

1)粘贴墙布时,先用排笔将配好的胶粘剂刷于墙上,涂刷时必须均匀,稀稠适度,涂刷宽度比墙布宽 2～3cm。

2)将卷好的墙布自上而下粘贴,粘贴时,除上边应留出 50mm 左右的空隙外,布上的花纹图案应严格对好,不得错位,并需用干净软布将墙布抹平填实,用壁纸刀裁出多余部分。

(10)绸缎墙面粘贴施工。基本上与普通壁纸的裱糊相同,不同之处如下。

1)绸缎粘贴前,先用激光测量仪放出第一幅墙布裱贴位置垂直线。然后放出距地面 1.3m 的水平线,使水平线与垂直线相互垂直。水平线应在四周墙面弹通,使绸缎粘贴时,花型与线对齐,花型图案达到横平竖直的效果。

2)向墙刷胶粘剂。胶粘剂可采用滚涂和刷涂的方式,胶粘剂涂刷面积不宜过大,应刷一幅,粘一幅。同时,在绸缎的背面刷一层薄薄的水胶(水∶108 胶＝8∶2),涂刷要均匀,不漏刷。刷胶水后的绸缎应静置 5～10min 后上墙粘贴。

3)绸缎粘贴上墙。第一幅应从不明显的引脚开始,从左到右按垂直线上下对齐,粘贴平整。贴第二幅时,花型对齐,上下多余部分,随即用壁纸刀裁去。按此法粘贴完毕。最后一幅,也要贴阴角处。花型图案无法对齐时,可采用取两幅叠起裁划的方法,然后将多余部分去掉,再在墙上和绸缎背面局部刷胶,使两边拼合贴密。

4)绸缎粘贴完毕,应进行全面检查。如有翘边用白胶补好;有气泡应赶出;有空鼓、脱胶用针筒灌注胶水,并压实严密;有皱纹要刮平;有离缝应重做处理。有胶迹用洁净湿毛巾擦净,如普遍有胶迹,应满擦一遍。

(11)波音软片的裱贴施工。波音软片是一种自粘性饰面材料,因此,当基面硬、干、光后,不必刷胶。裱贴时,只要将波音软片的自粘底纸层撕开一条口。在墙壁面的裱贴中,首先对好垂直线,然后将撕开一条口的波音软片粘贴在饰面的上沿口。自上而下,一边撕开底纸层,一边用木块或有机玻璃夹片贴在基面上。如表面不平,可用吹风机加热,以干净布在加热的表面摩擦,可恢复平整。也可用电熨斗加热,但要调到中低档温度。

7.5.5 质量标准

(1)一般规定。裱糊工程应基层封闭底漆、腻子、底胶材料进行隐蔽工程验收。裱糊前基层处理应达到以下要求。

1)新建筑物的砼抹灰基层墙面在刮腻子前应涂刷抗碱封闭底漆。

2)粉化的旧墙面应除去粉化层,并在刮刷腻子前应涂刷一层界面处理剂。

3)砼或抹灰基层含水率不得大于 8%,木材基层的含水率不得大于 12%。

4)石膏板基层的接缝及裂缝处应贴加强网格布后再刮腻子。

5)基层腻子应平整、坚实、牢固,无粉化、起皮、空鼓、酥松、裂缝和泛碱;腻子的粘结度不得小于 0.3MPa。

6)裱糊前应用封闭底漆涂刷基层,基层表面颜色应一致。

(2)主控项目。

1)壁纸、墙布的种类、规格、图案、颜色和燃烧性能等级必须符合设计要求及国家现行的有关规定。检验方法:观察,检查产品合格证书、进场验收记录和性能检测报告。

2)裱糊工程基层处理质量应符合《建筑装饰装修工程质量验收标准》(GB 50210—2018)关于高级抹灰的要求。检验方法:检查隐蔽工程验收记录和施工记录。

3)裱糊后各幅拼接应横平竖直,拼接处花纹、图案应吻合,不离缝,不搭接,不显拼缝。检验方法:距离墙面 1.5m 处正视观察。

4)壁纸、墙布应粘贴牢固,不得有漏贴、补贴、脱层、空鼓和翘边。检验方法:观察,手摸检查。

(3)一般项目。

1)裱糊后的壁纸、墙布表面应平整,色泽应一致,不得有波纹起伏、气泡、裂缝、皱折及污斑,斜视时应无胶痕。检验方法:观察,手摸检查。

2)复合压花壁纸的压痕及发泡壁纸的发泡层应无损伤。检验方法:观察。

3)壁纸、墙布与各种装饰线、设备线盒应交接严密。检验方法:观察。

4)壁纸、墙布边缘应平直整齐,不得有纸毛、飞刺。检验方法:观察。

5)壁纸、墙布阴角处搭接应顺光,阳角处应无接缝。检验方法:观察。

6)裱糊工程的允许偏差和检验方法见表 7.5.5-1。

表 7.5.5-1 裱糊工程的允许偏差和检验方法

序号	项目	允许偏差/mm	检验方法
1	立面垂直度	3	
2	表面平整度	3	用 2m 检测尺(靠尺、直角尺)检查
3	阴阳角方正	3	

7.5.6 成品保护

(1)墙布、锦缎装修饰面已裱糊完的房间应及时清理干净,不准做临时料房或休息室,避免污染和损坏。应设专人负责管理,如及时锁门,定期通风换气、排气等。

(2)在整个墙面装饰工程裱糊施工过程中,严禁非操作人员随意触摸成品。

(3)暖通,电气,上、下水管工程裱糊施工过程中,操作者应注意保护已裱糊好的墙面,严防污染和损坏成品。

(4)严禁在已裱糊完墙布、锦缎的房间内剔眼打洞。若纯属设计变更所致,也应采取可靠有效措施,施工时要仔细,小心保护,施工后要及时认真修补,以保证成品完整。

(5)二次补油漆、涂浆及地面磨石、花岗石清理时,要注意保护好成品,防止污染、碰撞与损坏墙面。

(6)墙面裱糊时,各道工序必须严格按照规程施工,操作时要做到干净利落,边缝要切割整齐到位,胶痕要擦干净。

(7)冬期在采暖条件下施工,要派专人负责看管,严防发生跑水、渗漏水等灾害性事故。

7.5.7 安全措施

(1)操作前检查脚手架和跳板是否搭设牢固,高度是否满足操作要求,合格后才能上架操作,凡不符合安全之处应及时修整。

(2)禁止穿硬底鞋、拖鞋、高跟鞋在架子上工作,架子上的人员不得集中在一起,工具要搁置稳定,防止坠落伤人。

(3)在两层脚手架上操作时,应尽量避免在同一垂直线上工作。

(4)夜间临时用的移动照明灯,必须用安全电压。机械操作人员必须培训持证上岗,现场一切机械设备,非操作人员一律禁止乱动。

(5)选择材料时,必须选择符合国家规定的材料。

7.5.8 施工注意事项

(1)在斜视壁面上有污斑时,应将两布对缝时挤出的胶液及时擦干净,已干的胶液用温水擦洗干净。

(2)为了保证对花端正,颜色一致,无空鼓、气泡,无死褶,裱糊时应控制好墙布面的花与花之间的空隙(应相同);裁花布或锦缎时,应做到部位一致,随时注意壁布颜色、图案、花型,确有差别时应予以分类,分别安排在另一墙面或房间;颜色差别大或有死褶时,不得使用。

(3)上下不亏布、横平竖直。如有挂镜线,应以挂镜线为准,无挂镜线以弹线为准。当裱糊到一个阴角时要断布,因为用一张布糊在两个墙面上容易使阴角处出现墙布空鼓或皱褶现象,断布后从阴角另一侧开始仍按上述首张布开始糊的办法施工。

(4)裱糊前必须做好样板间,找出易出现问题的原因,确定试拼措施,以保证花型图案对称。

(5)在拼装预制镶嵌过程中,由于安装不详、捻边时松紧不一或在套割底板时弧度不均等造成边缝宽窄不一致,应及时进行修整和加强检查验收工作。

(6)裱糊前一定要重视对基层的清理工作。因为基层表面若有积灰、积尘、腻子包、小砂粒、胶浆疙瘩等,会造成表面不平,斜视有疙瘩。

(7)裱糊时,应重视边框、贴脸、装饰木线、边线的制作工作。制作要精细,套割要认真细致,拼装时钉子和涂胶要适宜,木材含水率不得大于8%,以保证装修质量和效果。

(8)接缝处胶刷得少,或局部没刷胶,或边缘没压实,干后就会出现翘边、翘缝等现象。发现后应及时刷胶辊压修补好。

(9)基层含水率大,抹灰层未干就铺贴壁纸,由于灰层被封闭,多余水分出不来,气化就会将壁纸拱起成泡。处理时可用注射器将泡刺破并注入胶液,用辊压实。

(10)阴阳角壁纸空鼓、阴角处有断裂。阳角处的粘贴大都采用整张纸,它要照顾到两个面、一个角,都要尺寸到位、表面平整、粘贴牢固,是有一定的难度,阴角比阳角稍好一点,但与抹灰基层质量有直接关系,只要胶不漏刷,赶压到位,是可以防止空鼓的。要防止阴角断裂,关键是阴角壁纸接槎时必须超过阴角1～2cm,实际阴角处已形成了附加层,这样就不会由于时间长、壁纸收缩,而造成阴角处壁纸断裂。

(11)窗台板上下、窗帘盒上下等处铺贴毛糙,拼花不好,污染严重主要是工作人员操作不认真造成的。

(12)对湿度较大房间和经常潮湿的墙体应采用防水性的壁纸及胶粘剂,有酸性腐蚀的房间应采用防酸壁纸及胶粘剂。

7.5.9 质量记录

(1)裱糊工程验收时应检查文件和记录。

1)裱糊工程的施工图、设计说明及其他设计文件。

2)裱糊饰面材料的样板及确认文件。

3)材料产品合格证、性能检验报告、进场验收记录和复验报告。

4)饰面材料及封闭底漆、胶粘剂有害物质限量检验报告。

5)隐蔽工程验收记录和施工日记。

(2)各分项工程的检验批应按下列规定划分:同一品种的裱糊工程每50间应划分为一个检验批,不足50间也应划分为一个检验批,大面积房间和走廊可按裱糊面积每30m²计为一间。

(3)检查数量应符合下列规定:裱糊工程每个检验批应至少抽查5间,不足5间时应全数检查。

7.6 软(硬)包工程施工工艺标准

本工艺标准适用于墙面装饰布和皮革、人造革等材料软(硬)包施工。工程施工应以设计图纸和有关施工质量验收规范为依据。

7.6.1 材料要求

(1)软包墙面木框、龙骨、底板、面板等木材的树种、规格、等级、含水率和防腐处理必须符合设计图纸要求。

(2)软包面料、内衬材料、边框的材质、颜色、图案、燃烧性能等级应符合设计要求及国家现行标准的有关规定,具有防火检测报告。普通布料需进行两次防火处理,并检测合格。

(3)龙骨一般用白松烘干料,含水率不大于12%,厚度应根据设计要求,不得有腐朽、劈裂、扭曲等疵病,并预先经防腐处理。龙骨、衬板、边框应安装牢固,无翘曲,拼缝应平直。

(4)外饰面用的压条分格框料和木贴脸等面料,一般采用工厂经烘干加工的半成品料,含水率不大于12%。选用优质五夹板,如基层情况特殊或有特殊要求者,亦可选用九夹板。

(5)胶粘剂一般采用立时得粘贴,不同部位采用不同胶粘剂。

(6)乳胶、钉子、木螺栓、防潮层等材料,应符合设计要求。

7.6.2　主要机具设备

(1)机械设备。包括木工工作台、裁布工作台、电锯、电刨、电动机、电焊机、手电钻、冲击电钻。

(2)主要工具。包括专用夹具、刮刀、钢板尺、裁刀、刮板、毛刷、排笔、长卷尺、盒尺、锤子、小辊、擦布、砂纸、钢板抹子、木工凿子、木工线锯、水平尺、方尺、多用刀、剪刀、粉线包等。

7.6.3　作业条件

(1)混凝土和墙面抹灰完成,基层已按设计要求埋入木砖或木筋,水泥砂浆找平层已抹完并刷冷底子油。

(2)水电及设备、顶墙上预留预埋件已完成。

(3)房间的吊顶分项工程基本完成,并符合设计要求。

(4)房间里的地面分项工程基本完成,并符合设计要求。

(5)对施工人员进行技术交底时,应强调技术措施和质量要求。

(6)调整基层并进行检查,要求基层平整、牢固,垂直度、平整度均符合细木制作验收规范。

(7)大面积装修前,应做样板间,经建设单位、监理等检验合格后,方可组织实施。

(8)墙面和天棚已基本完成,墙面和细木装修底板做完,开始做面层装修时插入软包墙面镶贴装饰和安装工程。

7.6.4　施工操作工艺

工艺流程:基层或底板处理→吊直、套方、找规矩、弹线→计算用料、截面料→粘贴面料→安装贴脸或装饰边线、刷镶边油漆→修整软包墙面。

(1)基层或底板处理:在结构墙上预埋木砖,抹水泥砂浆,找平层。如果是直接铺贴,则应先将底板拼缝用油腻子嵌平密实,满刮腻子1~2遍,待腻子干燥后,用砂纸磨平,粘贴前基层表面满刷清油一道。

(2)根据设计图纸要求,把该房间需要软包墙面的装饰尺寸、造型等通过吊直、套方、找规矩、弹线等工序落实到墙面上。

(3)首先根据设计图纸的要求,确定软包墙面的具体做法。

(4)采取直接铺贴法施工时,应待墙面细木装修基本完成时,边框油漆达到交活条件,方可粘贴面料。

(5)根据设计选定和加工好的贴脸或装饰边线,按设计要求把油漆刷好(达到交活条件),便可进行装饰板安装工作。首先经过试拼,达到设计要求的效果后,便可与基层固定和安装贴脸或装饰边线,最后涂刷镶边油漆成活。

(6)清理灰尘,钉粘保护膜和处理胶痕。

(7)皮革和人造革饰面施工工艺。

1)基层处理。皮革和人造革软包,要求基层牢固,构造合理。如果是将它直接装设于建筑墙体及柱体表面,为防止墙体柱体的潮气使基面板底翘曲变形而影响装饰质量,要求基层做抹灰和防潮处理。通常的做法是,采用1:3的水泥砂浆抹灰做至20mm厚。然后刷涂冷底子油一道并作一毡二油防潮层。

2)木龙骨及墙板安装。当在建筑墙柱面做皮革或人造革装饰时,应采用墙筋木龙骨,墙筋龙骨一般为(20～50)mm×(40～50)mm截面的木方条,钉于墙、柱体的预埋木砖或预埋的木楔上,木桩或木楔的间距,与墙筋的排布尺寸一致,一般为400～600mm间距,按设计图纸的要求进行分格或按平面造型形式进行划分。常见形式为450mm×450mm见方划分。固定好墙筋之后,即铺钉夹板作基面板;然后以人造革包填塞材料覆于基面板之上,用钉将其固定于墙筋位置;最后以电化铝帽头钉按分格或其他形式的划分尺寸进行钉固,也可同时采用压条,压条的材料可用不锈钢、铜或木条,既方便施工,又可使其立面造型丰富。

3)面层固定。皮革和人造革饰面的铺钉方法,主要有成卷铺装和分块固定两种形式,此外尚有压条法、平铺泡钉压角法等,选用哪种方法由设计而定。

①成卷铺装。由于人造革材料可成卷供应,当较大面积施工时,可进行成卷铺装。但需注意,人造革卷材的幅面宽度应大于横向木筋中距50～80mm,并保证基面五夹板的接缝置于墙筋上。

②分块固定。这种做法是先将皮革或人造革与夹板按设计要求的分格划块进行预裁,然后一并固定于木筋上。安装时,以五夹板压住皮革或人造革面层,压边宽20～30mm,用圆钉钉于木筋上,然后在皮革或人造革与木夹板之间填入衬垫材料,进而包覆固定。须注意的操作要点是:首先,必须保证五夹板的接缝位于墙筋中线;其次,五夹板的另一端不压皮革或人造革而是直接钉于木筋上;再就是皮革或人造革剪裁时必须大于装饰分格划块尺寸,并足以在下一个墙筋上剩余20～30mm的料头。如此,第二块五夹板又可包覆第二片革面压于其上进而固定,照此类推完成整个软包面。这种做法,多用于酒吧台、服务台等部位的装饰。

7.6.5 质量标准

(1)主控项目。

1)软包工程的安装位置及构造做法应符合设计要求。检验方法:观察,尺量检查,检查施工记录。

2)软包边框所选木材的材质、花纹、颜色和燃烧性能等级应符合设计要求及国家现行标准的有关规定。检验方法:观察,检查产品合格证书、进场验收记录、性能检测报告和复验报告。

3)软包衬板的材质、品种、规格、含水率应符合设计要求。面料和内衬材料的品种、规格、颜色、图案及燃烧性能等级应符合国家现行标准的有关规定。检验方法:观察,检查产品合格证书、进场验收记录、性能检测报告和复验报告。

4)软包工程龙骨、边框应安装牢固。检验方法:手摸检查。

5)软包衬板与基层应连接牢固,无翘曲变形,拼缝应平直。相邻板面接缝应符合设计要求,横向无错位拼接的分格应保持通缝。检验方法:观察,检查施工记录。

（2）一般项目。

1）单块软包面料不应有接缝，四周应绷压严密。需要拼花的，拼花处的花纹、图案应吻合。软包饰面上电气槽、盒的开口位置和尺寸应正确。套割应吻合，槽、盒四周应镶硬边。检验方法：观察，手摸检查。

2）软包工程表面应平整、洁净，无污染，无凹凸不平及皱折，图案应清晰、无色差，整体应协调美观，并符合设计要求。检验方法：观察。

3）软包工程的边框应平整、光滑、顺直，无色差，无钉眼，对缝、拼角应均匀对称，接缝吻合。清漆制品的木纹、色泽应协调一致。其表面涂饰质量应符合国家标准有关规定。检验方法：观察，手摸检查。

4）软包内衬应饱满，边缘应平齐。检验方法：观察，手摸检查。

5）软包墙面与装饰线、踢脚板、门窗框的交接处应吻合、严密、顺直。交接留缝方式应符合设计要求。检验方法：观察。

6）软包工程安装的允许偏差和检验方法见表 7.6.5-1。

表 7.6.5-1　软包工程安装的允许偏差和检验方法

序号	项目	允许偏差/mm	检验方法
1	单块软包边框垂直度	3	用 1m 垂直检测尺检查
2	单块软包边框水平度	3	
3	单块软包宽度、高度	0,−2	从框的裁口里角用钢尺检查
4	单块软包边框对角线长度差	3	
5	分格条(缝)直线度	3	拉 5m 线，不足 5m 拉通线，用直尺检查
6	裁口线条接缝处高低差	1	用直尺和塞尺检查

7.6.6　成品保护

（1）软包墙面装饰工程已完成的房间应及时清理干净，不准做料房或休息室，避免污染和损坏，应设专人管理（加锁、定期通风换气、排湿）。

（2）在整个软包墙面装饰工程施工过程中，严禁非操作人员随意触摸成品。

（3）暖卫、电气和其他设备等在进行安装或修理工作中，应注意保护墙面，严防污染和损坏成品。

（4）严禁在已完成软包墙面装饰的房间内剔眼打洞。若纯属设计变更，也应采取相应的可靠有效的措施，施工时要小心保护，施工后要及时认真修复，以保证成品完整。

（5）二次修补油漆、涂浆及地面磨石清理打蜡时，要注意保护好成品，防止污染，碰撞与损坏。

（6）软包墙面施工时，各项工序必须严格按照规程施工，操作时要做到干净利落，边缝要切割整齐到位，胶痕及时清擦干净。

（7）冬季通暖要有专人看管，严防发生跑水、渗漏水等灾害性事故。

7.6.7　安全措施

(1)对软包面料及填塞料的阻燃性能严格把关,达不到防火要求的,不予使用。

(2)软包布附近尽量避免使用碘钨灯或其他高温照明设备,不得动用明火,避免损坏。

7.6.8　施工注意事项

(1)不垂直或不水平。相邻两卷材接缝不垂直或不水平,或卷材接缝虽垂直,但花纹不水平,造成花饰不垂直等。在粘贴第一张卷材时,必须认真吊垂直线并注意对花和拼花,尤其是刚开始粘贴时必须注意检查,发现问题及时纠正。特别是采取预制镶嵌软包工艺施工时更要注意。

(2)花饰不对称。有花饰的卷材粘贴后,若两张卷材的正反面或阴阳面的花饰不对称,或者门窗口两边或室内对称的柱子,拼缝下料宽狭不一,会造成花饰不对称。预防办法是通过做不同房间的样板间,找出原因采取试拼的措施。

(3)离缝或亏料。相邻卷材间的接缝不严合,露出基底的现象称为离缝;卷材的上口与挂镜线、下口与台度上口或踢脚线上口接缝不严,显露基底的现象称为亏料。卷材粘贴产生歪斜,会出现离缝;上下口亏料的主要原因是裁卷材不方、下料过短、裁切不细、刀子不快等。

(4)接缝和边缘处胶粘剂刷涂过少,或局部漏刷及边缝没压实,干后会出现翘边、翘缝等现象。发现后应及时补刷胶并辊压修补好。

(5)墙面不洁净,斜视有胶痕。主要是没及时用湿温毛巾将胶痕擦净,或虽清擦但不彻底、不认真,或其他工序操作不当造成的。

(6)面层颜色不一致,花型深浅不一。主要是卷材质量差,施工时没有认真挑选造成的。

(7)周边缝隙宽窄不一致。主要是拼装预制镶嵌过程中,由于安装不细、捻边时松紧不一或在套割底板时弧度不匀等造成的。应及时进行修整和加强检查验收工作。

(8)墙面表面不平,斜视有疙瘩。主要是基层墙面清理不彻底,或虽清理但没认真清扫等原因造成的。因此施工时一定要重视墙面基底的清理工作。

(9)边框、贴脸及装饰边线宽窄不一、接槎不平、扒缝等。主要是制作不细、套割不认真、拼装时钉子过稀缺胶,以及木料含水率过大等原因造成的。施工时,应重视边框、贴脸及装饰边线的制装工作,如果把装饰线条做好,则会给整个精装修观感质量提高档次。

(10)切割填塞料"海绵"时,为避免"海绵"边缘出现锯齿形,可用较大铲刀及锋利刀沿"海绵"边缘切下,以保证整齐。

(11)在粘结填塞料"海绵"时,避免用含腐蚀性成分的胶粘剂,以免腐蚀"海绵",造成"海绵"厚度减小,底部发硬,以至于软包不饱满,所以粘结"海绵"时应采用中性或其他不含腐蚀性成分的胶粘剂。

7.6.9　质量记录

(1)软包工程验收时应检查文件和记录。

1)软包工程的施工图、设计说明及其他设计文件。

2）软包饰面材料的样板及确认文件。

3）材料产品合格证、性能检验报告、进场验收记录和复验报告。

4）饰面材料及封闭底漆、胶粘剂有害物质限量检验报告。

5）隐蔽工程验收记录和施工日记。

（2）分项工程的检验批应按下列规定划分：同一品种的软包工程每50间应划分为一个检验批，不足50间也应划分为一个检验批；大面积房间和走廊可按软包面积每30m²计为一间。

（3）检查数量应符合下列规定：软包工程每个检验批应至少抽查5间，不足5间时应全数检查。

7.7　硅藻泥施工工艺标准

本工艺标准适用于室内墙面采用硅藻泥材料的建筑装饰装修工程。工程施工应以设计图纸和有关施工质量验收规范为依据。

7.7.1　材料要求

硅藻泥、腻子应有产品合格证及检测报告，并应达到国家有关标准的环保要求，品种、颜色应符合设计要求。

7.7.2　主要机具设备

主要机具设备包括手提电动搅拌器、镘刀、脚踏梯、量水器皿，20L干净的白乳胶桶2～3个，美纹胶纸等防护用品，刷子、抹布等清扫用品。

7.7.3　作业条件

（1）新建筑物的混凝土或抹灰基层墙面在刮腻子前应涂刷抗碱封闭底漆。

（2）旧墙面在施工前应清除疏松的旧装修层，并刷涂界面剂。

（3）基层按设计要求木砖或木筋已埋设，水泥砂浆找平层已抹完，经干燥后含水率不大于8%，木材基层含水率不大于12%。

（4）水电及设备、顶墙上预留预埋件已完成。门窗刷油漆已完成。

（5）房间地面工程已完成，经检查符合设计要求，并做好保护措施。

（6）房间的木护墙和细木装修底板已完成，经检查符合设计要求。

（7）大面积装修前，应做样板间，经建设单位和监理单位鉴定合格并向施工人员技术交底后，方可组织施工。

（8）将墙面清扫干净，如有凹凸不平、缺棱掉角或局部面层损坏者，提前修补抹平抹直并干燥，预制或现浇混凝土表面，提前刮石膏腻子找平。

（9）事先将突出墙面的设备部件等拆卸并收存好，待壁纸贴完后，再将部件重新安装复原。

（10）对湿度较大的房间和经常潮湿的表面，如需做裱糊壁纸，应采用有防水性能的塑料壁纸和胶粘剂等材料。

（11）如房间较高，应提前搭设脚手架或准备铝合金折叠梯子；如房间不高，应提前钉好木马凳。

7.7.4　施工操作工艺

工艺流程：墙面清理→底层腻子打磨→基层腻子打磨→第一遍硅藻泥涂抹→第二遍硅藻泥涂抹→硅藻泥图案制作→验收→成品保护。

（1）基层处理。墙面基层处理一般就是平整墙面、防开裂处理和防水处理，需要批刮腻子和涂刷封闭底漆。注意选用环保材料，尽量选择环保等级高的辅材。

（2）调配硅藻泥。

1）加适量的水。做好基层处理之后，就可以调配硅藻泥了。准备好材料和工具，根据加水比例加水，最好用量杯。避免直接打开水龙头将水注入桶中和凭经验确定水量。

2）加色浆。如果客户要的是有颜色的图案，就需要加入色浆。但是要注意，不是所有的色浆都能够与材料相容，加入的色浆必须是与同一品牌产品相配使用的色浆。自行决定色浆时要事先测试，搅拌时注意搅拌到桶底部，将色浆搅拌至分散均匀为止。

3）加硅藻泥。拆包装袋前要先清除包装袋外表的污物，用剪刀打开包装袋封口。先将七成材料慢慢倒入桶中，然后用电动搅拌机搅拌 10min 左右，在搅拌的同时可以添加 10% 的清水调节施工黏稠度，充分搅拌均匀后使用。待干粉和色浆、水完全混合后，再将剩余的材料倒入桶内，继续搅拌，直到材料成为细腻的膏状（没有颗粒状、结块状）为止。正式施工前再搅拌几分钟。

4）涂抹。第一遍涂抹时的厚度约为 1mm，等干透之后再进行第二遍涂抹，视情况而定，以表面不粘手为宜；进行第二遍涂抹时厚度约为 1.5mm，而总的厚度可以在 1.5～3.0mm。

（3）制作肌理。用工具即可，目前硅藻泥肌理制作大多是借助各种各样的工具做成的。

（4）硅藻泥肌理制作。硅藻泥施工方法更加多样，施工效果也随施工方法不同而不同。硅藻泥墙面肌理制作方法有平光法、喷涂法、艺术法，应根据需求选择合适的施工方法。

（5）硅藻泥墙面成品保护。硅藻泥墙面完全干燥一般需要 48h，在 48h 内不要触摸它。48h 后可以用喷壶喷洒少量清水，干燥后用干的干净毛巾或海绵泡沫去除表面浮料。在施工过程中，注意不要使用空调、风扇或开窗通风。干燥过快，会增加肌理施工难度。

（6）硅藻泥墙面的养护。硅藻泥墙面清洁时，需要针对不同的污渍情况，选择不同的清洁方法。注意避免错误的清洁保养方法，防止清洁不成，反造成更大破坏。比如硅藻泥墙面不能用水洗或带水的湿布擦拭。

7.7.5　质量标准

（1）一般规定。硅藻泥墙面基层处理应达到以下要求。

1）新建筑物的砼抹灰基层墙面在刮腻子前应涂刷抗碱封闭底漆。

2）粉化的旧墙面应除去粉化层，在刮刷腻子前应涂刷一层界面处理剂。

3)砼或抹灰基层含水率不得大于8%,木材基层的含水率不得大于12%。

4)石膏板基层的接缝及裂缝处应贴加强网格布后再刮腻子。

5)基层腻子应平整、坚实、牢固,无粉化、起皮、空鼓、酥松、裂缝和泛碱;腻子的粘结度不得小于0.3MPa。

6)裱糊前应用封闭底漆涂刷基层,基层表面颜色应一致。

(2)主控项目。

1)硅藻泥墙面的种类、规格、图案、颜色和燃烧性能等级必须符合设计要求及国家现行的有关规定。检验方法:观察,检查产品合格证书、进场验收记录和性能检测报告。

2)硅藻泥墙面基层处理质量应符合《建筑装饰装修工程质量验收标准》(GB 50210—2018)关于高级抹灰的要求。检验方法:检查隐蔽工程验收记录和施工记录。

3)裱糊后各幅拼接应横平竖直,拼接处花纹、图案应吻合,不离缝,不搭接,不显拼缝。检验方法:距离墙面1.5m处正视观察。

4)硅藻泥墙面应粘贴牢固,不得有空鼓和翘边。检验方法:观察,手摸检查。

(3)一般项目。

1)硅藻泥墙面表面应平整,色泽应一致,不得有波纹起伏、气泡、裂缝、皱折及污斑,斜视时应无胶痕。检验方法:观察,手摸检查。

2)硅藻泥墙面与各种装饰线、设备线盒应交接严密。检验方法:观察。

3)硅藻泥墙面边缘应平直整齐,不得有纸毛、飞刺。检验方法:观察。

4)硅藻泥墙面阴角处搭接应顺光,阳角处应无接缝。检验方法:观察。

5)硅藻泥墙面的允许偏差和检验方法见表7.7.5-1。

表7.7.5-1 硅藻泥墙面的允许偏差和检验方法

序号	项目	允许偏差/mm	检验方法
1	立面垂直度	3	用2m检测尺(靠尺、直角尺)检查
2	表面平整度	3	
3	阴阳角方正	3	

7.7.6 成品保护

(1)硅藻泥墙面裱糊完的房间应及时清理干净,不准做临时料房或休息室,避免污染和损坏,应设专人负责管理,如及时锁门以及定期通风换气、排气等。

(2)在整个墙面装饰工程裱糊施工过程中,严禁非操作人员随意触摸成品。

(3)暖通,电气,上、下水管工程裱糊施工过程中,操作者应注意保护已裱糊好的墙面,严防污染和损坏成品。

(4)严禁在完成锦缎墙面装饰的房间内剔眼打洞。若纯属设计变更,也应采取可靠有效措施,施工时要仔细,小心保护,施工后要及时认真修补,以保证成品完整。

(5)墙面裱糊时,各道工序必须严格按照规程施工,操作时要做到干净利落,边缝切割要整齐到位,胶痕要擦干净。

7.7.7　安全与环保措施

(1)操作前检查脚手架和跳板是否搭设牢固,高度是否满足操作要求,合格后才能上架操作,凡不符合安全之处应及时修整。

(2)禁止穿硬底鞋、拖鞋、高跟鞋在架子上工作,架子上的人员不得集中在一起,工具要搁置稳定,防止坠落伤人。

(3)在两层脚手架上操作时,应尽量避免在同一垂直线上工作。

(4)夜间临时用的移动照明灯,必须用安全电压。机械操作人员必须培训持证上岗,现场一切机械设备,非操作人员一律禁止乱动。

7.7.8　施工注意事项

(1)在储存及运输材料过程中,注意防水、防潮,避免直接将材料放在潮湿的地面上。

(2)施工时相对湿度必须小于80%,基面含水率小于10%。

(3)面料施工温度为−5～40℃,夏天避免在阳光直射处施工。

(4)在施工过程中,注意不要使用空调、风扇或开窗通风。若干燥过快,会增加肌理施工难度。

(5)不宜在5℃以下环境中施工。

(6)下雨、下雪、下冰雹等恶劣天气禁止室外施工。

(7)调和材料时,注意使用口罩等保护用品。泥浆不慎溅入眼睛里时,要立即用干净的水清洗。出现异常时,请就医诊断。

(8)施工过程中避免强风直吹及阳光直接曝晒,以自然干燥为宜。

(9)天然原材料物理性状包括其颜色存在一定差别是正常现象,不影响产品质量。

(10)硅藻泥切勿食用,避免进入眼睛。

(11)硅藻泥壁材为室内材料,不能用于户外。

7.7.9　质量记录

(1)硅藻泥墙面工程验收时应检查文件和记录。

1)硅藻泥墙面工程的施工图、设计说明及其他设计文件。

2)硅藻泥墙面饰面材料的样板及确认文件。

3)材料产品合格证、性能检验报告、进场验收记录和复验报告。

4)饰面材料及封闭底漆、胶粘剂等的有害物质限量检验报告。

5)隐蔽工程验收记录和施工日记。

(2)各分项工程的检验批应按下列规定划分:同一品种的硅藻泥墙面工程每50间应划分为一个检验批,不足50间也应划分为一个检验批;大面积房间和走廊可按硅藻泥墙面面积每30m²计为一间。

(3)检查数量应符合下列规定:硅藻泥墙面工程每个检验批应至少抽查5间,不足5间时应全数检查。

主要参考标准名录

[1]《建筑装饰装修工程质量验收标准》(GB 50210—2018)

[2]《建筑工程施工质量验收统一标准》(GB 50300—2013)

[3]《民用建筑工程室内环境污染控制标准》(GB 50325—2020)

[4]《建筑施工手册》(第五版),中国建筑工业出版社,2013

[5]《建筑分项工程施工工艺标准手册》,江正荣主编,中国建筑工业出版社,2009

[6]《建筑装饰装修工程施工工艺标准》,中国建筑工程总公司编,中国建筑工业出版社,2003

8 细部装饰工程施工工艺标准

8.1 橱柜制作与安装施工工艺标准

面层式橱柜普遍应用于住宅装修之中。通过面层配置、面层设计、面层施工,最后形成成套产品。橱柜有地柜、吊柜、高柜三大类,其功能包括洗涤、料理、烹饪、存贮四种,一般由台面、门板、柜体、厨电、水槽、五金配件等几大部分组成。本工艺标准适用于建筑装饰装修工程橱柜制作与安装施工。工程施工应以设计图纸和有关施工质量验收规范为依据。

8.1.1 橱柜的构造形式

(1)地柜。地柜是指直接安放在地面上,用来放置水槽、灶具或储存物品的柜子,根据其用途可分为储物地柜、水槽柜、灶台柜,根据造型可分为开门地柜、抽屉地柜和开放式柜(即空格柜),另根据安放的位置分又有转角地柜。其基本结构形式如图 8.1.1-1 所示。

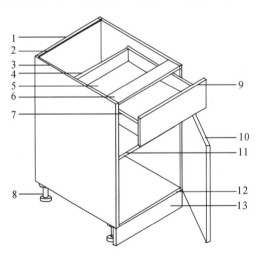

1—后拉带;2—背板;3—侧板;4—屉堵;5—屉底;6—前拉带;7—屉帮;
8—可调地脚;9—屉面;10—门板;11—活动搁板;12—底板;13—踢脚板
图 8.1.1-1　地柜基本结构示意

(2)吊柜。悬挂在墙面上,主要用来储存物品的柜子,吊柜设有活动门扇,有平开、推拉、翻转,以及单扇、双扇等形式。一般可视周围环境而选择。吊柜的下皮标高应在 2.0m 以上,柜的深度一般不宜超过 650mm。其基本结构如图 8.1.1-2 所示。

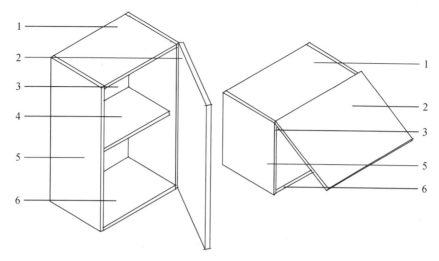

1—顶板；2—门板；3—背板；4—活动搁板；5—侧板；6—底板

图 8.1.1-2　吊柜基本结构示意

（3）高柜。一般指直接安放在地面上，上沿高度与吊柜上沿齐平，进深与地柜相同，用来放置微波炉、烤箱或安放拉篮储物的柜子，由于体积庞大，适用于较大的厨房或开放式厨房。为增强其稳定性，尤其是带高深拉篮的柜子，上部应与墙固定，以防柜子前翻。另外，根据柜体的高度及安放位置的不同，橱柜还分半高柜和转角柜。

8.1.2　材料要求

橱柜常用的材料有木材、胶合板、纤维板、金属框包箱、硬质 PVC 塑料板等。门板还可用水晶板、有机玻璃等材料。橱柜台面则通常用人造石、防火板、不锈钢板以及天然石等。施工时，要求橱柜选用材料必须满足以下要求。

（1）木方料。木方料是用于制作骨架的基本材料，应选用木质较好、无腐朽、不潮湿、无扭曲变形的合格材料，含水率不大于 12%。

（2）胶合板。胶合板应选择不潮湿并无脱胶开裂的板材，饰面胶合板应选择木纹流畅、色泽纹理一致、无疤痕、无脱胶空鼓的板材。

（3）人造石、大理石。石材选择时，应保证其材质均匀，平整光滑，成型后尺寸满足设计要求，其放射性及有害物质含量应满足《室内装饰材料有害物质限量十个国家强制性标准》的要求。

（4）五金配件。根据橱柜的连接方式选择五金配件，如拉手、铰链、抽屉导轨、调整脚、上翻支撑、门板闭门器、排孔塞、镶边条等。并按家具的使用功能配置相应的拉篮或者容器箱，还可以根据其不同的造型与色彩选择五金配件，以适应各种彩色的家具使用。

（5）其他材料。包括元钉、螺丝钉、木螺丝、白乳胶、木胶粉、玻璃、环氧树脂等。

8.1.3　主要机具设备

（1）电动机具。包括电焊机、手电钻、冲击电钻、小电钻、机刨。

（2）手工机具。包括长刨、短刨、裁口刨、木槌、斧子、扁铲、木钻、丝锥、螺丝刀、钢锯、钢水平、凿子、钢锉、钢尺、90°角尺、木工铅笔等。

8.1.4　作业条件

（1）技术准备。应认真看懂图纸，清楚理解工艺结构、规格尺寸和数量等技术要求。

（2）施工准备。

1）结构工程和有关橱柜（或壁柜）的连体构造已具备安装条件，室内已有标高水平线。

2）橱柜（或壁柜）成品、半成品已进场，并经验收，数量、质量、规格、品种无误。

3）橱柜（或壁柜）产品进场验收合格后，应及时对安装位置靠墙、贴地面部位涂刷防腐涂料，其他各面应涂刷底油漆一道，存放应平整，保持通风；一般不应露天存放。

4）橱柜（或壁柜）的框和扇，在安装前应检查有无窜角、翘扭、弯曲、劈裂，如有以上缺陷，应修理合格后再拼装。吊柜钢骨架应检查规格，有变形的应修正合格后再进行安装。

5）橱柜（或壁柜）的框应在抹灰前进行安装，扇应在抹灰后进行安装。

8.1.5　施工操作工艺

工艺流程：配料→画线→榫槽及拼板施工→组装→线脚收口。

（1）配料。配料应根据橱柜（或壁橱）结构与木料的使用方法进行安排，主要分为木方料的选配和胶合板下料布置两个方面。应先配长料和宽料，后配小料；先配长板材，后配短板材，按顺序搭配安排。对于木方料的选配，应先测量木方料的长度，然后再按家具的竖框、横档和腿料的长度尺寸要求放长30～50mm截取。木方料的截面尺寸在开料时应按实际尺寸的宽、厚各放大3～5mm，以便刨削加工。对木方料进行刨削加工时，应首先识别木纹。不论是机械刨削还是手工刨削，均应按顺木纹方向，先刨大面，再刨小面，两个相临的面刨成90°角。

（2）画线。画线应在认真看懂图纸的基础上进行，画线人员应清楚地理解工艺结构、规格尺寸和数量等技术要求。其基本操作步骤如下。

1）首先检查加工件的规格、数量，并根据各工件的表面颜色、纹理、节疤等因素确定其正反面，并做好临时标记。

2）在需要对接的端头留出加工余量，用直角尺和木工铅笔画一条基准线。若端头平直，又属作开榫一端，即不画此线。

3）根据基准线，用量尺量画出所需的总长尺寸线或榫肩线。再以总长线和榫肩线为基准，完成其他所需的榫眼线。

4）可将两根或两块相对应位置的木料拼合在一起进行画线，画好一面后，用直角尺把线引向侧面。

5）所画线条必须准确、清楚。画线之后，应将空格相等的两根或两块木料颠倒并列进行校对，检查画线和空格是否准确相符，如有差别，应及时查对校正。

（3）榫槽及拼板施工。

1）榫主要分为木方连接榫和木板连接榫两大类，但其具体形式较多，如木方中榫、木方边榫、燕尾榫、扣合榫、大小榫、双头榫等，分别适用于木方和木质板材的不同构件连接。

2)在室内橱柜(或壁橱)制作中，采用木质板材较多，如台面板、橱面板、搁板、抽屉板等，都需要拼缝结合。常采用的拼缝结合形式有以下几种：高低缝、平缝、拉拼缝、马牙缝。

3)板式家具的连接方法较多，主要分为固定式结构连接与拆装式结构连接两种。

(4)组装。木家具组装分部件组装和面层组装。组装前，应将所有的结构件用细刨刨光，然后按顺序逐渐进行装配。装配时，注意构件的部位和正反面。衔接部位需涂胶时，应刷涂均匀并及时擦净挤出的胶液。锤击装拼时，应将锤击部位垫上木板，不可猛击；如有拼合不严处，应查找原因并采取修整或补救措施，不可硬敲硬装就位。各种五金配件的安装位置应定位准确，安装严密，方正牢靠，结合处不得崩搓、歪扭、松动，不得缺件、漏钉和漏装。

(5)面板的安装。如果家具的表面做油漆涂饰，其框架的外封板一般也是面板；如果家具的表面是使用装饰细木夹板进行饰面，或是用塑料板做贴面，那么家具框架外封板就是其饰面的基层板。饰面板与基层板之间多是采用胶粘贴合。饰面板与基层粘合后，需在其侧边使用封边木条、木线、塑料条等材料进行封边收口，原则是凡直观的边部，都应封堵严密和美观。

(6)线脚收口。采用木质、塑料或金属线脚(线条)对家具进行装饰并统一室内面层装饰风格的做法，是当前使用比较广泛的一种装饰方式。其线脚的排布与图案造型形式，可以灵活多变，但也不宜过于烦琐。边缘线脚装饰于家具、固定配置的台面边缘及家具具体与底脚交界处等部位，作为封边、收口和分界的装饰线条形式，使室内陈设的观面达到完善和完美。同时，通过较好的封边收口可使板件内部不易受到外界的温度、湿度的较大影响而保持一定的稳定性。常用的边缘线脚材料有实木条、塑料条、铝合金条、薄木单片等。

1)实木封边收口。常用钉胶结合的方法，粘结剂可用立时得、白乳胶、木胶粉。

2)塑料条封边收口。一般是采用嵌槽加胶的方法进行固定。

3)铝合金条封边收口。铝合金封口条有 L 形和槽式两种，可用钉或木螺丝直接固定。

4)薄木单片和塑料带封边收口。先用砂纸磨除封边处的木渣、胶迹等，并清理干净，在封口边刷一道稀甲醛作填缝封闭层，然后在封边薄木片或塑料带上涂万能胶，对齐边口贴放。用干净抹布擦净胶迹后再用熨斗烫压，固化后切除毛边和多余处即可。对于微薄木封边条，有的直接用白乳胶粘贴；对于硬质封边木片，也可采用镶装或加胶加钉安装的方法。

8.1.6 质量标准

(1)主控项目。

1)橱柜制作与安装所用材料的材质、规格、性能、有害物质限量及木材的燃烧性能等级和含水率应符合设计要求及国家现行标准的有关规定。检验方法：观察，检查产品合格证书、进场验收记录、性能检测报告和复验报告。

2)橱柜安装预埋件或后置埋件的数量、规格、位置应符合设计要求。检验方法：检查隐蔽工程验收记录和施工记录。

3)橱柜的造型、尺寸、安装位置、制作和固定方法应符合设计要求。橱柜安装必须牢固。检验方法：观察，尺量检查，手扳检查。

4）橱柜配件的品种、规格应符合设计要求。配件应齐全,安装应牢固。检验方法：观察,手扳检查,检查进场验收记录。

5）橱柜的抽屉和柜门应开关灵活、回位正确。检验方法：观察,开启和关闭检查。

（2）一般项目。

1）橱柜表面应平整、洁净、色泽一致,不得有裂缝、翘曲及损坏。检验方法：观察。

2）橱柜裁口应顺直,拼缝应严密。检验方法：观察。

3）橱柜安装的允许偏差和检验方法见表 8.1.6-1。

表 8.1.6-1　橱柜安装的允许偏差和检验方法

序号	项目	允许偏差/mm	检验方法
1	外形尺寸	3	用钢尺检查
2	立面垂直度	2	用 1m 垂直检测尺检查
3	门与框架的平行度	2	用钢尺检查

（3）安装要求。

1）橱柜的平面位置及标高应符合设计要求。

2）制作木框架时,框架交接处应做榫连接,并涂刷木工乳胶。

3）侧板、底板、面板应采用扁头钉固定牢固,钉帽做防腐处理。

4）抽屉应采用燕尾榫连接,安装时应设置抽屉滑轨。

5）五金件安装应整齐、牢固。

8.1.7　成品保护和安全措施

（1）木制品进场后及时刷底油一道,靠基层面应刷防腐剂;钢制品应及时刷防锈漆并入库存放。

（2）进行其他工种作业时,要适当覆盖,防止碰撞饰面板。

（3）安装好的壁柜隔板,不得拆动,保护产品完整。

（4）不能将水、油污等溅湿饰面板;面板固定粘结材料未干燥前,不得随意移动、碰撞柜体。

（5）操作前检查人字梯和跳板是否有中间拉绳搭设牢固,高度是否满足操作要求。合格后才能上架操作,凡不符合安全之处应及时修整。

（6）禁止穿硬底鞋、拖鞋、高跟鞋在架子上工作,架子上的人员不得集中在一起,工具要搁置稳定,防止坠落伤人。

（7）夜间临时用的移动照明灯,必须用安全电压。一切机械操作人员须培训持证上岗,现场一切机械设备,非操作人员一律禁止乱动。

8.1.8　施工注意事项

（1）木龙骨基层木材含水率必须控制在 12% 之内,一般木材应该提前运到现场,放置 10d 以上,尽量与现场湿度相吻合。

（2）木龙骨要双面错开开槽,槽深为一半龙骨深度(为了不破坏木龙骨的纤维组织)。

（3）粘贴夹板时,白乳胶必须滚涂均匀,粘贴密实,粘好后即压,现场的粘贴平台及压置平台必须水平,重物适当,保持自然通风条件,避免日晒雨淋。有条件的可采用工厂的大型压机。

（4）在刷油漆时,尽量做到两面同时、同量涂刷。

（5）各种电动工具使用前要进行检修,严禁非电工接电。

（6）施工现场内严禁吸烟,明火作业要有动火证,并设置看火人员。

（7）各种木方、夹板饰面板应分类堆放整齐,保持施工现场整洁。

（8）注意防止一般质量问题。

1）抹灰面与框不平。多为墙面垂直度偏差过大或框安装不垂直所造成。预防措施是注意立框与抹灰的标准,保证观感质量。

2）柜框安装不牢。预埋件、木砖安装前已松动或固定点少,因此连接、钉固点要够数,安装牢固。

3）合页不平,螺丝松动,螺帽不平,缺螺丝。主要是合页槽不平、深浅不一致,安装时螺丝钉打入太长,产生倾斜,达不到螺丝平卧等原因造成。操作时应按标准螺丝打入长度的1/3,拧入深度为长度的 2/3。

4）柜框与洞口尺寸误差过大,基体施工留洞不准。结构或基体施工留洞时应符合要求的尺寸及标高。

8.1.9　质量记录

（1）材料的产品合格证、性能检测报告。

（2）进场验收记录和复验报告。

（3）隐蔽工程验收记录。

（4）施工记录。

8.2　窗帘盒制作与安装施工工艺标准

窗帘盒安装了窗帘轨道,遮挡了窗帘上部的结构,可优化装饰效果。窗帘盒所用的材料有木板、金属板、PVC 塑料板等。实际应用中,当顶棚或吊顶高度高于窗洞口时,按设计要求考虑窗帘盒;当吊顶低于窗上口时,吊顶在窗洞口处留出凹槽,再装上导轨以代替窗帘盒。本工艺标准适用于建筑装饰装修工程中窗帘盒的制作与安装施工。工程施工应以设计图纸与有关施工质量验收规范为依据。

8.2.1　窗帘盒的构造形式

在悬吊式顶棚的窗口部位多做窗帘盒。其常见的构造形式有三种:独立式(只在窗口部位有,一般长度比窗口每侧长 200mm)、连通式(在窗口所在墙的全部)、周边式(在房间所有墙的边缘)。不同材质的窗帘盒其构造亦有区别,具体如下。

(1)木窗帘盒。窗帘盒以木制最为常见。木窗帘盒有明、暗两种,明窗帘盒整个露明,一般是先加工成半成品,再在施工现场安装;暗窗帘盒的仰视部分露明,适用于有吊顶的房间。窗帘盒里悬挂窗帘,普遍采用窗帘轨道,轨道有单轨、双轨或三轨。窗帘的启闭有手动和电动之分。普通常用的单轨明、暗窗帘盒如图8.2.1-1和图8.2.1-2所示。

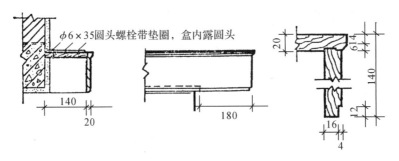

图8.2.1-1 单轨明窗帘盒示意(单位:mm)

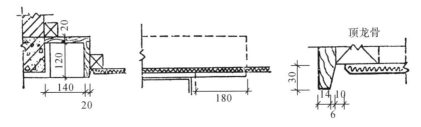

图8.2.1-2 单轨暗窗帘盒示意(单位:mm)

(2)落地窗帘盒。落地窗帘盒是利用三面墙和顶棚,再在正面设一块立板而成。落地窗帘盒的长度一般为房间的净宽,高度为180~200mm,深度为120~150mm,在其两端墙设垫板安装ϕ12薄管窗帘杆。落地窗帘盒同一般窗帘盒相比,具有以下特点。

1)窗帘盒贴顶棚,无须盒盖,美观、整洁、不积尘。

2)窗帘盒只由一块30mm厚的立板和骨架组成,采用预埋木楔和铁钉固定,制作简单、经济。

3)窗帘盒与顶棚结合,便于在装饰材料和色彩上统一。

8.2.2 材料要求

(1)木制材料。木材制品一般采用红、白松及硬杂木干燥料,含水率不大于12%,并不得有裂缝、扭曲等观象;通常由木材加工厂生产成品或半成品,工程现场进行安装。

(2)金属窗帘杆。由设计指定型号、规格和构造形式,一般分为明杆和暗杆,材料以金属和木质为主。明杆看到杆子颜色和装饰头(俗称花头),暗杆可以与明杆内杆相同,也可以用ϕ8~16的圆钢。

(3)五金配件。窗帘轨、轨堵、轨卡、大角、小角、滚轮、木螺丝、机螺丝、铁件等。

8.2.3　主要机具设备

(1)电动机具。包括手电钻、小电动台锯、电刨。

(2)手用工具。包括大刨子、小刨子、槽刨、手木锯、螺丝刀、凿子、冲子、钢锯、射钉枪等。

8.2.4　作业条件

(1)安装窗帘盒、窗帘杆的房间,在结构施工时应按施工图的要求预埋木砖或铁件,预制混凝土构件应设预埋件。

(2)无吊顶采用明窗帘盒的房间,应安好门窗框,做好内抹灰冲筋。

(3)有吊顶采用暗窗帘盒的房间,吊顶施工应与窗帘盒安装同时进行。

(4)安装窗帘盒前,房间内的墙面、地面、门窗等处的装饰均已做完。

8.2.5　施工操作工艺

工艺流程:定位与画线→预埋件检查和处理→检查加工品→安装窗帘盒(杆)。

(1)定位与画线。安装前应按照设计图要求的位置、标高进行中心定位,弹好找平线,找好窗口、挂镜线等构造关系。

(2)预埋件检查和处理。画线后,检查固定窗帘盒(杆)的预埋固定件的位置、规格、预埋方式、固定情况等是否满足安装要求,对于标高、水平、出墙距离等有误差的应采取适当措施进行调整。木窗帘盒与墙固定,少数在墙内砌入木砖,多数为预埋铁件。预埋铁件的尺寸、位置及数量应符合设计要求,如果出现差错应采取补救措施。如过梁上漏放预埋件,可利用射钉枪或胀管螺栓将铁件补充固定。

(3)检查加工品。核对进场的各种构配件的品种、规格、组装构造是否符合设计安装要求。

(4)安装窗帘盒。窗帘盒的长度由窗洞口的宽度来决定。一般窗帘盒的长度比窗洞口的宽度大300mm或360mm。明窗帘盒宜先安装轨道,暗窗帘盒可后安装轨道。当窗宽大于1.2m时,窗帘轨中间应断开,断头处煨弯错开,弯曲度应平缓,搭接长度不小于200mm。单轨窗帘盒仰视平面图如图8.2.5-1所示。

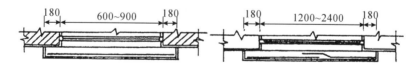

图 8.2.5-1　单轨窗帘盒仰视平面图(单位:mm)

1)明窗帘盒(单体窗帘盒)安装。常用的固定窗帘盒的方法是膨胀螺栓或木楔配木螺钉固定法。膨胀螺栓钉固法是将连接于窗帘盒上面的铁脚固定在墙面上,而铁脚又用木螺钉连接在窗帘盒的木结构上。一般情况下,塑料窗帘盒、铝合金窗帘盒都具有固定耳,可通过固定耳将窗帘盒用膨胀螺栓或木螺钉固定于墙面。常见的固定窗帘盒的方法如图8.2.5-2所示。

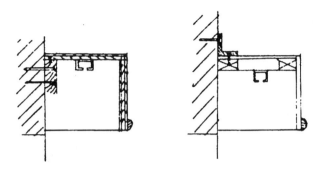

图 8.2.5-2 窗帘盒的固定

2)暗装窗帘盒安装。

①暗装内藏式窗帘盒。窗帘盒需要在吊顶施工时一并做好,其主要形式是在窗顶部位的吊顶处做出一条凹槽,以便在此安装窗帘导轨,如图 8.2.5-3 所示。

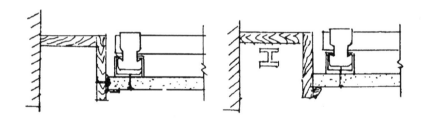

图 8.2.5-3 暗装内藏式窗帘盒

②暗装外接式窗帘盒。外接式是在平面吊顶上做出一条通贯墙面长度的遮挡板,窗帘就装在吊顶平面上,如图 8.2.5-4 所示。但由于施工质量难以控制,目前较少采用。

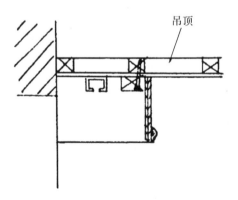

图 8.2.5-4 暗装外接式窗帘盒

3)落地窗帘盒安装。

①施工工序:钉木楔→制作骨架→贴里层面板→钉垫板→安窗帘杆→安装骨架→钉外层面板→装饰。

②钉木楔。沿立板与墙、顶棚中心线每隔 500mm 作一标记,在标记处用电钻钻孔,孔径

为 14mm,深 50mm,再打入直径为 16mm 的木楔,用刀切平表面。

③制作骨架。木骨架由 24mm×24mm 上下横方和立方组成,立方间距为 350mm。制作时横方与立方用 65mm 铁钉结合牢。骨架表面要刨光,不允许有毛刺和锤印。横、立方向应互相垂直,对角线偏差不大于 5mm。

④钉里层面板。骨架面层分里、外两层,选用三层胶合板。根据已完工的骨架尺寸下料,用净刨将板的四周刨光,接着可上胶贴板。为方便安装,先贴里层面板。安装过程如下:清除骨架、面层板表面的木屑、尘土,随后各刷一层白乳胶,再把里层面板贴上,贴板后沿四边用 10mm 铁钉临时固定,铁钉间距为 120mm,以避免上胶后面板翘曲、离缝。

⑤钉垫板。垫板为 100mm×100mm×20mm 木方,主要用作安装窗帘杆,同样采用墙上预埋木楔铁钉固定做法,每块垫板下埋两个木楔即可。

⑥安装窗帘杆。窗帘杆可到市场购买成品。根据个人喜好可装单轨式或双轨式。单轨式比较实用。窗帘杆安装简便。如房间净宽大于 3.0m,为保持轨道平面,窗帘轨中心处需增设一个支点。

⑦安装骨架。先检查骨架里层面板,如粘贴牢固,即可拆除临时固定的铁钉,起钉时要小心,不能硬拔。再检查预留木楔位置是否准确,然后拉通线安装,骨架与预埋木楔用 75mm 铁钉固定。先固定顶棚部分,然后固定两侧。安装后,骨架立面应平整,并垂直顶棚面,不允许倾斜,误差不大于 3mm,做到随时安装随时修正。

⑧钉外层面板。外层面板与骨架四周应吻合,保持整齐、规正。其操作方法与钉里层面板同。

⑨装饰。只需对落地窗帘盒立板进行装饰。可采用与室内顶棚和墙面相同做法,使窗帘盒成为顶棚、墙面的延续,如贴壁纸、墙布或作多彩喷涂。但也可根据喜好,把室内家具、顶棚和墙面的色彩做油漆涂饰。

8.2.6　质量标准

(1)主控项目。

1)窗帘盒制作与安装所使用材料的材质、规格、有害物质含量及木材的燃烧性能等级和含水率应符合设计要求和国家现行标准的有关规定。检验方法:观察,检查产品合格证书、进场验收记录、性能检测报告和复验报告。

2)窗帘盒的造型、规格、尺寸、安装位置和固定方法必须符合设计要求。窗帘盒的安装必须牢固。检验方法:观察,尺量检查,手扳检查。

3)窗帘盒配件的品种、规格应符合设计要求,安装应牢固。检验方法:手扳检查,检查进场验收记录。

(2)一般项目。

1)窗帘盒表面应平整、洁净,线条顺直,接缝严密,色泽一致,不得有裂缝、翘曲及损坏。检验方法:观察。

2)窗帘盒与墙面、窗框的衔接应严密,密封胶缝应顺直、光滑。检验方法:观察。

3)窗帘盒安装的允许偏差和检验方法见表 8.2.6-1。

表 8.2.6-1　窗帘盒安装的允许偏差和检验方法

序号	项目	允许偏差/mm	检验方法
1	水平度	2	用 1m 水平尺和塞尺检查
2	上口、下口	3	拉 5m 线,不足 5m 拉通线,用钢直尺检查
3	两端距窗洞口长度差	2	用钢直尺检查
4	两端出墙厚度差	3	用钢直尺检查

8.2.7　成品保护

(1)安装时不得踩踏暖气片及窗台板,严禁在窗台板上敲击、碰撞,以防损坏。

(2)安装窗帘盒后,应进行饰面的终饰施工,应对安装后的窗帘盒进行保护,防止污染和损坏。

(3)安装窗帘及轨道时,应注意对窗帘盒的保护,避免对窗帘盒碰伤、划伤等。

8.2.8　安全措施

(1)材料应堆放整齐、平稳,并应注意防火。

(2)严禁用手攀窗框、窗扇和窗撑;操作时应系好安全带,严禁把安全带挂在窗撑上。

(3)操作时应注意对门窗玻璃的保护,以免发生意外。

(4)合理使用材料,及时将废弃的油漆桶、木夹板等清理干净。

(5)切割板时应适当控制锯末粉尘对施工人员的危害,必要时应穿戴防护口罩。

(6)在使用架子、人字梯时,注意在作业前检查是否牢固,必要时系安全带。

8.2.9　施工要求

1)窗帘盒宽度应符合设计要求。当设计无要求时,窗帘盒应伸出窗口两侧 200～300mm,窗帘盒中线应对准窗口中线,并使两端伸出窗口长度相同。窗帘盒下沿与窗口上沿平齐或略低。

2)当采用木龙骨双包夹板工艺制作窗帘盒时,遮挡板外立面不得有明榫,不得露钉帽,底边应做封边处理。

3)窗帘盒底板可采用后置埋木楔或膨胀螺丝固定,遮挡板与顶棚交接处应用角线收口。窗帘盒靠墙部分应与墙面贴近。

4)制作卯榫的最佳结构方式是采用 45°全暗燕尾卯榫,也可采用 45°斜角钉胶结合,但钉帽一定要砸扁后打入木内。上盖面可加工后直接涂胶钉入下框体。

5)轨道安装应平直,窗帘轨固定点必须在底板龙骨上,连接必须用木螺钉,严禁用圆钉固定。采用电动窗帘轨时,应按照产品说明书进行安装调试。

8.2.10 施工注意事项

(1)窗帘盒安装不平、不正。主要原因是找位、画尺寸线不认真;预埋件安装不准,调整处理不当。安装前应做到画线准确,安装量尺务必使标高一致,中心线准确。

(2)窗帘盒两端伸出的长度不一致。主要是窗口中心与窗帘盒中心相对不准,操作不认真所致。安装时应核对尺寸,使两端伸出长度相同。

(3)窗帘轨道脱落。多数为盖板太薄或螺丝松动所致。一般盖板厚度不宜小于 15mm;薄于 15mm 的盖板,应用机螺丝固定窗帘轨。

(4)窗帘盒迎面板扭曲。原因是加工时木材干燥不好,入场后存放受潮,为此安装时应及时刷油漆一道。

8.2.11 质量记录

(1)材料的产品合格证、性能检测报告。

(2)进场验收记录和复验报告。

(3)隐蔽工程验收记录。

(4)施工记录。

8.3 窗台板制作与安装施工工艺标准

窗台板常用石材、木材、金属等材料制作,窗台板宽度为 100～200mm,飘窗位置窗台板宽度应根据现场实际情况确定,窗台板的宽度应较室内窗台宽 50mm,厚度为 20～50mm 不等。若带暖气槽,其洞口宽度常为 900～1800mm,窗台板净跨比洞口小 10mm,板厚为 40mm。本工艺标准适用于建筑装饰装修工程中窗台板施工。工程施工应以设计图纸和有关施工规范为依据。

8.3.1 材料要求

窗台板一般有以下几种:现场木制窗台板、加工成型石材窗台板、水磨石窗台板和金属窗台板。

8.3.2 主要机具设备

(1)电动机具。包括电焊机、电动锯石机、手电钻、冲击电钻、手提刨、机刨、电锯。

(2)手用工具。包括刨子、小刨子、小锯、锤子、割角尺、橡皮锤、靠尺板、20 号铅丝和小线、铁水平尺、盒尺、螺丝刀。

8.3.3 作业条件

(1)木制窗台板作业条件。

1)安装窗台板的窗下墙,在结构施工时应根据选用窗台板的品种,预埋木砖或铁件。

2)窗台板长超过 1500mm 时,除靠窗口两端埋木砖或铁件外,中间应每 500mm 间距增埋木砖或铁件;跨空窗台板应按设计要求的构造设固定支架。

3)施工前应对木门窗材质及木饰面板等外形进行检查,不合格者,应拆换。

4)窗帘盒的安装已完成,窗台表面已按要求清理干净,铝合金窗或塑钢窗四周密封胶平滑顺直,保证无渗水、漏水现象。

(2)石材窗台板作业条件。

1)窗台表面已按要求清理干净并找平,坡度保证在 1‰,满足施工条件。

2)窗帘盒的安装已完成,铝合金窗或塑钢窗四周密封胶平滑顺直,保证无渗水、漏水现象。

(3)其他窗台板作业条件。

1)窗帘盒安装已完成。

2)窗台板已按要求清理干净。

8.3.4 施工操作工艺

(1)木窗台板。

工艺流程:窗台板制作→砌入防腐木砖→窗台板刨光→拉线找平、找齐→钉牢。

1)木窗台板的制作。按图纸要求加工的木窗台表面应光洁,其净料尺寸厚度在 20～30mm,比待安装的窗长 240mm,板宽视窗口深度而定,一般要突出窗口 60～80mm,台板外沿要倒楞或起线。台板宽度大于 150mm,需要拼接时,背面必须穿暗带防止翘曲,窗台板背面要开卸力槽。

2)木窗台板的安装。

①木窗台板的截面形状、构造尺寸应按施工图而定,如图 8.3.4-1 所示。

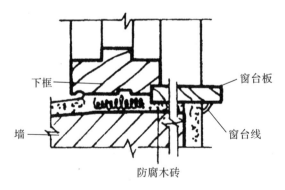

图 8.3.4-1　木窗台板装钉示意

②在窗台墙上,预先砌入防腐木砖,木砖间距为 500mm 左右,每樘窗不少于两块,在窗框的下坎裁口或打槽(深 12mm,宽 10mm)。将窗台板刨光起线后,放在窗台墙顶上居中,里边嵌入下坎槽内。窗台板的长度一般比窗樘宽度长 120mm 左右,两端伸出的长度应一致。在同一房间内同标高的窗台板应拉线找平、找齐,使其标高一致,突出墙面尺寸一致。应注意,窗台板上表面向室内略有倾斜(泛水),坡度约为 1%。

③如果窗台板的宽度大于 150mm,拼接时,背面应穿暗带,防止翘曲。

④用明钉把窗台板与木砖钉牢,钉帽砸扁,顺木纹冲入板的表面,在窗台板的下面与墙交角处,要钉窗台线(三角压条)。窗台线预先刨光,按窗台长度两端刨成弧形线脚,用明钉与窗台板斜向钉牢,钉帽砸扁,冲入板内。

(2)石材窗台板(一)。

工艺流程:定位与画线→检查预埋件→支架安装→石材窗台板安装。

1)定位与画线。根据设计要求的窗下框标高、位置,画窗台板的标高、位置线。

2)检查预埋件。找位与画线后,检查石材窗台板安装位置的预埋件,是否符合设计与安装的连接构造要求,如有误差应进行修正。

3)支架安装。构造上需要设石材窗台板支架的,安装前应核对固定支架的预埋件,确认标高、位置无误后,根据设计构造进行支架安装。安装采用角铁支架,其中距为 500mm,混凝土窗台梁端部应伸入墙 120mm,若端部为钢筋混凝土柱,应留插铁。

4)石材窗台板安装。按设计要求找好位置,进行预装,标高、位置、出墙尺寸符合要求,接缝平顺严密,固定件无误后,按其构造的固定方式正式固定安装。其细部节点如图 8.3.4-2 所示。

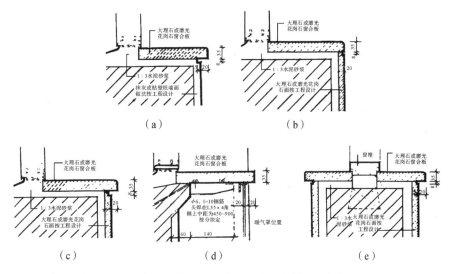

图 8.3.4-2　大理石或磨光花岗石窗台细部做法(单位:mm)

(3)石材窗台板(二)。

工艺流程:选材、配料机测量→窗台清理→安装加工填缝。

1)选材、配料机测量。根据工程所需饰材进行施工,并对被安装台面的窗户以及安装板材进行二次测量,以精确安装并保证安装后的面层效果。

2)窗台清理。安装前应将窗户安装裸露面、板材正反面及附近灰尘、油污清理干净,以免影响粘结效果,缩短使用寿命。窗台底部老化的密封胶尽量清除,重新打胶,防止新装窗台面脱落。

3)安装加工。根据加工图纸尺寸,将所选石材下料切割,保证切割后块体材料与窗台地面尺寸吻合。使用玻璃胶、密封胶等粘合力强的交替进行固定安装。在加工好的石材背面涂抹粘合胶体,以石材规格为标准,在宽度方向间隔约 200mm,长度方向间隔 250~300mm 的距离,以打圈方式均匀涂抹,也可以点状式涂抹。将石材台面粘合于窗台表面,使用橡皮锤或木槌在板面四周及中间部位匀力敲打,以使二者更好地结合,同时校正板材表面的平整度。

4)填缝固定。应保证窗台板与边缘墙体之间留有 3~5mm 的间隙,以便于水分蒸发及温度应力产生的收缩。留缝位置必须采用玻璃胶等密封材料填缝。

(4)其他材质窗台板安装。

工艺流程:定位与画线→检查预埋件→支架安装→窗台板安装。

1)定位与画线。根据设计要求的窗下框标高、位置,画窗台板的标高、位置线。

2)检查预埋件。找位与画线后,检查窗台板安装位置的预埋件是否符合设计与安装的连接构造要求,如有误差,应进行修正。

3)窗台板安装。按设计要求找好位置,进行预装,标高、位置、出墙尺寸符合要求,接缝平顺严密,固定件无误后,按其构造的固定方式正式固定安装。

8.3.5 质量标准

(1)主控项目。

1)窗台板制作与安装所使用材料的材质、规格、燃烧性能等级、含水率、花岗石的放射性及人造木板的甲醛含量应符合设计要求及国家现行标准的有关规定。检验方法:观察,检查产品合格证书、进场验收记录、性能检测报告和复验报告。

2)窗台板的造型、规格、尺寸、安装位置和固定方法必须符合设计要求。窗台板安装必须牢固。检验方法:观察,尺量检查,手扳检查。

3)窗台板配件的品种、规格应符合设计要求,安装应牢固。检验方法:手扳检查,检查进场验收记录。

(2)一般项目。

1)窗台板表面应平整、洁净、线条顺直、接缝严密、色泽一致,不得有裂缝、翘曲及损坏。检验方法:观察。

2)窗台板与墙面、窗框的衔接应严密,密封胶缝应顺直、光滑。检验方法:观察。

3)窗台板安装的允许偏差和检验方法应符合《建筑装饰装修工程质量验收标准》(GB 50210—2018)的规定。

8.3.6　成品保护

(1)安装窗台板时,应保护已完成的工程项目,不得因操作损坏地面、窗洞、墙角等成品。

(2)窗台板进场应妥善保管,做到木制品不受潮,金属品不生锈,石料、块材不损坏棱角,不受污染。

(3)安装后,胶体固化前24h内窗台板上不得站人或放置重物。其他后续工程必须待48h检查胶体完全干透后方可施工。

(4)安装好的成品应有保护措施,做到不损坏、不污染。

8.3.7　安全措施

(1)材料应堆放整齐、平稳,并应注意防火。

(2)操作时应注意对门窗玻璃的保护,以免发生意外。

8.3.8　施工注意事项

(1)窗台板插不进窗樘下帽头槽内。施工前应检查窗台板安装的条件,施工时应坚持预装,符合要求后进行固定。

(2)窗台板底垫不实。主要是捻灰不严,木制、金属窗台板找平条标高不一致、不平所致。施工中应认真做每道工序,找平、垫实、捻严、固定牢靠;跨空窗台板支架应安装平正,使支架受力均匀。

(3)多块拼接窗台板不平、不直。主要是加工窗台板长、宽超偏差,厚度不一致引起。施工时应注意同规格在同部位使用。

8.3.9　质量记录

(1)材料的产品合格证、性能检测报告。

(2)进场验收记录和复验报告。

(3)隐蔽工程验收记录。

(4)施工记录。

8.4　护栏和扶手制作与安装施工工艺标准

装饰护栏和扶手是楼梯的主要部件,扶手常用硬木、金属(不锈钢、铜和铝合金)材料制作,栏板常用玻璃和石材(天然花岗岩、大理石、人造石)制作。本工艺标准适用于建筑装饰装修工程的木栏杆、木扶手、木扶手玻璃栏板及不锈钢扶手、扶栏的施工。工程施工应以设计图纸及有关施工质量验收规范为依据。

8.4.1 材料要求

(1)楼梯木扶手。木制扶手一般用硬杂木加工成规格成品,其树种、规格、尺寸、形状依据设计要求。木材质量均应纹理顺直,颜色一致,不得有腐朽、裂缝、扭曲等缺陷;含水率不得大于12%。弯头料一般采用扶手料,以45°角断面相接,断面特殊的木扶手按设计要求备弯头料。

(2)胶粘剂。一般用聚醋酸乙烯(乳胶)等胶粘剂。

(3)其他材料。木螺丝、木砂纸、加工配件。

(4)金属扶手。根据设计要求的材质和规格,选用不锈钢、铜和铝合金。

(5)玻璃栏板。使用钢化玻璃或按设计要求选用。

8.4.2 主要机具设备

(1)电动机具。包括手提电钻、小电锯、机刨、手提刨、冲击电钻等。

(2)手动工具。包括木锯、窄条锯、二刨、小刨、小铁刨、斧子、羊角锤、扁铲、钢挫、木挫、螺丝刀、方尺、各角尺、卡子等。

8.4.3 作业条件

(1)楼梯间墙面、楼梯踏板等抹灰全部完成。

(2)金属栏杆或靠墙扶手的固定埋件安装。

(3)楼梯踏步、回马廊的地坪等抹灰均已完成,预埋件已留好。

8.4.4 施工操作工艺

(1)不锈钢楼梯栏杆及不锈钢扶手。

工艺流程:放线→安装预埋件→安装立柱→打磨抛光。

1)放线。安装扶手的固定件位置、标高、坡度、找位校正后弹出扶手纵向中心线。按设计扶手构造,根据折弯位置、角度画出折弯或割角线。在楼梯栏板和栏杆顶面,画出扶手直线段与弯、折弯段的起点和终点的位置。

2)安装预埋件。楼梯栏杆预埋件的安装只能采用后加埋件做法。采用膨胀螺栓与钢板来制作后置连接件,先在土建基层上放线,确定立柱固定点的位置,然后在楼梯地面上用冲击钻钻孔,再安装膨胀螺栓,螺栓保持足够的长度,在螺栓定位以后,将螺栓拧紧,同时将螺母与螺杆焊死,防止螺母与钢板松动。

3)安装立柱。立柱在安装前,通过拉长线放线,根据楼梯的倾斜角度及所用扶手的圆度,在其上端加工出凹槽。然后把扶手直接放入立柱凹槽中,从一端向另一端顺次点焊安装,相邻扶手安装对接准确,接缝严密。相邻钢管对接好后,将接缝用不锈钢焊条进行焊接。焊接前,必须将沿焊缝每边30~50mm范围内的油污、毛刺、锈斑等清除干净。

4)打磨抛光。全部焊接好后,用手提砂轮打磨机将焊缝打平砂光,直到不显焊缝。抛光时采用绒布砂轮或毛毡进行抛光,同时采用相应的抛光膏,直到与相邻的母材基本一致、不显焊缝为止。

5)整修。扶手折弯处如有不平顺,应用细木锉锉平,找顺磨光,使其折角线清晰,坡角合适,弯曲自然,断面一致,最后用木砂纸打光。

(2)铁艺立杆、玻璃栏板、木扶手。

工艺流程:基层处理→放线件→安装预埋件→安装立柱扶手与立柱连接→打磨抛光。

1)基层处理。预埋件设计标高、位置、数量须符合设计及安装要求,并经防腐防锈处理。埋件不符合要求时,应及时采取有效措施,增补埋件。安装栏杆立杆的部位,基层混凝土不得有疏松现象,并且安装标高应符合设计要求,凹凸不平处必须剔除或修补平整,过凹处及基层蜂窝麻面严重处,不得用水泥砂浆修补,应用高强混凝土进行修补,待有一定强度后,方可进行栏杆安装。

2)放线。安装扶手的固定件位置、标高、坡度、找位校正后弹出扶手纵向中心线。按设计扶手构造,根据折弯位置、角度画出折弯或割角线。楼梯栏板和栏杆顶面,画出扶手直线段与弯、折弯段的起点和终点的位置。

3)安装预埋件。栏杆预埋件的安装只能采用后加埋件做法。采用膨胀螺栓与钢板来制作后置连接件,先在土建基层上放线,确定立柱固定点的位置,然后在楼梯地面上用冲击钻钻孔,再安装膨胀螺栓,螺栓保持足够的长度,在螺栓定位以后,将螺栓拧紧同时将螺母与螺杆间焊死,防止螺母与钢板松动。扶手与墙体面的连接也同样采取上述方法。

4)安装立柱。焊接立柱时,需两人配合,一人扶住紫铜管使其保持垂直,在焊接时不能晃动,另一人施焊,要四周施焊,并应符合焊接规范。

5)打磨抛光。全部焊接好后,用手提砂轮打磨机将焊缝打平砂光,直到不显焊缝。抛光时采用绒布砂轮或毛毡进行抛光,同时采用相应的抛光膏,直到与相邻的母材基本一致、不显焊缝为止。

(3)玻璃栏杆。

工艺流程:测量放线→钻孔、膨胀螺丝安装→后置钢板安装就位,紧固→钢架下料、钻孔→现场就位安装,点焊预固定,尺寸复核、调整→满焊,焊渣清除,焊缝打磨平整→玻璃安装→密封→清扫。

1)测量放线。复查移交的基准线。然后放标准线。在每一层将室内标高线移至施工面,并进行检查;在埋件安装前,应首先对建筑物外形尺寸进行偏差测量,根据测量结果确定出干栏杆安装的基准面。以标准线为基准,按照图纸将分格线放在阳台梁上,并做好标记。

2)钻孔、膨胀螺丝安装。按照栏杆的设计分格尺寸定位分格。检查定位无误后,按图纸要求对安装后置钢板处进行钻孔及膨胀螺丝安装。

3)后置钢板安装就位,紧固。安装后置钢板时要采取措施控制好其表面水平或垂直度,严禁歪、斜等。检查钢板安装是否牢固、位置是否准确。钢板安装的位置误差应按设计要求进行复查。当设计无明确要求时,钢板安装的标高偏差不应大于10mm。

4)钢架下料、钻孔。钢架下料时裁割要按照设计要求进行,允许偏差在5mm左右。钢板钻孔前,要按设计要求分割好,做好标记,再进行钻孔。

5)现场就位安装,点焊预固定,尺寸复核、调整。操作此步骤时,钢架与原先预埋好的钢板进行点焊安装,应有两人操作,一人扶住钢架,另一人在底下进行尺寸校对,在确保无误后,方可点焊固定。

6)满焊,焊渣清除,焊缝打磨平整。焊接时,过渡件的位置一定要与墨线对准。应先对同水平位置两侧的过渡件点焊,并进行检查。再将中间的各个过渡件点焊上,检查合格后,进行满焊。

7)玻璃安装。安装前,应先行把转接件及角码按设计的要求进行预安装,尺寸允许偏差在1mm之内。安装时,应先就位,临时固定,然后拉线调整固定。

8)密封。

①密封部位的清扫和干燥。采用甲苯对密封面进行清扫,清扫时应特别注意不要让溶液散发到接缝以外的场所,清扫用纱布脏污后应更换,以保证清扫效果,最后用干燥清洁的纱布将溶剂蒸发后的痕迹拭去,保持密封面干燥。

②贴防护纸胶带。为防止密封材料使用时污染装饰面,同时为使密封胶缝与面材交界线平直,应贴好纸胶带,注意纸胶带本身的平直。

③注胶。注胶应均匀、密实、饱满,同时要注意施胶方法,避免浪费。

④胶缝修整。注胶后,应将胶缝用小铲沿注胶方向用力施压,将多余的胶刮掉,并将胶缝刮成设计形状,使胶缝光滑、流畅。

⑤清除纸胶带。胶缝修整好后,应及时去掉保护胶带,并注意撕下的胶带不要污染玻璃面,及时清理粘在施工表面的胶痕。

9)清扫。

①清扫时先用浸泡过中性溶剂(5%水溶液)的湿纱布将污染物等擦去,然后再用干纱布擦干净。

②清扫灰浆、胶带残留物时,可使用竹铲、合成树脂铲等仔细刮去。

③禁止使用金属清扫工具,更不得使用粘有砂子、金属屑的工具。

④禁止使用酸性或碱性洗剂。

8.4.5　质量要求

(1)主控项目。

1)栏杆和扶手制作与安装所使用材料的材质、规格、数量和木材、塑料的燃烧性能等级应符合设计要求。检验方法:观察,检查产品合格证书、进场验收记录和性能检测报告。

2)护栏和扶手的造型、尺寸及安装位置应符合设计要求。检验方法:观察,尺量检查,检查进场验收记录。

3)护栏和扶手安装预埋件的数量、规格、位置以及护栏与预埋件的连接节点应符合设计要求。检验方法:检查隐蔽工程验收记录和施工记录。

4)护栏高度、栏杆间距、安装位置必须符合设计要求。护栏安装必须牢固,满足临边楼梯高度的要求。检验方法:观察,尺量检查,手扳检查。

5)栏板玻璃的使用应符合设计要求和现行行业标准《建筑玻璃应用技术规程》(JGJ 113—2015)的规定。检验方法:观察,尺量检查,检查产品合格证书和进场验收记录。

(2)一般项目。

1)护栏和扶手转角弧度应符合设计要求,接缝应严密,表面应光滑,色泽应一致,不得有裂缝、翘曲及损坏。检验方法:观察,手摸检查。

2)护栏和扶手安装的允许偏差和检验方法见表8.4.5-1。

表 8.4.5-1 护栏和扶手安装的允许偏差和检验方法

序号	项目	允许偏差/mm	检验方法
1	护栏垂直度	3	用1m垂直检测尺检查
2	栏杆间距	0,-6	用钢尺检查
3	护手直线度	4	拉通线,用钢直尺检查
4	扶手高度	+6,0	用钢尺检查

8.4.6 成品保护

(1)安装好的玻璃护栏应在玻璃表面涂刷醒目的图案或警示标识,以免因不注意而碰撞到玻璃护栏。

(2)安装好的木扶手应用泡沫塑料等柔软物包好、裹严,防止破坏、划伤表面。

(3)禁止以玻璃护栏及扶手作为支架,不允许攀登玻璃护栏及扶手。

8.4.7 安全措施

(1)安装前应设置简易防护栏杆,防止施工时意外摔伤。

(2)安装时应注意下面楼层的人员,适当时将梯井封好,以免坠物砸伤下面的作业人员。

8.4.8 施工注意事项

(1)在墙、柱施工时,应注意锚固扶手的预埋件的埋设,并保证位置准确。

(2)玻璃护栏底座土建施工时,注意固定件的埋设应符合设计要求。需加立柱时应确定立柱的位置。

(3)扶手安装完后,要对扶手表面进行保护。当扶手较长时,要考虑扶手的侧向弯曲,在适当的部位加设临时立柱,缩小其长度,减少变形。

(4)多层走廊部位的玻璃护栏,由于较高,常存在安全风险,所以该部位的扶手应比楼梯扶手高一些,合适的高度应不低于1.1m。

(5)安装玻璃前,应检查玻璃板的周边有无缺口边,若有,应用磨角机或砂轮打磨。

(6)大块玻璃安装时,与边框之间要留有空隙,其尺寸为5mm。

(7)应防止的质量问题如下。

1)木扶手粘接对缝不严或开裂。主要是扶手料安装时含水率高,安装后干缩所致。扶手料进场后,应存放在库内保持通风干燥,严禁在受潮情况下安装。

2)接槎不平。主要原因是扶手底部开槽深度不一致,栏杆扁钢或固定件不平正。

3)颜色不均匀。主要原因是选料不当。

4)螺帽不平。主要是钻眼角度不当导致,施工时钻眼方向应与扁铁或固定件垂直。

8.4.9 质量记录

(1)材料的产品合格证、性能检测报告。

(2)进场验收记录和复验报告。

(3)隐蔽工程验收记录。

(4)施工记录。

8.5 花饰制作与安装工程施工工艺标准

花饰是建筑装饰的一部分。花饰多用于室内外门窗、花格、花墙、外廊、隔断、墙垣、阳台栏杆以及其他工程部位,起到联系或分隔空间、采光或遮阳、疏导人流及装饰作用。本工艺标准适用于预制混凝土、石材、塑料、玻璃、石膏、金属等花饰安装施工。工程施工应以设计图纸及有关施工质量验收规范为依据。

8.5.1 材料要求

(1)预制花饰制品有木制花饰、水泥砂浆花饰、混凝土花饰、水磨石花饰、金属花饰、塑料花饰、石膏花饰、陶瓷制品花饰、石料浮雕花饰等。其品种、规格、式样按设计选用。

(2)按设计的花饰品种,确定安装固定方式,选用适宜的安装附料,如胶粘剂、螺栓和螺丝的品种、规格、焊接材料,贴砌的粘贴材料和固定方法。室内用的水性胶粘剂中的总挥发性有机化合物(TVOC)限量应不大于 750g/L,游离甲醛不大于 1g/kg。

8.5.2 主要机具设备

(1)电动机具。包括电焊机、手电钻、冲击电钻。

(2)主要工具。包括高凳子、脚手板、半截大桶、小油桶、铜丝箩、橡皮刮板、钢皮刮板、笤帚、腻子槽、开刀、刷子、排笔、砂纸、棉丝、擦布等。

8.5.3 作业条件

(1)购买、外委托的花饰制品或自行加工的预制花饰,应检查验收,其材质、规格、图式应符合设计要求。水泥、石膏预制花饰制品的强度应达到设计要求,并满足硬度、刚度、耐水、抗酸标准的要求。

(2)安装花饰的工程部位,其前道工序项目必须施工完毕,应具备足够强度的基体,基层必须达到安装花饰的要求。

（3）重型花饰的位置应在结构施工时，事先预埋锚固件，并做抗拉试验。

（4）按照设计的花饰品种，安装前应确定好固定方式（如粘贴法、镶贴法、木螺丝固定法、螺栓固定法、焊接固定法等）。

（5）正式安装前，应在拼装平台做好安装样板，经有关部门检查鉴定合格后，方可正式安装。

8.5.4 施工操作工艺

工艺流程：基层处理→确定安装位置线→分块花饰预拼编号→安装方法及工艺。

（1）基层处理。花饰安装前应将基体或基层清理、刷洗干净，处理平整，并检查基底是否符合安装花饰的要求。

（2）确定花饰安装位置线。按设计位置弹好花饰位置中心线及分块的控制线。重型花饰应检查预埋件及木砖的位置和牢固情况是否符合设计要求。

（3）分块花饰预拼编号。分块花饰在正式安装前，应对规格、色调进行检验和挑选，按设计图案在平台上组拼，经预验合格进行编号，为正式安装创造条件。

（4）花饰粘贴法安装。一般轻型花饰采用粘贴法安装。粘贴材料根据花饰材料的品种选用。

1）水泥砂浆花饰和水泥水刷石花饰，使用水泥砂浆或聚合物水泥砂浆粘贴。

2）石膏花饰宜用石膏灰或水泥浆粘贴。

3）木制花饰和塑料花饰可用胶粘剂粘贴，也可用钉固的方法。

4）金属花饰宜用螺丝固定，根据构造可选用焊接安装。

5）预制混凝土花格或浮面花饰制品，应用1：2水泥砂浆砌筑，拼块的相互间用钢销子系固，并与结构连接牢固。

（5）螺丝固定法安装。较重的大型花饰采用螺丝固定法安装。安装时将花饰预留孔对准结构预埋固定件，用铜或镀锌螺丝适量拧紧，花饰图案应精确吻合，固定后用1：1水泥砂浆将安装孔眼堵严，表面用同花饰颜色一样的材料修饰，不留痕迹。

（6）螺栓固定法安装。重量大、体型大的花饰采用螺栓固定法安装。安装时将花饰预留孔对准安装位置的预埋螺栓，按设计要求基层与花饰表面规定的缝隙尺寸，用螺母或垫块板固定，并加临时支撑。花饰图案应精确，对缝吻合。花饰与墙面间隙的两侧和底面用石膏临时堵住，待石膏凝固后，用1：2水泥砂浆分层灌入花饰与墙面的缝隙中，由下而上每次灌100mm左右的高度，下层终凝后再灌上一层。灌缝砂浆达到强度后才能拆除支撑，清除周边临时堵缝石膏，经修饰完整。

（7）焊接固定法安装。大重型金属花饰采用焊接固定法安装。根据设计构造，采用临时固挂的方法后，按设计要求先找正位置，焊接点应受力均匀，焊接质量应满足设计及有关规范的要求。

8.5.5 质量标准

（1）主控项目。

1）花饰制作与安装所使用材料的材质、规格、性能、有害物质限量及木材的燃烧性能等级与含水率应符合设计要求和国家现行标准的有关规定。检验方法:观察,检查产品合格证书、进场验收记录、性能检测报告和复验报告。

2)花饰的造型、尺寸应符合设计要求。检验方法:观察,尺量检查。

3)花饰的安装位置和固定方法必须符合设计要求,安装必须牢固。检验方法:观察、尺量检查,手扳检查。

(2)一般项目。

1)花饰表面应洁净,接缝严密吻合,不得有歪斜、裂缝、翘曲及损坏。检验方法:观察。

2)花饰安装的允许偏差和检验方法见表8.5.5-1。

表 8.5.5-1 花饰安装的允许偏差和检验方法

序号	项目		允许偏差/mm		检验方法
			室内	室外	
1	条型花饰的水平度或垂直度	每米	1	3	拉线和用 1m 垂直检测尺检查
		全长	3	6	
2	单独花饰中心位置偏移		10	15	拉线和用钢直尺检查

8.5.6 成品保护

(1)花饰安装后较低处应用板材封闭,以防碰损。

(2)花饰安装后应用覆盖物封闭,以保持清洁和色调。

(3)拆脚手架或跳板及搬动材料、设备和施工工具时,不得碰坏花饰,注意保护完整。

(4)专人负责看护花饰,不得在花饰上乱写乱画,严防花饰受污染。

8.5.7 安全措施

(1)操作前检查脚手架和跳板是否搭设牢固,高度是否满足操作要求,合格后才能上架操作,凡不符合安全之处应及时修整。

(2)禁止穿硬底鞋、拖鞋、高跟鞋在架子上工作,架子上的人员不得集中在一起,工具要搁置稳定,防止坠落伤人。

(3)在两层脚手架上操作时,应尽量避免在同一垂直线上工作。

(4)夜间临时用的移动照明灯,必须用安全电压。机械操作人员必须培训持证上岗,现场一切机械设备,非操作人员一律禁止乱动。

(5)选择材料时,必须选择符合设计和国家规定的材料。

8.5.8 施工注意事项

(1)花饰安装必须选择相应的固定方法及粘贴材料。注意胶粘剂的品种、性能,防止粘不牢,造成开粘脱落。

(2)安装花饰时,应注意弹线和块体拼装的精度,为避免花饰安装平直超偏,需测量人员密切配合施工。

（3）采用螺钉和螺栓固定花饰,在安装时不可硬拧,务使各受力点平均受力,以防止花饰扭曲变形和裂开。

（4）花饰安装完毕后加强防护措施,保持已安好的花饰完好洁净。

8.5.9　质量记录

（1）材料的产品合格证、性能检测报告。

（2）进场验收记录和复验报告。

（3）隐蔽工程验收记录。

（4）施工记录。

主要参考标准名录

[1]《建筑装饰装修工程质量验收标准》(GB 50210—2018)

[2]《建筑工程施工质量验收统一标准》(GB 50300—2013)

[3]《民用建筑工程室内环境污染控制标准》(GB 50325—2020)

[4]《建筑玻璃应用技术规程》(JGJ 113—2015)

[5]《建筑施工手册》(第五版),中国建筑工业出版社,2013

[6]《建筑分项工程施工工艺标准手册》,江正荣主编,中国建筑工业出版社,2009

[7]《建筑装饰装修工程施工工艺标准》,中国建筑工程总公司编,中国建筑工业出版社,2003